高等学校应用型特色规划教材

数字信号处理

沈卫康　宋宇飞　主　编

宋红梅　副主编

清华大学出版社
北京

内 容 简 介

本书立足于工程应用型本科的教学实践,系统地讲授了数字信号处理的基本概念、基本原理、重要算法和实现应用。在讲授的过程中,先对离散时间信号和系统进行了时域和频域的分析,强调了 DTFT、ZT、DFT 等基本变换和性质,然后分析了 FFT 算法及其应用,另外还重点讲授了 IIR DF 和 FIR DF 两种数字滤波器的设计原理、设计方法,并分析了数字系统的结构与误差问题,最后对其他特殊滤波器、多采样技术做了介绍。作为独立章节,本书介绍了 MATLAB 及其在数字信号处理中的应用,并给出了丰富的典型程序。另外,每章均针对各知识点安排了丰富的例题和习题供读者参考。

本书可以作为电子信息类本科专业教材和其他相近专业的教学参考,也可以作为相关领域工程技术人员的参考书。

图书在版编目(CIP)数据

数字信号处理/沈卫康、宋宇飞主编;宋红梅副主编. --北京:清华大学出版社,2011.4(2024.8重印)
(高等学校应用型特色规划教材)
ISBN 978-7-302-25068-5

Ⅰ.①数… Ⅱ.①沈… ②宋… ③宋… Ⅲ.①数字信号处理—高等学校—教材 Ⅳ.①TN911.72

中国版本图书馆 CIP 数据核字(2011)第 038320 号

责任编辑:李春明　郑期彤
装帧设计:杨玉兰
责任校对:李玉萍
责任印制:刘　菲

出版发行:清华大学出版社
　　　　网　　址:https://www.tup.com.cn, https://www.wqxuetang.com
　　　　地　　址:北京清华大学学研大厦 A 座　　　邮　编:100084
　　　　社 总 机:010-83470000　　　　邮　购:010-62786544
　　　　投稿与读者服务:010-62776969, c-service@tup.tsinghua.edu.cn
　　　　质量反馈:010-62772015, zhiliang@tup.tsinghua.edu.cn
　　　　课件下载:https://www.tup.com.cn, 010-62791865
印 装 者:三河市龙大印装有限公司
经　　销:全国新华书店
开　　本:185mm×260mm　　印　张:18　　　字　数:440 千字
版　　次:2011 年 4 月第 1 版　　　　　　印　次:2024 年 8 月第 10 次印刷
定　　价:46.00 元

产品编号:038501-03

前　言

20 世纪 70 年代以来，信息科学与技术的飞速发展深刻地影响和改变着人们的生活方式，随处可见的 3G 手机、数字电视、智能计算机、卫星遥感等领域中都有它们的应用，而数字信号处理则是其中的关键环节之一。由于数字信号处理在信息社会中获得了广泛应用并产生了巨大影响，"数字信号处理"也就成为高等院校电子信息类专业本科阶段的一门重要专业基础必修课，同时它也是其他相关学科的重要选修课程。

数字信号处理是将信号以数字方式表示并处理的理论和技术，是模拟信号处理的发展和变革。数字信号处理的目的是对真实世界的连续模拟信号进行测量或滤波，因此在进行数字信号处理之前需要将信号从模拟域转换到数字域，一般通过模数转换器实现；而数字信号处理的输出也经常要变换到模拟域，这是通过数模转换器实现的。数字信号处理的算法需要利用计算机或专用处理设备，如数字信号处理器(DSP)和专用集成电路(ASIC)等。数字信号处理技术及设备具有灵活、精确、抗干扰强、设备尺寸小、造价低、速度快等突出优点，这些都是模拟信号处理技术与设备所无法比拟的。在数字信号处理领域，工程师们常常在一些特定域中研究数字信号，如时域(一维信号)、空间域(多维信号)、频域、复频域等。

正因为数字信号处理的专业性和重要性，也就使得数字信号处理教材的编写显得非常重要。数字信号处理课程的基本体系是由 A.V.奥本海姆 1975 年在《数字信号处理》中建立的，这是本课程的第一本综合图书，此书多次再版，后定名为《离散时间信号处理》，是本学科的经典教材，在海内外广有影响。近年，Sanjit K.Mitra 的《数字信号处理——基于计算机的方法》一书吸收了数字信号处理学科的最新发展，也是颇具代表性的教材。其他国外流行的数字信号处理教材也多有引进，对国内学科的发展起到了很好的促进作用。

近三十年来，为适合我国情况自编的数字信号处理教材也有许多，虽然它们的知识体系没有超出国外的经典教材，但其教材内容和结构更加规范，更适合我国的本科教学情况。清华大学程佩青的《数字信号处理教程》和胡广书的《数字信号处理——理论、算法与实现》的知识体系最为完备，也有相当理论深度，是国内第一批教材，为我国数字信号处理学科的发展奠定了基础；西安电子科技大学高西全、丁玉美的《数字信号处理》和东南大学吴镇扬的《数字信号处理》都多次再版修订，教辅配套，流行很广。很明显，这些教材多是针对重点大学重点学科的要求编写的，对于一般院校和面向工程的应用型本科，作为参考书较好，但作为教材有时显得不太合适，所以，针对应用型本科的实际教学要求编写一本难度适中、兼顾理论深度和应用需要的教材就很必要了。

本书根据教育部电子信息类教材编审委员会制定的教学大纲编写而成，作者都是在教学一线有丰富经验的教师。文稿源于上课的教案以及教学体会，并融入作者多年来在信号处理领域的研究成果，同时参考了国内外较新的同类教材和参考文献。在此对经典数字信号处理教材和相关参考文献的作者表示衷心感谢。

本书的结构和内容安排如下：绪论主要介绍了数字信号处理的基本概念和特点，以及数字信号处理系统的基本组成和应用领域；第 1 章和第 2 章分别从时域和频域介绍和分析离散时间信号与系统的基本知识，是本书的理论基础之一；第 3 章讲述了离散傅里叶变换 (DFT)，比较了各类离散变换的关系，介绍了频域采样的基本知识以及 DFT 的应用问题；第 4 章介绍了快速傅里叶变换 (FFT)，包括按时间抽选 (DIT) 的基 2 FFT 算法和按频率抽选 (DIF) 的基 2 FFT 算法；第 5 章讲述了无限长单位脉冲响应数字滤波器 (IIR DF) 的设计方法，包括脉冲响应不变法和双线性变换法，以及各类在模拟域和数字域的原型变换；第 6 章讲述了有限长单位脉冲响应数字滤波器 (FIR DF) 的设计方法，主要包括窗函数法和频率采样法；第 7 章介绍了数字信号处理的实现，包括滤波器的结构问题以及数字信号处理中的误差问题；第 8 章介绍了几种特殊滤波器，分析了它们的性能特点；第 9 章结合前面的理论内容，介绍了 MATLAB 在数字信号处理中的应用，特别是数字信号与系统的分析以及数字滤波器的设计。本书参考教学时数为 48～64 学时，任课教师可根据具体情况安排选择使用。

本书编写人员及所负责内容为：绪论、第 7 章和第 8 章由沈卫康编写，第 1 章、第 2 章和第 4 章由宋红梅编写，第 3 章、第 5 章和第 6 章由宋宇飞编写，第 9 章由潘子宇和宋宇飞共同编写，魏峘提供了部分习题和图片。全书由沈卫康、宋宇飞任主编，负责统稿；宋红梅任副主编。本书的编写和出版得到了清华大学出版社和南京工程学院通信工程学院等单位的大力支持和帮助，在此表示诚挚的谢意。

由于作者的学识有限，书中难免有疏漏和不妥之处，欢迎读者批评指正，以便本教材可以进一步修订完善。

编　者

目　录

绪 论

数字信号处理(Digital Signal Processing，DSP)是信息科学与技术学科的重要分支，自从 20 世纪六、七十年代以来获得了飞速发展，在许多领域都有广泛应用，其重要性越来越体现出来。

数字信号处理的目的是对真实世界的连续模拟信号进行分析和处理，所以在进行数字信号处理之前需要将信号从模拟域转换到数字域，这可通过模数转换器实现；而数字信号处理的输出也总是要变换到模拟域，这是通过数模转换器实现的。

数字信号处理的算法需要利用计算机或专用处理设备，如数字信号处理器(DSP)和专用集成电路(ASIC)等。数字信号处理技术及设备具有灵活、精确、抗干扰强、设备尺寸小、造价低、速度快等突出优点，这些都是模拟信号处理技术与设备所无法比拟的。

数字信号处理的核心算法是离散傅里叶变换(DFT)，是 DFT 使信号在数字域和频域都实现了离散化，从而可以用通用计算机处理离散信号。而使数字信号处理从理论走向实用的是快速傅里叶变换(FFT)，FFT 的出现大大减少了 DFT 的运算量，使实时的数字信号处理成为可能，极大地促进了该学科的发展。

1. 信号的分类

在日常生活中有多种信号，如光信号、电信号、声音信号、雷达信号等。在科学分析和工程应用中，根据信号的特点，一般分为模拟信号、离散时间信号和数字信号。

模拟信号，在自然界广泛存在，是指时间和幅值上都连续的信号；离散时间信号，顾名思义是指时间上离散，但幅值上可以离散也可以连续的信号；数字信号是离散时间信号的特殊情况，是指时间上离散、幅值上也离散的信号。由此可以看出，从模拟信号到离散时间信号和数字信号，是信号进一步的规范化，使信号更方便分析和处理。数字信号处理就是研究模拟信号数字化，并对数字信号进行分析和处理的学科。

2. 数字信号处理系统

信号处理的功能一般是信号的滤波和检测、参数的提取和估计、频谱分析与搬移等，它使得信号更便于分析和识别。信号处理系统可分为模拟信号处理和数字信号处理两类。模拟信号处理，主要是针对模拟连续时间信号和系统的分析和处理；数字信号处理，在一定程度上可以理解为是模拟信号处理的数字化，是针对数字信号和数字系统，用数值计算的方法，完成对数字信号的分析和处理，包括检测、滤波、参数估计等。数字信号处理系统的原理框图如图 0.1 所示。

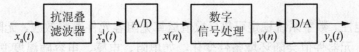

图 0.1　数字信号处理系统原理框图

(1) 抗混叠滤波器：模拟信号在采样之前，一般要经过抗混叠滤波器，因为 A/D 采样是有上限的，如果采样前不滤除高频干扰，采样后就会出现混叠失真，影响系统的稳定。

(2) A/D 采样部分：在时域实现了连续信号的离散化，采样后信号的频谱是原连续信号频谱以采样频率为周期的周期延拓，通过抗混叠滤波器去除高频干扰后，采样结果不会出现失真。另外，此过程也实现了信号的数字化，采样结果一般采用二进制码。

(3) 数字信号处理：对 A/D 采样后的数字信号，按照要求进行处理，可以包括滤波、运算、参数估计等。

(4) D/A 转换部分：将数字信号处理的结果转换成模拟电压(或电流)，这些电压或电流 $y_a(t)$ 在离散的时间点上的幅度应该等于序列 $y(n)$ 中相应数码所代表的大小，最后通过一定的滤波器，滤去这些台阶形模拟信号中不需要的高频分量，就得到平滑模拟信号输出。A/D 采样和平滑滤波常常是在一个芯片集成的。

图 0.1 只是数字信号处理系统的一般框图，如果输入信号为数字信号，则抗混叠滤波器和 A/D 采样就不需要了；如果数字信号处理的输出直接与下一个数字系统相连，则 D/A 转换部分就不需要了。

3. 数字信号处理的实现

数字信号处理的研究对象是数字信号或序列，其输入、输出都是数字的。数字信号处理方式，不同于模拟信号处理使用电容、电感等，而是将处理变成数字序列的加工和运算。所以数字信号处理的基本功能部件为加法器、乘法器、逻辑控制器、存储单元、存储器、寄存器等。

数字信号处理的具体实现方式如下。

(1) 软件实现。在通用计算机上编写程序实现各种复杂的处理算法，实时性不高，适合于理论计算和仿真，特别是使用 MATLAB 软件进行仿真十分方便。

(2) 硬件实现。采用加法器、乘法器和延时器构成的专用数字信号处理网络，或集成电路实现某种专用的信号处理功能，实时性高，专业性强。

(3) 软硬件结合实现。依靠通用单片机或数字信号处理 DSP 的硬件资源，配置相应的信号处理算法软件，实现工程实际中的各种信号处理功能，实时性高，开发方便，应用广泛。

4. 数字信号处理的特点

数字信号处理系统的处理方式决定了它具有许多模拟系统所没有的优点。

(1) 高精度。数字信号处理的精度由数字系统字长决定，字长越长，精度越高。而模拟系统，如模拟滤波器，是利用电阻、电容、电感等元器件实现的，元器件参数离散性强，精度难以很大提高，一般只有 10^{-3} 量级。数字系统如果采用 16 位字长，计算精度可达 10^{-5} 量级；采用 32 位字长，精度可达 10^{-10} 量级，因此在高精度测量系统中一定要采用数字系统。

(2) 高稳定性。数字系统稳定可靠，数值运算无阻容元件温度效应，无阻抗匹配问题。而模拟系统中，元器件值会随环境条件变化，如电阻、电感、电容随温度变化，造成系统性能不稳定。数字系统只有 0、1 两种电平，一般很难随外界变化如温度、电磁感应等发生极端突变，工作稳定。

(3) 高度灵活性。数字信号处理系统灵活性好，可编程、可调节、方便实现功能复用。而模拟系统的特性取决于其中的各个元件，要改变系统特性，必须改变其中的元件，对系统的调节不方便。数字系统只要改变系统存储器中的数据，就可以改变系统参数，从而改变系统功能特性。

(4) 系统集成性。数字系统方便实现大规模集成化、小型化。特别是数字部件有高度的规范性，便于大规模集成和大批量生产，而且体积小、重量轻。而模拟信号处理时，元器件参数和大小难以方便调整，数字系统在这一方面有明显的优越性。

(5) 功能强大。数字信号处理可获得很高的性能指标。高阶滤波器可以实现严格的相位控制和幅度调节，这在模拟系统中是很难达到的。特别是多维信号、实时信号(如视频信号、多媒体信号)的处理，数字系统具备庞大的存储单元和运算处理能力，存储深度深，运算速度快，方便实现二维或多维处理，便于编码加密，特别是嵌入式处理的多功能化，这些都是模拟系统无法实现的。

但是，数字信号处理也有局限性。当处理速度、频率要求不够高时，有些复杂情况下不满足实时性要求，也不能处理很高频率的信号；算法复杂、运算量大，硬件设计和结构复杂，价格昂贵。

5. 数字信号处理的应用

数字信号处理应用广泛，主要应用领域有：现代通信、声呐雷达、地质探测、卫星遥感、图像和视频处理、语音分析和识别、模式识别、医学检测、自动控制、消费电子等。

数字信号处理研究发展很快，近年来对非平稳信号、非线性信号和时变系统等的研究都有很大进展。在信号处理的算法上，小波变换、盲信号处理、自适应滤波、高阶矩分析、分形理论、混沌理论等均是研究热点。

第 1 章　时域离散信号与系统

教学目标

通过本章的学习，要理解时域离散信号的有关概念、模拟频率 Ω (或 f) 和数字频率 ω 之间的关系，以及采样定理的内容；掌握时域离散系统的表示、线性时不变系统的性质及时域描述方法，以及时域中系统因果性和稳定性的判定方法；了解模拟信号的数字处理方法。

在信号处理中，常见的有三种类型的信号：模拟信号、时域离散信号和数字信号。模拟信号是信号幅度和自变量时间均取连续值的信号。时域离散信号是信号幅度取连续值，而自变量时间取离散值的信号，也可以看成是自变量取离散值的模拟信号。数字信号则是信号幅度和自变量均取离散值的信号，也可以说是信号幅度离散化的时域离散信号，或者简单地说是一些二进制编码信号。如果系统的输入、输出是模拟信号，该系统被称为模拟系统；如果系统的输入、输出是数字信号，该系统被称为数字系统；相应的，如果系统的输入、输出是时域离散信号，该系统被称为时域离散系统。当然还有模拟系统和数字系统共同构成的混合系统。本章主要讲述时域离散信号和时域离散系统。

1.1　引　　言

假设模拟信号是一个正弦波，表示为 $x_a(t) = 0.9\sin(50\pi t)$，波形如图 1.1(a)所示，它的周期是 0.04s。现每隔 0.005s 取一点，即采样周期 T=0.005s，则采样得到的信号值是{···, 0, 0.6364, 0.9, 0.6364, 0, −0.6364, −0.9, −0.6364, 0, ···}。将这些离散值形成的信号用 $x(n)$ 表示，有 $x(n)$={···, 0, 0.6364，0.9, 0.6364, 0，−0.6364, −0.9, −0.6364, 0, ···}。自变量 n 表示第 n 个点，n={···, 0, 1, 2, 3, 4, ···}。信号 $x(n)$ 称为时域离散信号，其波形如图 1.1(b)所示。如果用 4 位二进制数表示 $x(n)$ 的幅度，二进制数第一位表示符号位，该二进制编码形成的信号用 $x[n]$ 表示。那么有 $x[n]$={···, 0, 0.101, 0.111, 0.101, 0, 1.101, 1.111, 1.101, 0, ···}，这里 $x[n]$ 称为数字信号。由以上可明显看出三种信号的不同。下面再进一步分析时域离散信号和数字信号之间的不同。

如果将上面的 $x[n]$ 再换算成十进制，则 $x[n]$={···, 0, 0.625, 0.875, 0.625, 0，−0.625, −0.875, −0.625, 0, ···}。比较 $x(n)$ 和 $x[n]$，有两点不同：一是数字信号是用有限位二进制编码表示，时域离散信号则不是；二是都用十进制表示时，数值有差别，这种差别和表示二进制编码的位数有关系。如果用 8 位二进制编码表示 $x(n)$，则有 $x[n]$ = {···, 0, 0.1010001, 0.1110011, 0.1010001, 0，1.1010001，1.1110011, 1.1010001, 0, ···}，再换算成十进制有 $x[n]$={···, 0, 0.6328, 0.8884, 0.6328, 0, −0.6328, −0.8884, −0.6328, 0, ···}。很清楚，用 8 位二进制编码的数字信号比用 4 位二进制编码的数字信号更接近于时域离散信号。显然，随着

二进制编码位数增加，两者的差别愈来愈小。如果采用 32 位二进制编码，则数字信号和时域离散信号的幅度值会在数值上相差无几，误差可以忽略，认为是相等的，只是信号形式不同。由于现在计算机的精度很高，位数可以高达 32 位、64 位，因此分析研究数字信号处理的基本原理时，都是针对时域离散信号进行的。

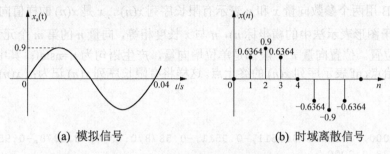

(a) 模拟信号   (b) 时域离散信号

图 1.1 模拟信号和时域离散信号

1.2 时域离散信号——序列

由 1.1 节知道，时域离散信号的特点是自变量取离散值，信号幅度可取连续值。在理论研究中，无论是通过观测得到的一组离散数据，还是对模拟信号采样得到的一串有序离散数据，都可以称为时域离散信号。用 $x(n)$ 表示，这里 n 具体代表第 n 个数据，规定自变量 n 只能取整数，非整数无定义，此时 $x(n)$ 称为时域离散信号，又因时域离散信号是一串有序的数据序列，因此也可以称为序列。要说明的是，实际中，大多数时域离散信号是由模拟信号产生的。

1.2.1 序列的表示方法

一个具体的序列可以有三种表示方法。

1. 用集合符号表示序列

对于数的集合，可用集合符号 $\{\bullet\}$ 表示，时域离散信号是一个有序的数的集合，因此也可以用集合符号表示。例如当 $n = \{\cdots, 0, 1, 2, 3, 4, \cdots\}$ 时，$x(n) = \{\cdots, \underline{0.12}, 0.15, 0.18, 0.15, 0.12, \cdots\}$ 就是用集合符号表示的时域离散信号。

集合中有下划线的元素表示 $n = 0$ 时刻的采样值。

2. 用公式表示序列

对于那些有规律的离散序列，也可用公式表示。

例如 $\qquad\qquad x(n) = a^{|n|} \qquad 0 < a < 1 \qquad -\infty < n < \infty$ (1-1)

3. 用图形表示序列

这是一种很直观的表示方法，如图 1.1(b)所示的信号就是用图形表示的时域离散信号。

为了醒目，常常在每条竖线的顶端加一个小黑点。

这三种表示方法根据具体情况可以灵活运用，对于一般序列，包括由实际信号采样得到的序列，或者是一些没有明显规律的数据序列，可以用集合符号或波形图表示。

下面介绍 MATLAB 语言中序列的表示。

MATLAB 用两个参数向量 x 和 n 表示有限长序列 $x(n)$，x 是 $x(n)$ 的样值向量，n 是位置向量(相当于图形表示法中的横坐标 n)，n 与 x 长度相等，向量 n 的第 m 个元素 $n(m)$ 表示样值 $x(m)$ 的位置。位置向量 n 一般都是单位增向量，产生语句为 n=ns:nf；其中 ns 表示序列 $x(n)$ 的起始点，nf 表示序列 $x(n)$ 的终止点。这样将有限长序列 $x(n)$ 记为：{ $x(n)$; n=ns:nf}。

例如：

```
n=-5:5;
x=[-0.0000,-0.5878,-0.9511,-0.9511,-0.5878,0.0000,-0.5878,-0.9511,-0.9511,-0.5878,0.0000];
```

这里 $x(n)$ 的 11 个样值是正弦序列的采样值，即

$$x(n) = \sin(\pi n / 5), n = -5, -4, \ldots, 0, \ldots, 4, 5$$

所以也可以用计算的方法产生序列的样值向量，即

```
n=-5:5;  x=sin(pi*n/5);
```

这样用 MATLAB 表示 $x(n)$ 的程序如下：

```
n=-5:5;
x=sin(pi*n/5);
subplot(3,2,1);stem(n,x,'.');
axis([-5,6,-1.2,1.2]);xlabel('n'); ylabel('x(n)')
```

运行程序，输出波形如图 1.2 所示。

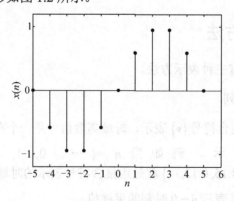

图 1.2　正弦序列

1.2.2　常用的典型序列

1. 单位采样序列 $\delta(n)$

单位采样序列 $\delta(n)$ 的表达式为

$$\delta(n) = \begin{cases} 1 & n = 0 \\ 0 & n \neq 0 \end{cases} \tag{1-2}$$

单位采样序列也可以称为单位脉冲序列，特点是仅在 $n = 0$ 处取值为 1，其他均为 0。单位采样序列如图 1.3(a)所示。

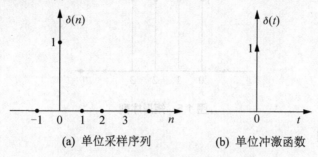

(a) 单位采样序列　　　(b) 单位冲激函数

图 1.3　单位采样序列和单位冲激函数

$\delta(n)$ 类似于连续时间信号与系统中的单位冲激函数 $\delta(t)$ (见图 1.3(b))。但是 $\delta(t)$ 是在 $t = 0$ 点脉宽趋于 0，幅值趋于无限大，面积为 1 的信号，是极限概念的信号。

2. 单位阶跃序列 $u(n)$

单位阶跃序列 $u(n)$ 的表达式为

$$u(n) = \begin{cases} 1 & n \geqslant 0 \\ 0 & n < 0 \end{cases} \tag{1-3}$$

单位阶跃序列如图 1.4 所示。其特点是只有在 $n \geqslant 0$ 时，才取非零值 1，当 $n < 0$ 时均取零值。

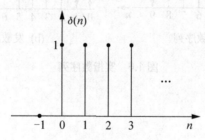

图 1.4　单位阶跃序列

$u(n)$ 与单位采样序列 $\delta(n)$ 之间的关系如下列公式所示：

$$\delta(n) = u(n) - u(n-1)$$

$$u(n) = \sum_{k=0}^{\infty} \delta(n-k)$$

3. 矩形序列 $R_N(n)$

矩形 $R_N(n)$ 的表达式为

$$R_N(n) = \begin{cases} 1 & 0 \leqslant n \leqslant N-1 \\ 0 & \text{其他} \end{cases} \tag{1-4}$$

式中的下标 N 称为矩形序列的长度。例如当 $N=4$ 时，矩形序列 $R_4(n)$ 的波形如图 1.5 所示。矩形序列的特点是只有在 $0 \leqslant n \leqslant N-1$ 时，才取非零值 1，其他均取零值。

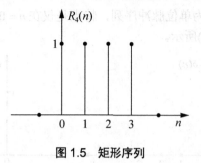

图 1.5　矩形序列

4. 实指数序列

实指数序列的表达式为

$$x(n) = a^n u(n) \qquad a \text{ 为实数} \tag{1-5}$$

式中，$u(n)$ 起着使 $x(n)$ 在 $n<0$ 时幅度值为 0 的作用；a 的大小直接影响序列波形。如果 $0<a<1$，$x(n)$ 的幅度值随着 n 的加大会逐渐减少，称为收敛序列，其波形如图 1.6(a) 所示；如果 $a>1$，$x(n)$ 的幅度值则随着 n 的加大而增大，称为发散序列，其波形如图 1.6(b) 所示。

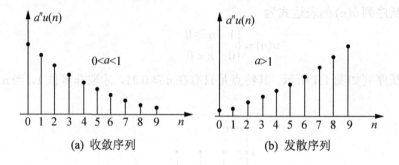

(a) 收敛序列　　　　　　　　　　(b) 发散序列

图 1.6　实指数序列

5. 正弦序列

正弦序列的表达式为

$$x(n) = \sin(\omega n) \tag{1-6}$$

式中，ω 称为数字频率，单位是弧度(rad)，它表示序列变化的速率，或者说表示相邻两个序列值之间相位变化的弧度数。

假设正弦序列是由模拟正弦信号 $x_a(t)$ 采样得到的，设采样周期为 T，采样频率为 F_s，模拟角频率和模拟频率分别为 Ω 和 f，那么

$$x_a(t) = \sin(\Omega t) = \sin(2\pi f t)$$

$$x(n) = x_a(t)\big|_{t=nT} = \sin(\Omega n T) = \sin(\omega n)$$

因此得到数字频率与模拟频率之间的关系为

$$\omega = \Omega T = \frac{\Omega}{F_s}$$

上式表示数字频率 ω 与模拟频率成线性关系，是模拟角频率 Ω 对采样频率的归一化频率。

6. 复指数序列

复指数序列的表达式为

$$x(n) = e^{(\sigma + j\omega_0)n} \tag{1-7}$$

设 $\sigma = 0$，则 $x(n) = e^{j\omega_0 n}$，可以按照欧拉公式展开，表示为

$$x(n) = \cos(\omega_0 n) + j\sin(\omega_0 n)$$

式中，ω_0 仍然称为数字频率。由于正弦序列和复指数序列中的 n 只能取整数，因此下面公式成立：

$$e^{j(\omega_0 + 2\pi M)n} = e^{j\omega_0 n}$$

$$\cos[(\omega_0 + 2\pi M)n] = \cos(\omega_0 n)$$

$$\sin[(\omega_0 + 2\pi M)n] = \sin(\omega_0 n)$$

式中，M 取整数，所以对数字频率而言，正弦序列和复指数序列都是以 2π 为周期的。在以后的研究中，在频率域只分析研究其主值区 $[-\pi, \pi]$ 或 $[0, 2\pi]$ 就够了。

7. 周期序列

如果序列满足下式，则称为周期序列：

$$x(n) = x(n+N) \qquad -\infty < n < \infty \tag{1-8}$$

很显然，满足上式的 N 有很多个，周期序列的周期则规定为满足上式的最小的 N 值。

下面讨论正弦序列的周期性。前面讲过，如果 n 一定，ω 作为变量时，正弦序列是以 2π 为周期的函数。但当 ω 一定，n 作为变量时，正弦序列是否仍是周期序列？答案是不一定，如果是周期序列，则要求正弦序列的频率满足一定条件。设

$$x(n) = A\sin(\omega_0 n + \varphi)$$

那么

$$x(n+N) = A\sin(\omega_0(n+N) + \varphi) = A\sin(\omega_0 n + \omega_0 N + \varphi)$$

如果，$x(n) = x(n+N)$，则要求 $\omega_0 N = 2\pi k$，即 $N = (2\pi / \omega_0)k$

上式中，k 与 N 均取整数，且 k 的取值要保证 N 是最小的正整数，满足这些条件，正弦序列才是以 N 为周期的周期序列。

具体有以下三种情况。

(1) 当 $2\pi / \omega_0$ 为整数时，$k=1$，正弦序列是以 $2\pi / \omega_0$ 为周期的周期序列。

(2) 当 $2\pi / \omega_0$ 不是整数，但是一个有理数时，设 $2\pi / \omega_0 = P/Q$。式中，P、Q 是互为素数的整数，取 $k=Q$，那么 $N=P$，则该正弦序列是以 P 为周期的周期序列。

(3) 当 $2\pi / \omega_0$ 是无理数时，任何整数 k 都不能使 N 为正整数，因此，此时正弦序列不是周期序列。

对于复指数序列 $x(n) = e^{j\omega_0 n}$ 的周期性的分析和上述正弦序列相同。

以上讨论的是常用的 7 种典型序列，最后要说明的是，如果 $x(n)$ 是任意序列，包括有规律或者无规律的序列，它均可以用单位采样序列的移位加权和表示，具体公式为

$$x(n) = \sum_{m=-\infty}^{\infty} x(m)\delta(n-m) \qquad (1\text{-}9)$$

例如，$x(n)$ 的波形如图 1.7 所示。

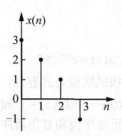

图 1.7　单位采样序列的移位加权和

该序列可表示为

$$x(n) = 3\delta(n) + 2\delta(n-1) + \delta(n-2) - \delta(n-3)$$

1.2.3　序列的运算

在数字信号处理中，经常采用对输入信号进行运算的方法来达到处理的目的。数字信号处理的基本运算有乘法、加法(包括减法)、移位、翻转和尺度变换等。对输入信号的运算就是由这些基本运算按照处理目的组合成的一些专用算法。这一节主要介绍这些基本算法。

1. 乘法和加法

一个序列乘一个常数 b，相当于将序列幅度值放大 b 倍。两个序列相乘或者相加，是指它们同序号的序列值相乘或者相加。

2. 序列的移位及翻转

设序列 $x(n)$ 的波形如图 1.8(a)所示，$x(n-2)$ 的波形如图 1.8(b)所示，它相当于将波形向右移动 2 位，或者说在时间上延迟 2 位。对于 $x(n-n_0)$，当 $n_0 > 0$ 时，表示将 $x(n)$ 向右移动 n_0 位，称为 $x(n)$ 的延时序列；当 $n_0 < 0$ 时，表示将序列 $x(n)$ 向左移动 n_0 位，称为 $x(n)$ 的超前序列。$x(n-n_0)$ 统称为 $x(n)$ 的移位序列。

$x(-n)$ 则是 $x(n)$ 的翻转序列。这里翻转的意思是指将 $x(n)$ 围绕坐标纵轴加以翻褶。$x(n)$ 及其翻转序列 $x(-n)$ 的波形如图 1.8(c)所示。

3. 序列的尺度变换

设 $y(n) = x(2n)$，当 $n=0,1,2,3,\cdots$ 时，$y(0)=x(0)$，$y(1)=x(2)$，$y(2)=x(4)$，$y(3)=x(6)$，相当于将 $x(n)$ 每两个相邻序列值抽取一个序列点，或者说是将原来的 $x(n)$ 坐标横轴压缩了 $1/2$。$y(n) = x(2n)$ 的波形如图 1.8(d)所示。对于 $x(mn)$，即是对 $x(n)$ 每 m 个相邻序列值抽取一个序列点，相当于将 $x(n)$ 的坐标横轴即时间轴压缩至原来的 $1/m$。

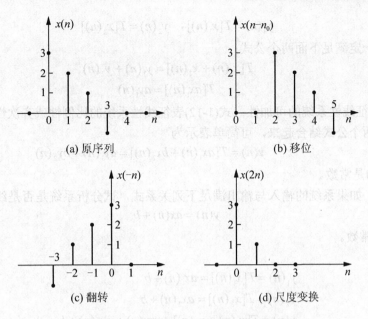

图 1.8 序列的移位、翻转和尺度变换

4. 序列的能量

信号 $x(n)$ 的能量为

$$E = \sum_{n=-\infty}^{\infty} |x(n)|^2$$

1.3 时域离散系统

设时域离散系统的输入信号用 $x(n)$ 表示，经过规定的运算，系统输出信号用 $y(n)$ 表示。对系统规定的运算关系用 $T[\bullet]$ 表示，方括弧中的一点表示要实行运算的信号。时域离散系统模型如图 1-9 所示，输入与输出之间的关系用下式表示：

$$y(n) = T[x(n)] \tag{1-10}$$

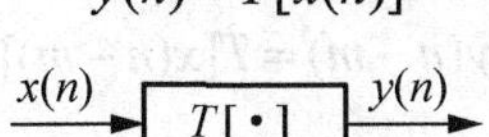

$$x(n) \longrightarrow \boxed{T[\cdot]} \longrightarrow y(n)$$

图 1.9 时域离散系统模型

时域离散系统中最常用的一类系统是线性时不变系统，下面介绍什么是线性时不变系统，以及线性时不变系统的输入与输出之间的计算关系和系统的因果性、稳定性。

1.3.1 线性系统

系统的输入与输出之间满足线性叠加原理的系统称为线性系统。它具体包括可加性和比例性两个性质。下面进行介绍。

如果 $x_1(n)$ 和 $x_2(n)$ 分别作为系统的输入，系统对应的输出用 $y_1(n)$ 和 $y_2(n)$ 表示，即

$$y_1(n) = T[x_1(n)], \quad y_2(n) = T[x_2(n)]$$

那么线性系统一定满足下面两个公式：

$$T[x_1(n) + x_2(n)] = y_1(n) + y_2(n) \tag{1-11}$$

$$T[ax_1(n)] = ay_1(n) \tag{1-12}$$

式(1-11)表征线性系统的可加性；式(1-12)表征线性系统的比例性或齐次性，式中 a 是常数。将以上两个公式结合起来，可简单表示为

$$y(n) = T[ax_1(n) + bx_2(n)] = ay_1(n) + by_2(n) \tag{1-13}$$

式中，a 和 b 均是常数。

【例 1-1】 如果系统的输入与输出满足下列关系式，试分析系统是否是线性系统：

$$y(n) = ax(n) + b$$

式中，a，b 是常数。

解：

$$y_1(n) = T[x_1(n)] = ax_1(n) + b$$

$$y_2(n) = T[x_2(n)] = ax_2(n) + b$$

$$y(n) = T[x_1(n) + x_2(n)] = ax_1(n) + ax_2(n) + b$$

$$y(n) \neq y_1(n) + y_2(n) = ax_1(n) + ax_2(n) + 2b$$

因此该系统不满足可加性，也就不具有线性叠加性质，比例性就不用检查了，不满足可加性足以说明该系统是非线性系统。实际上，该系统不满足零输入产生零输出，即

$$x(n) = 0, \quad y(n) = b \neq 0$$

因此，利用该性质也可以很容易地证明该系统是一个非线性系统。

用同样方法可以证明，$y(n) = 2x(n-2)$ 所代表的系统是线性系统。

1.3.2　时不变系统

如果系统对输入信号的运算关系在整个运算过程中不随时间改变，或者说系统对于输入信号的响应与输入信号加入系统的时间无关，则这种系统称为时不变系统(或称为移不变系统)，用公式表示为

若　　　　　　　　　　　　　　$$y(n) = T[x(n)]$$

则　　　　　　　　　　　　$$y(n-m) = T[x(n-m)] \tag{1-14}$$

式中，m 为任意整数。

检查系统是否具有时不变性质，即检查其是否满足式(1-14)。

【例 1-2】 检查 $y(n) = ax(n) + b$ (式中 a、b 是常数)所表示的系统是否是时不变系统。

解：　　　　　　　　　　$$y(n) = ax(n) + b$$

用 $(n - n_0)$ 代替上式中的 n，得

$$y(n - n_0) = ax(n - n_0) + b$$

将输入 $x(n)$ 延时 n_0，输出则是

$$y(n - n_0) = T[x(n - n_0)]$$

因此该系统是一个时不变系统。注意：该系统虽是时不变系统，但却是一个非线性系统。线性和时不变是两个不同的概念，它们之间没有一定的连带关系。

【例 1-3】 检查 $y(n) = nx(n)$ 所表示的系统是否是时不变系统。

解：

$$y(n) = nx(n)$$

$$y(n - n_0) = (n - n_0)x(n - n_0)$$

$$T[x(n - n_0)] = nx(n - n_0)$$

$$y(n - n_0) \neq T[x(n - n_0)]$$

因此该系统不是时不变系统，是时变系统。从概念上讲，相当于该系统将输入信号放大 n 倍，放大倍数随变量 n 变化，因此它是一个时变系统。

作为练习，请读者自己证明该系统是一个线性系统。

1.3.3 线性时不变系统及其输入与输出之间的关系

同时具有线性和时不变性的离散时间系统称为线性时不变系统(Linear Shift Invariant)，简称 LSI 系统，除非特殊说明，本书都是研究 LSI 系统。

如果系统给定，已知输入信号，其输出信号可以计算出来，计算的依据是系统特性和输入信号。这里的系统特性可以是时域特性，也可以是频域特性。这一节我们先介绍系统的时域特性，即单位脉冲响应，然后介绍输出和输入之间的计算关系。系统的频域特性将在第 2 章介绍。

1. 卷积的定义

系统的时域特性用它的单位脉冲响应表示。假设系统的输出 $y(n)$ 的初始状态为 0，当输入 $x(n) = \delta(n)$ 时，定义系统的输出为单位脉冲响应，用 $h(n)$ 表示。换句话说，单位脉冲响应即系统对于 $\delta(n)$ 的零状态响应。用公式表示为

$$h(n) = T[\delta(n)] \tag{1-15}$$

将系统的输入 $x(n)$ 用移位单位脉冲序列的加权和表示，即用式(1-9)表示，重写如下：

$$x(n) = \sum_{m=-\infty}^{\infty} x(m)\delta(n-m)$$

那么系统的输出为

$$
\begin{aligned}
y(n) &= T\left[\sum_{m=-\infty}^{\infty} x(m)\delta(n-m)\right] \\
&= \sum_{m=-\infty}^{\infty} x(m)T[\delta(n-m)] \quad \text{(线性系统满足比例性和可加性)} \\
&= \sum_{m=-\infty}^{\infty} x(m)h(n-m) \quad \text{(时不变性)}
\end{aligned}
$$

上式就是线性时不变系统的卷积和表达式，这是一个非常重要的表达式，它可表示为

$$y(n) = x(n) * h(n) = \sum_{m=-\infty}^{\infty} x(m)h(n-m) \tag{1-16}$$

2. 卷积的计算

卷积的计算有三种方法：图解法，解析法，利用 MATLAB 语言的工具箱函数计算法。

1) 图解法

观察式(1-16)，卷积的基本运算是翻转、移位、相乘和相加，这类卷积称为序列的线性卷积。后面第 3 章还要研究另外一种称为循环卷积的卷积运算。如果两个序列的长度分别为 N 和 M，那么线性卷积结果的长度为 $N+M-1$。

【例 1-4】设 $\quad x(n) = \begin{cases} \dfrac{1}{2}n & 1 \le n \le 3 \\ 0 & \text{其他} \end{cases}$ ，$h(n) = \begin{cases} 1 & 0 \le n \le 2 \\ 0 & \text{其他} \end{cases}$

求 $y(n) = x(n) * h(n)$

解：该题的卷积图解过程如图 1.10 所示。

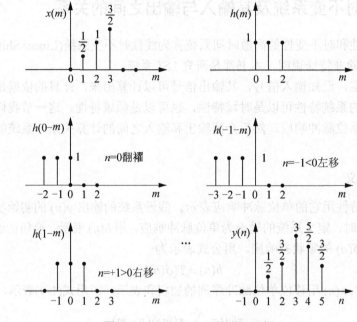

图 1.10　$x(n)$ 和 $h(n)$ 的卷积图解

2) 解析法

如果已知两个信号的表达式，则可以直接按照卷积定义式计算。

3) 用 MATLAB 计算两个有限长序列的卷积

MATLAB 信号处理工具箱提供了 conv 函数，该函数用于计算两个有限长序列的线性卷积。

C=conv(A,B)用于计算两个有限长序列向量 A 和 B 的线性卷积。如果向量 A 和 B 的长度分别为 A 和 B，则卷积结果序列向量 C 的长度为 $N+M-1$。要注意的是，conv 函数默认向量 A 和 B 表示的两个序列都是从 0 开始的，所以不需要位置向量。当然它也默认卷积结果序列向量 C 也是从 0 开始，即卷积结果也不提供特殊的位置信息。

显然，当两个序列不是从 0 开始时，必须对 conv 函数稍加扩展，形成通用卷积函数。

设两个位置向量已知的序列为 $\{x(n)$；nx=nxs:nxf$\}$ 和 $\{h(n)$；nh=nhs:nhf$\}$，要求计算卷积 $y(n) = x(n) * h(n)$，以及 $y(n)$ 的位置向量 ny。下面介绍计算卷积的通用卷积函数 convu。

根据线性卷积原理知道，$y(n)$ 的起始点 nys 和终止点 nyf 分别为 nys=nhs+nxs，

nyf=nhf+nxf。调用 conv 函数写出通用卷积函数 convu 如下。

```
Function [y,ny]=convu(h,nh,x,nx)
%convu 为通用卷积函数，y 为卷积结果序列向量，ny 是 y 的位置向量
%h 和 x 是有限长序列，nh 和 nx 分别是 h 和 x 的位置向量
nys=nh(1)+nx(1); nyf=nh(end)+nx(end); %end 表示最后一个元素的下标
y=conv(h,x);ny=nys:nyf;
```

【例 1-5】如果 $x(n)=h(n)=R_5(n+2)$，试调用 convu 函数计算卷积 $y(n)=x(n)*h(n)$。

解：程序如下。

```
h=ones(1,5);nh=-2:2;
x=h;nx=nh;
[y,ny]=convu(h,nh,x,nx)
```

运行结果如下。

```
y=[1 2 3 4 5 4 3 2 1]
ny=[-4 -3 -2 -1 0 1 2 3 4]
```

3. 卷积的性质

线性卷积服从交换律、结合律和分配律，如图 1.11～图 1.13 所示，分别用公式表示如下。

(1) 交换律

$$x(n)*h(n)=h(n)*x(n) \tag{1-17}$$

图 1.11　卷积服从交换律

(2) 结合律

$$x(n)*[h_1(n)*h_2(n)]=[x(n)*h_1(n)]*h_2(n) \tag{1-18}$$

该式说明，两个线性时不变系统级联后仍构成一个线性时不变系统，其单位脉冲响应为两系统单位脉冲响应的卷积和，且线性时不变系统的单位脉冲响应与它们的级联次序无关，如图 1.12 所示。

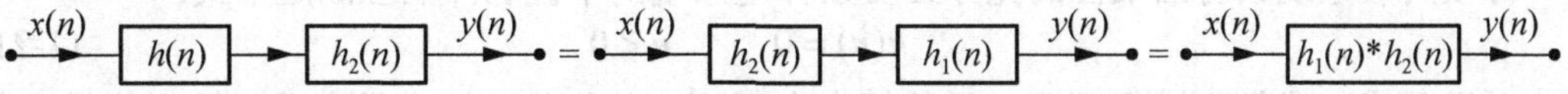

图 1.12　卷积服从结合律

(3) 分配律

$$x(n)*[h_1(n)+h_2(n)]=x(n)*h_1(n)+x(n)*h_2(n) \tag{1-19}$$

该式说明，两个线性时不变系统的并联(等式右端)等效于一个新系统，此新系统的单位脉冲响应等于两系统各自的单位脉冲响应之和(等式左端)，如图 1.13 所示。

以上三个性质的证明，读者如有兴趣，可自己进行。

需要再次强调的是，以上结论是线性时不变系统的性质。对于非线性或者非时不变系统，这些结论是不成立的。

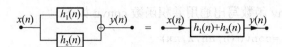

图1.13 卷积服从分配律

由前面的式(1-9)，可知该表达式本身也是一个线性卷积式，它表示序列 $x(n)$ 与单位脉冲序列的线性卷积等于序列 $x(n)$ 本身，即

$$x(n) = \sum_{m=-\infty}^{\infty} x(m)\delta(n-m) = x(n) * \delta(n)$$

如果序列 $x(n)$ 与单位脉冲序列的移位序列 $\delta(n-n_0)$ 进行线性卷积，就等于将序列 $x(n)$ 移位 n_0（n_0 是整常数），即

$$y(n) = x(n) * \delta(n-n_0) = \sum_{m=-\infty}^{\infty} x(m)\delta(n-n_0-m)$$

上式中，求和项只有当 $m = n - n_0$ 时才有非零值，所以有：

$$x(n) * \delta(n-n_0) = x(n-n_0) \tag{1-20}$$

1.3.4　系统的因果性和稳定性

因果系统是指某时刻的输出只取决于此时刻和此时刻以前的输入的系统。即 $n = n_0$ 时的输出 $y(n_0)$ 只取决于 $n \leqslant n_0$ 的输入 $x(n)\big|_{n \leqslant n_0}$。如果系统现在的输出还取决于未来的输入，则不符合因果关系，因而是非因果系统，是不实际的系统。

因果系统当然很重要，但并非所有有实际意义的系统都是因果系统。例如在图像处理中，变量不是时间，这时因果性往往不是根本性的限制。此外，非实时情况下，待处理数据事先都已记录下来，例如语音处理，在这种情况下，绝不会局限于用因果系统来处理这类数据。例如为了去除噪声或高频的变化，而保留总的缓慢变化的趋势，常常采用对数据取平均的办法，即

$$y(n) = \frac{1}{2N+1} \sum_{k=-N}^{N} x(n-k)$$

这就是一个起平滑作用的非因果系统。

时域离散系统具有因果性的充分必要条件是系统的单位脉冲响应满足下式：

$$h(n) = 0 \qquad n < 0 \tag{1-21}$$

对于上式，我们不进行证明，只从概念上理解。单位脉冲响应是当系统输入信号为单位脉冲序列 $\delta(n)$ 时，系统的零状态输出响应。而 $\delta(n)$ 只有在 $n=0$ 时，才取非零值1。这样，当 $n < 0$，对于一个因果可实现系统不可能有输出。一般将满足式(1-21)的序列称为因果序列，因此因果系统的单位脉冲响应必然是因果序列。

系统的稳定性也是系统的一个重要性质。一个稳定系统应满足：如果输入信号有界，其输出必然有界。系统稳定的充分必要条件是该系统的单位脉冲响应绝对可和，即满足下式：

$$\sum_{n=-\infty}^{\infty} |h(n)| < \infty \tag{1-22}$$

要证明一个系统不稳定，只需找一个特别的有界输入，如果此时能得到一个无界的输

出，那么就一定能判定这个系统是不稳定的。但要证明一个系统是稳定的，就不能只用某一个特定的输入来证明，而要利用在所有有界输入的情况下都产生有界输出的办法来证明系统的稳定性。

将以上两点综合起来，可以得出结论：因果稳定的线性时不变系统的单位脉冲响应是因果的且是绝对可和的，即

$$\begin{cases} h(n) = h(n)u(n) \\ \sum_{n=-\infty}^{\infty} |h(n)| < \infty \end{cases} \tag{1-23}$$

【例 1-6】 设线性时不变系统的单位脉冲响应 $h(n) = a^n u(n)$，式中 a 是实常数，试分析该系统的因果稳定性。

解：

(1) 讨论因果性：因为单位脉冲响应中含有 $u(n)$，因此当 $n < 0$ 时，$h(n) = 0$，因此该系统是因果系统。

(2) 讨论稳定性：因为有

$$\sum_{n=-\infty}^{\infty} |h(n)| = \sum_{n=0}^{\infty} |a^n| = \begin{cases} \dfrac{1}{1-|a|} & |a| < 1 \\ \infty & |a| \geq 1 \end{cases}$$

所以系统稳定的条件是 $|a| < 1$，否则系统不稳定。

【例 1-7】 设线性时不变系统的单位脉冲响应 $h(n) = -a^n u(-n-1)$，式中 a 是实常数，试分析该系统的因果稳定性。

解：

(1) 讨论因果性：因为单位脉冲响应中含有 $u(-n-1)$，因此当 $n < 0$ 时，$h(n) \neq 0$，因此该系统是非因果系统。

(2) 讨论稳定性：因为有

$$\sum_{n=-\infty}^{\infty} |h(n)| = \sum_{n=-\infty}^{-1} |a^n| = \sum_{n=1}^{\infty} |a|^{-n} = \sum_{n=1}^{\infty} \frac{1}{|a|^n} = \frac{\dfrac{1}{|a|}}{1-\dfrac{1}{|a|}}$$

$$= \begin{cases} \dfrac{1}{|a|-1} & |a| > 1 \\ \infty & |a| \leq 1 \end{cases}$$

所以系统稳定的条件是 $|a| > 1$，否则系统不稳定。

1.4 时域离散系统的输入与输出
描述——线性常系数差分方程

描述或者研究一个系统时，可以不管系统内部结构如何，只描述或研究系统的输出和

输入之间的关系。对于时域离散系统，输出和输入之间经常使用差分方程进行描述，而对于线性时不变系统，常用的是线性常系数差分方程。本节先介绍什么是线性常系数差分方程，再介绍它的解法。

1.4.1 线性常系数差分方程

一个 N 阶线性常系数差分方程用下式表示：

$$y(n) = \sum_{k=0}^{M} b_k x(n-k) - \sum_{k=1}^{N} a_k y(n-k) \tag{1-24}$$

或者

$$\sum_{k=0}^{N} a_k y(n-k) = \sum_{k=0}^{M} b_k x(n-k) , \qquad a_0 = 1 \tag{1-25}$$

式中，$x(n)$ 和 $y(n)$ 分别表示输入信号和输出信号。式(1-25)的特点是：a_k, b_k 都是常数，且 $x(n-k)$ 和 $y(n-k)$ 都只有一次幂，也没有相互相乘的项，也就是因为有这样的特点，因此称它为线性常系数差分方程。这里 N 阶的意思指的是式(1-25)中的 $y(n-k)$ 项中，最大的 k 和最小的 k 之间的差值。在上式中，k 最大的为 N，最小的为 0，因此称它为 N 阶差分方程。

1.4.2 线性常系数差分方程的求解

已知系统的输入序列，通过求解差分方程即可以求出输出序列。求解差分方程的基本方法有以下三种。

(1) 经典解法。这种方法类似于模拟系统中求解微分方程的方法，它包括齐次解与特解，由边界条件求待定系数，较麻烦，实际中很少采用，这里不作介绍。

(2) 递推解法。这种方法简单，且适合用计算机求解，但只能得到数值解，对于阶次较高的线性常系数差分方程不容易得到封闭式(公式)解答。

(3) 变换域方法。这种方法是将差分方程变换到 z 域进行求解，方法简便有效，这部分内容将在第 2 章介绍。但其只能得到数值解，对于阶次较高的线性常系数差分方程不容易得到封闭式(公式)解。

本节仅简单讨论离散时域的递推解法，其中包括如何用 MATLAB 求解差分方程。

按照式(1-24)，只要知道输入信号和 N 个初始条件，就可以求出 n 时刻的输出。如果将式(1-24)中的 n 用 $n+1$ 代替，可得

$$y(n+1) = \sum_{k=0}^{M} b_k x(n+1-k) + \sum_{k=1}^{N} a_k y(n+1-k)$$

利用上式可以求出 $n+1$ 时刻的输出 $y(n+1)$。当然，计算中要用到刚刚算出的 $y(n)$。类似地，$n+2$，$n+3$，…，时刻的输出都可以这样递推求出。实际上，N 阶差分方程本身就是一个适合递推算法的方程。下面举例说明如何利用递推法求解差分方程。

【例 1-8】设因果系统用差分方程 $y(n) = ay(n-1) + x(n)$ 描述，输入信号 $x(n) = \delta(n)$，求输出信号 $y(n)$。

解：该系统差分方程是一个一阶差分方程，需要一个初始条件。下面假设两种初始条件，并分析初始条件对输出的影响。

(1) 设初始条件为 $y(-1)=0$

根据 $y(n)=ay(n-1)+x(n)$，有

$n=0$ 时，$y(0)=ay(-1)+\delta(0)=1$

$n=1$ 时，$y(1)=ay(0)+\delta(1)=a$

$n=2$ 时，$y(2)=ay(1)+\delta(2)=a^2$

$\vdots$

$n=n$ 时，$y(n)=ay(n-1)+\delta(n)=a^n$

即 $y(n)=a^n u(n)$

(2) 设初始条件为 $y(-1)=1$

根据 $y(n)=ay(n-1)+x(n)$，有

$n=0$ 时，$y(0)=ay(-1)+\delta(0)=1+a$

$n=1$ 时，$y(1)=ay(0)+\delta(1)=a(1+a)$

$n=2$ 时，$y(2)=ay(1)+\delta(2)=a^2(1+a)$

$\vdots$

$n=n$ 时，$y(n)=ay(n-1)+\delta(n)=a^n(1+a)$

即 $y(n)=a^n(1+a)u(n)$

该例说明，差分方程相同，输入信号也一样时，对于不同的初始条件，会得到不同的系统输出。这里还要说明的是，对于一个因果系统，递推时应从加上输入信号的时刻开始，向 $n>0$ 的方向递推，应该选择加上输入信号的时刻以前，且离该时刻最近的系统输出作为初始条件。该例中，初始条件即是 $n=-1$ 时刻的系统输出，即 $y(-1)$。当然，如果没有限定是因果系统，也可以向 $n<0$ 的方向递推，此时得到的是非因果系统输出。因此，差分方程本身并不能确定系统是否是因果系统，还需要用初始条件来限制。

另外要说明的是，一个线性常系数差分方程描述的系统不一定是线性非时变系统，这和系统的初始状态有关。如果系统是因果的，一般在输入 $x(n)=0(n<n_0)$ 时，输出 $y(n)=0(n<n_0)$，系统是线性时不变系统。

下面介绍如何用 MATLAB 求解差分方程。

MATLAB 信号处理工具箱提供的 filter 函数可实现线性常系数差分方程的递推求解，调用格式如下。

(1) yn=filter(B,A,xn)：计算系统对输入信号向量 xn 的零状态响应 yn，yn 与 xn 长度相同，其中，B 和 A 是式(1-24)所给差分方程的系数向量，即

$$B=[b_0,b_1,\cdots,b_M], A=[a_0,a_1,\cdots,a_N]$$

其中，$a_0=1$。如果 $a_0\neq1$，则 filter 函数用 a_0 对系数向量 B 和 A 归一化。

(2) yn=filter(B,A,xn，xi)，计算系统对输入信号向量 xn 的全响应输出信号 yn。即由初始状态引起的零输入响应和由输入信号 xn 引起的零状态响应之和。其中，xi 是等效初始条件的输入序列，它由初始条件确定。MATLAB 信号处理工具箱提供的 filtic 函数可实现由初始条件计算 xi。其调用格式如下：

$$xi=filtic(B,A,ys,xs)$$

其中，ys 和 xs 是初始条件向量，ys=[y(-1), y(-2), y(-3), …, y(-N)]，xs=[x(-1), x(-2), x(-3), …, x(-M)]。如果 xn 是因果序列，则 xs=0，调用时可缺省 xs。

1.5 模拟信号的数字处理方法

由于数字信号处理技术相对于模拟信号处理技术有许多优点，因此常将模拟信号经过采样和量化编码形成数字信号，再用数字信号处理技术进行处理；如果需要，处理完毕后再转换成模拟信号。这种处理方法称为模拟信号的数字处理方法。其原理框图如图 1.14 所示。本节主要介绍采样定理和采样恢复。

图 1.14　数字信号处理框图

1.5.1 采样定理及 A/D 转换器

下面研究理想采样前后信号频谱的变化，从而找出为使采样信号能不失真地恢复原模拟信号，采样速率 F_s（$F_s = T^{-1}$）与模拟信号最高频率 f_c 之间的关系。

设 $x_a(t)$ 是最高频率成分为 f_c 的模拟信号，其理想采样信号用 $\hat{x}_a(t)$ 表示，则

$$\hat{x}_a(t) = x_a(t) \cdot \sum_{n=-\infty}^{\infty} \delta(t-nT) = \sum_{n=-\infty}^{\infty} x_a(t-nT)\delta(t-nT) \qquad (1\text{-}26)$$

式中，T 为采样周期；$\delta(t)$ 为单位冲激函数。

我们知道，在傅里叶变换中，两信号在时域相乘，其频谱等于两信号傅里叶变换的卷积，按照式(1-26)，推导如下。

如果 $X_a(j\Omega) = \mathrm{FT}[x_a(t)]$，则理想采样信号 $\hat{x}_a(t)$ 的频谱函数为

$$\hat{X}_a(j\Omega) = \mathrm{FT}\left[\hat{x}_a(t)\right] = \frac{1}{T}\sum_{n=-\infty}^{\infty} X_a\left(j\left(\Omega - \frac{2\pi}{T}k\right)\right)$$
$$= \frac{1}{T}\sum_{n=-\infty}^{\infty} X_a(j\Omega - jk\Omega_s) \qquad (1\text{-}27)$$

其中，FT[ ]表示傅里叶变换。上式表明，理想采样信号的频谱函数为被采样模拟信号频谱函数的周期延拓函数，延拓周期为 $\Omega_s = \dfrac{2\pi}{T}$。

设 $x_a(t)$ 是带限信号，最高频率为 Ω_c，其频谱 $X_a(j\Omega) = \mathrm{FT}[x_a(t)]$。如图 1.15(a)所示，原模拟信号频谱称为基带频谱。理想采样函数的频谱如图 1.15(b)所示。

综上所述，可得出著名的时域采样定理。

设模拟信号的最高频率成分为 Ω_c，即

$$X_a(j\Omega) = FT[x_a(t)] = 0, \qquad |\Omega| > \Omega_c$$

当 $\Omega_s \geqslant 2\Omega_c$（或 $f_s \geqslant 2f_c$）时，基带频谱与其他周期延拓形成的频谱不重叠，也就无频率混叠失真，如图 1.15(c)所示。这时，可用低通滤波器 $G(j\Omega)$ 由 $\hat{x}_a(t)$ 无失真恢复 $x_a(t)$；但

当 $\Omega_s < 2\Omega_c$ 时，将产生频率混叠失真，如图 1.15(d)所示。这时，不能由 $\hat{x}_a(t)$ 恢复 $x_a(t)$。

当 $f_s = 2f_c$ 时，称为奈奎斯特(Nyquist)采样频率，由图 1.15(d)可以看出，在频谱 $\hat{X}_a(j\Omega)$ 中，$|\Omega| < \dfrac{\pi}{T}\left(\text{即}\dfrac{\Omega_s}{2}\right)$ 处的混叠值相当于将 $X_a(j\Omega)$ 中 Ω 超过 $\dfrac{\pi}{T}$ 的部分折叠回来的值，所以，将 $\dfrac{\Omega_s}{2} = \dfrac{\pi}{T}$ 称为折叠频率。由图可见，频率混叠在折叠频率 $\dfrac{\Omega_s}{2}$ 附近最严重。

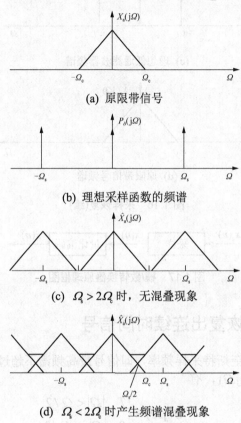

(a) 原限带信号

(b) 理想采样函数的频谱

(c) $\Omega_s > 2\Omega_c$ 时，无混叠现象

(d) $\Omega_s < 2\Omega_c$ 时产生频谱混叠现象

图 1.15 采样信号的频谱

只有当采样频率 $\Omega_s \geqslant 2\Omega_c$ 时，经过采样后才不丢失 $x_a(t)$ 的信息。这时，可使理想采样信号 $\hat{x}_a(t)$ 通过如图 1.16 所示的理想低通滤波器 $G(j\Omega)$，无失真恢复出 $x_a(t)$。

模/数转换器(Analog/Digital Converter，ADC)用来将模拟信号转换成数字信号，其原理框图如图 1.17 所示。通过采样，得到一串样本数据，可看做时域离散信号(序列)。设 ADC 有 M 位，那么每个样本数据用 M 位二进制数表示，即形成数字信号。这一过程称为量化编码过程。量化会产生量化误差，它的影响称为量化效应，这部分内容将在第 7 章介绍。

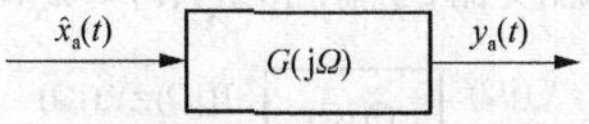

(a) 采样信号恢复框图

图 1.16 采样恢复

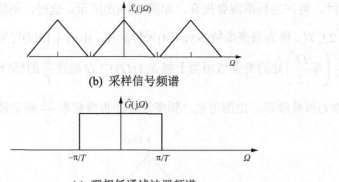

(b) 采样信号频谱

(c) 理想低通滤波器频谱

(d) 原限带信号频谱

图 1.16   采样恢复(续)

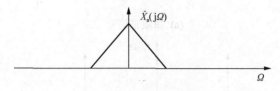

图 1.17   模/数转换器原理框图

1.5.2   从离散信号恢复出连续时间信号

如果采样频率高于奈奎斯特采样频率，即信号最高频谱不超过折叠频率，可让信号通过一个理想低通滤波器 $G(\mathrm{j}\Omega)$，有

$$G(\mathrm{j}\Omega) = \begin{cases} T & |\Omega| < \Omega_\mathrm{s}/2 \\ 0 & |\Omega| \geqslant \Omega_\mathrm{s}/2 \end{cases}$$

令 $\hat{X}_\mathrm{a}(\mathrm{j}\Omega)$ 通过低通滤波器，则滤波器的输出为

$$Y(\mathrm{j}\Omega) = \hat{X}_\mathrm{a}(\mathrm{j}\Omega) \cdot G(\mathrm{j}\Omega) \tag{1-28}$$

由于在 $|\Omega| < \Omega_\mathrm{s}/2$ 时，$\hat{X}_\mathrm{a}(\mathrm{j}\Omega) = \dfrac{1}{T} X_\mathrm{a}(\mathrm{j}\Omega)$，所以

$$\begin{aligned} Y(\mathrm{j}\Omega) &= \frac{1}{T} X_\mathrm{a}(\mathrm{j}\Omega) \cdot G(\mathrm{j}\Omega) \\ &= X_\mathrm{a}(\mathrm{j}\Omega) \end{aligned}$$

这就是说，在时域中，低通滤波器的输出为 $y(t) = x_\mathrm{a}(t)$，如图 1.18 所示。

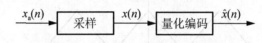

图 1.18   时域中的低通滤波器

从式(1-28)可得

$$y(t) = x(t) * g(t) = \int_{-\infty}^{\infty} \left[\sum_{n=-\infty}^{\infty} x_a(\tau)\delta(\tau - nT) \right] g(t-\tau)\mathrm{d}\tau$$

$$= \sum_{n=-\infty}^{\infty} \int_{-\infty}^{\infty} x_a(t)g(t-\tau)\delta(\tau - nT)\mathrm{d}\tau \qquad (1\text{-}29)$$

$$= \sum_{n=-\infty}^{\infty} x_a(nT)g(t-nT)$$

又因为

$$g(t) = \mathrm{FT}^{-1}\left[G(\mathrm{j}\Omega) \right]$$

$$= \frac{1}{2\pi} \int_{-\Omega/2}^{\Omega/2} T \mathrm{e}^{\mathrm{j}\Omega t}\mathrm{d}\Omega = \frac{\sin\left(\dfrac{\pi}{T}t\right)}{\dfrac{\pi}{T}t} \qquad (1\text{-}30)$$

因此，卷积公式(1-27)也可以表示为

$$x_a(t) = \sum_{n=-\infty}^{\infty} x_a(nT)\frac{\sin\left(\dfrac{\pi}{T}(t-nT)\right)}{\dfrac{\pi}{T}(t-nT)} \qquad (1\text{-}31)$$

式(1-31)为采样内插公式，它表明了连续时间函数 $x_a(t)$ 如何由它的采样值 $x_a(nT)$ 来表达，即 $x_a(t)$ 等于 $x_a(nT)$ 乘上对应的内插函数的总和。内插函数的波形如图 1.19 所示，其特点为：在采样点 nT 上，函数值为 1，其余采样点上，函数值都为 0。其内插过程如图 1.20 所示。被恢复的信号 $y(t)$ 在采样点的值就等于 $x_a(nT)$，采样点之间的信号则是由各采样值内插函数的波形延伸叠加而成的。这也正是理想低通滤波器 $G(\mathrm{j}\Omega)$ 的响应过程。

由采样而产生的序列常称为采样序列 $\{x_a(nT)\}$，对于处理离散时间信号来说，往往可以不必以 nT 作为变量，而直接以 $\{x_a(t)\}$ 表示离散时间信号序列。

$$\hat{X}_a(\mathrm{j}\Omega) = \mathrm{FT}\left[\hat{x}_a(t) \right] = \int_{-\infty}^{\infty} \hat{x}_a(t)\mathrm{e}^{-\mathrm{j}\Omega t}\mathrm{d}t$$

$$= \int_{-\infty}^{\infty} \sum_{n=-\infty}^{\infty} x_a(nT)\delta(t-nT)\mathrm{e}^{-\mathrm{j}\Omega t}\mathrm{d}t$$

$$= \sum_{n=-\infty}^{\infty} x_a(nT)\mathrm{e}^{-\mathrm{j}\Omega nT} \int_{-\infty}^{\infty} \delta(t-nT)\mathrm{d}t$$

$$= \sum_{n=-\infty}^{\infty} x_a(nT)\mathrm{e}^{-\mathrm{j}\Omega nT} = FT\left[x_a(nT) \right]\big|_{\omega = \Omega T}$$

$$= X(\mathrm{e}^{\mathrm{j}\omega})\big|_{\omega = \Omega T} = X(\mathrm{e}^{\mathrm{j}\Omega T})$$

由上式可见，$\hat{X}_a(\mathrm{j}\Omega)$ 与 $X(\mathrm{e}^{\mathrm{j}\omega})$ 之间仅有的差别是尺度变换 $\omega = \Omega T$。第 3 章所讲的离散傅里叶变换(DFT)可以计算 $X(\mathrm{e}^{\mathrm{j}\omega})$ 的采样值。所以可在计算机上用 DFT 计算 $X(\mathrm{e}^{\mathrm{j}\omega})$ 的采样，来讨论 $\hat{X}_a(\mathrm{j}\Omega)$ 的特性。

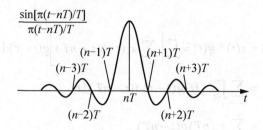

图 1.19　内插函数

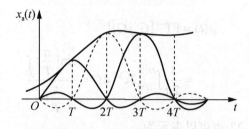

图 1.20　采样内插恢复

本 章 小 结

　　本章主要讲述了时域离散信号的表示方法和常用的典型信号，以及时域离散线性时不变系统的时域分析方法，并介绍了模拟信号的数字处理方法。

习　　题

　　1. 用单位脉冲序列 $\delta(n)$ 及其加权和表示如图 1.21 所示的序列。

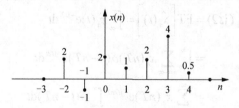

图 1.21　习题 1 图

　　2. 给定信号为

$$x(n)=\begin{cases}2n+5 & -4\leqslant n\leqslant -1\\6 & 0\leqslant n\leqslant 4\\0 & \text{其他}\end{cases}$$

　　(1)　画出 $x(n)$ 序列的波形，标上各序列值；

　　(2)　试用延迟的单位脉冲序列及其加权和表示 $x(n)$ 序列；

　　(3)　令 $x_1(n)=2x(n-2)$，试画出 $x_1(n)$ 波形；

(4) 令 $x_2(n) = 2x(n+2)$，试画出 $x_2(n)$ 波形；

(5) 令 $x_3(n) = x(2-n)$，试画出 $x_3(n)$ 波形。

3. 判断下面的序列是否是周期的；若是周期的，确定其周期。

(1) $x(n) = A\cos\left(\dfrac{3}{7}\pi n - \dfrac{\pi}{8}\right)$ A 是常数

(2) $x(n) = e^{j\left(\frac{1}{8}n - \pi\right)}$

4. 对于如图 1.21 所示的 $x(n)$，要求：

(1) 画出 $x(-n)$ 的波形；

(2) 计算 $x_e(n) = \dfrac{1}{2}[x(n) + x(-n)]$，并画出 $x_e(n)$ 的波形；

(3) 计算 $x_o(n) = \dfrac{1}{2}[x(n) - x(-n)]$，并画出 $x_o(n)$ 的波形；

(4) 令 $x_1(n) = x_e(n) + x_o(n)$，将 $x_1(n)$ 与 $x(n)$ 进行比较，能得到什么结论？

5. 设系统分别用下面的差分方程描述，$x(n)$ 与 $y(n)$ 分别表示系统输入和输出，试判断系统是否是线形时不变的。

(1) $y(n) = x(n) + 2x(n-1) + 3x(n-2)$

(2) $y(n) = 2x(n) + 3$

(3) $y(n) = x(n-n_0)$ n_0 为整常数

(4) $y(n) = x(-n)$

(5) $y(n) = x^2(n)$

(6) $y(n) = \displaystyle\sum_{m=0}^{n} x(m)$

(7) $y(n) = x(n)\sin(\omega n)$

6. 给定下述系统的差分方程，试判断系统是否是因果稳定系统，并说明理由。

(1) $y(n) = \dfrac{1}{N}\displaystyle\sum_{k=0}^{N-1} x(n-k)$

(2) $y(n) = x(n) + x(n+1)$

(3) $y(n) = \displaystyle\sum_{k=n-n_0}^{n+n_0} x(k)$

(4) $y(n) = x(n-n_0)$

(5) $y(n) = e^{x(n)}$

7. 设线性时不变系统的单位脉冲响应 $h(n)$ 和输入序列 $x(n)$ 如图 1.22 所示，要求画出 $y(n)$ 输出的波形。

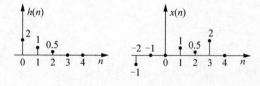

图 1.22 习题 7 图

8. 设线性时不变系统的单位脉冲响应 $h(n)$ 和输入 $x(n)$ 分别有以下三种情况，试分别求出输出 $y(n)$。

(1) $h(n) = R_4(n)$，$x(n) = R_5(n)$

(2) $h(n) = 2R_4(n)$，$x(n) = \delta(n) - \delta(n-2)$

(3) $h(n) = 0.5^n u(n)$，$x_n = R_5(n)$

9. 设系统由下面的差分方程描述：

$$y(n) = \frac{1}{2}y(n-1) + x(n) + \frac{1}{2}x(n-1)$$

设系统是因果的，利用递推法求系统的单位脉冲响应。

10. 有一连续信号 $x_a(t) = \cos(2\pi ft + \varphi)$，式中，$f = 20\text{Hz}$，$\varphi = \pi/2$。

(1) 求出 $x_a(t)$ 的周期；

(2) 用采样间隔 $T = 0.02\text{s}$ 对 $x_a(t)$ 进行采样，试写出采样信号 $\hat{x}_a(t)$ 的表达式；

(3) 画出对应 $\hat{x}_a(t)$ 的时域离散信号(序列) $x(n)$ 的波形，并求出 $x(n)$ 的周期。

11. 已知系统的差分方程和输入信号分别为

$$y(n) + \frac{1}{2}y(n-1) = x(n) + 2x(n-2)$$
$$x(n) = \{1, 2, 3, 4, 2, 1\}$$

用递推法计算系统的零状态响应。

12. 已知两个系统的差分方程分别为：

(1) $y(n) = 0.6y(n-1) - 0.08y(n-2) + x(n)$

(2) $y(n) = 0.7y(n-1) - 0.1y(n-2) + 2x(n) - x(n-2)$

试分别求出所描述的系统的单位脉冲响应和单位阶跃响应。

13. 已知系统的差分方程为

$$y(n) = -a_1 y(n-1) - a_2 y(n-2) + bx(n)$$

其中，$a_1 = -0.8$，$a_2 = 0.64$，$b = 0.866$。

(1) 编写求解系统单位脉冲响应 $h(n)(0 \leqslant n \leqslant 49)$ 的 MATLAB 程序，并画出 $h(n)(0 \leqslant n \leqslant 49)$；

(2) 编写求解系统零状态单位阶跃响应 $s(n)(0 \leqslant n \leqslant 100)$ 的 MATLAB 程序，并画出 $s(n)(0 \leqslant n \leqslant 100)$。

第2章　时域离散信号与系统的频域分析

教学目标

通过本章的学习，要理解傅里叶变换和 z 变换的定义、性质以及这两种变换之间的关系；能够利用 z 变换，根据系统的极点位置判断系统的因果性和稳定性，以及根据系统的零、极点分布分析系统的频响特性；掌握周期序列的傅里叶级数分析和傅里叶变换表示形式。

在时域对信号和系统进行分析和研究比较直观，物理概念清楚，但仅在时域进行分析和研究并不完善，有很多问题在时域分析、研究不方便。例如有两个序列，从波形上看，一个变化快，另一个变化慢，但都混有噪声，希望分别用滤波器滤除噪声，但又不能损坏信号。从信号波形观察，时域波形变化快，意味着含有更高的频率，因为两种信号的频谱结构不同，那么对滤波器的通带范围要求也不同。为了设计合适的滤波器，需要分析信号的频谱结构，这时就应该将时域信号转换到频域进行分析。

本章学习的傅里叶变换和 z 变换都是将时域离散信号变换到频域的重要的数学工具。两个变换工具不同的是，前者是将信号转换到实频域，后者是将信号转换到复频域。

2.1　序列的傅里叶变换的定义和性质

2.1.1　序列的傅里叶变换的定义

序列 $x(n)$ 的傅里叶变换式为

$$X(\mathrm{e}^{\mathrm{j}\omega}) = \mathrm{DTFT}[x(n)] \overset{\text{def}}{=} \sum_{n=-\infty}^{\infty} x(n)\mathrm{e}^{-\mathrm{j}\omega n} \tag{2-1}$$

式中，DTFT 是 Discrete Time Fourier Transform(离散时间傅里叶变换)的缩写字母。$X(\mathrm{e}^{\mathrm{j}\omega})$ 称为 $x(n)$ 的频谱函数。虽然序列是时域离散函数，n 只能取整数，但它的频谱函数却是数字频率 ω 的连续函数，且一般是复函数，它具体描述了信号在频域的频谱分布。

傅里叶变换存在的充分必要条件是序列满足绝对可和的条件，即满足下式：

$$\sum_{n=-\infty}^{\infty} |x(n)| < \infty \tag{2-2}$$

有限长序列一般满足绝对可和的条件，但有些信号是不满足的。例如周期信号，它的持续时间无限长，因此不满足绝对可和的条件，那么傅里叶变换不存在，但是如果引进奇异函数，就可以用奇异函数表示它的傅里叶变换。这部分内容留待下一节学习。

傅里叶反变换的定义用下式表示：

$$x(n) = \text{IDT FT}[X(e^{j\omega})] \overset{\text{def}}{=} \frac{1}{2\pi}\int_{-\pi}^{\pi} X(e^{j\omega})e^{j\omega n}d\omega \tag{2-3}$$

式中，IDTFT 是 Inverse Discrete Time Fourier Transform 的缩写，表示傅里叶反变换。反变换的作用是由频谱函数求原来的时间序列。式(2-1)和式(2-3)称为一对傅里叶变换表示式，这两个表示式中，$X(e^{j\omega})$ 和 $x(n)$ 相互一一对应，也就是说，已知 $x(n)$ 可以唯一地求出频谱函数 $X(e^{j\omega})$；反过来，已知 $X(e^{j\omega})$ 可以唯一地求出 $x(n)$。

频谱函数也可以用下式表示：

$$X(e^{j\omega}) = \left|X(e^{j\omega})\right|e^{j\arg[X(e^{j\omega})]} \tag{2-4}$$

式中，$\left|X(e^{j\omega})\right|$ 称为频谱函数的幅度函数，它是一个非负实函数，具体描述频谱函数中各频率分量的幅度相对大小。$\arg[X(e^{j\omega})]$ 称为频谱函数的相位特性，表示频谱函数中各频率分量的相位之间的关系。幅度函数和相位特性是很重要的两个函数，其中幅度函数尤为重要。

【例 2-1】 设 $x(n) = R_N(n)$，求 $x(n)$ 的傅里叶变换。

解：

$$X(e^{j\omega}) = \sum_{n=-\infty}^{\infty} R_N(n)e^{-j\omega n} = \sum_{n=0}^{N-1} 1 \cdot e^{-j\omega n}$$

$$= \frac{1-e^{-j\omega N}}{1-e^{-j\omega}} = \frac{e^{-j\omega N/2}(e^{j\omega N/2} - e^{-j\omega N/2})}{e^{-j\omega/2}(e^{j\omega/2} - e^{-j\omega/2})}$$

$$= e^{-j(N-1)\omega/2}\frac{\sin(\omega N/2)}{\sin(\omega/2)}$$

当 $N=4$ 时，其幅度与相位随频率 ω 的变化曲线如图 2.1 所示。

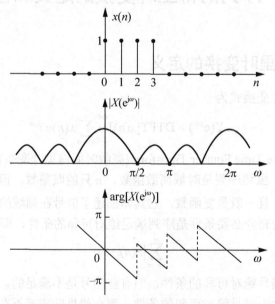

图 2.1　$x(n) = R_N(n)$ 的幅度与相位曲线

2.1.2 序列的傅里叶变换的性质

1. 周期性

在 DTFT 的定义式(2-1)中，n 取整数，且式中的指数函数是一个以 2π 为周期的函数，因此下式成立：

$$X(\mathrm{e}^{\mathrm{j}\omega}) = \sum_{n=-\infty}^{\infty} x(n)\mathrm{e}^{-\mathrm{j}\omega n} = \sum_{n=-\infty}^{\infty} x(n)\mathrm{e}^{-\mathrm{j}(\omega+2\pi M)n} = X(\mathrm{e}^{\mathrm{j}(\omega+2\pi)}) \qquad M\text{为整数} \qquad (2\text{-}5)$$

上式表明序列的傅里叶变换是频率 ω 的周期函数，周期是 2π。这一特点不同于模拟信号的傅里叶变换。由于序列的频谱函数是以 2π 为周期的，因此在 $\omega = 0$ 和 $\omega = 2\pi M$ (M 为整数)附近的频谱分布应该是相同的。频谱函数在 $\omega = 0$，$\pm 2\pi$，$\pm 4\pi$，… 点上表示信号的直流分量；离开这些点愈远，其频率应该愈高，但又是以 2π 为周期，因此可以推论最高频率是在 $\omega = \pi$ 处。例如，$x(n) = \cos(\omega n)$，当 $\omega = 2\pi M$ 时，$x(n)$ 的波形如图 2.2(a)所示，这个波形可以看成是一个直流连续信号采样得到的。当 $\omega = (2\pi+1)M$ 时，$x(n)$ 的波形如图2.2(b)所示。另外，我们知道一个时间波形变化愈快，意味着它包含的频率愈高。因此，代表最高频率，是一种变化最快的正弦信号。这个波形的特点是幅度从 +1 跳到 −1，再从 −1 跳到 +1，这是一个周期序列，周期为 2，不可能有比这变化更快的信号，因此它的频率应该最高。关于它的频谱函数，由于不服从绝对可和的条件，不能用定义式(2-1)来求。

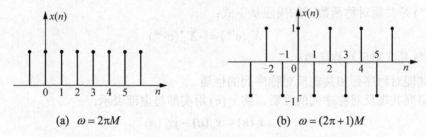

图 2.2 $x(n) = \cos(\omega n)$ 的波形

在图 2.1 中，幅度特性清楚表示出频谱函数以 2π 为周期的周期性，频率为 0 和 $2\pi M$ (M 为整数)处的幅度最高，说明 $R_N(n)$ 的低频分量较强。由于频谱函数以 2π 为周期，因此，一般分析频率范围中的一个周期就够了，一般选 $-\pi \sim +\pi$ 或 $0 \sim 2\pi$ 范围的 DTFT。

2. 线性

傅里叶变换是线性变换，即下面公式成立：

假设　　　　　$X_1(\mathrm{e}^{\mathrm{j}\omega}) = \mathrm{DTFT}[x_1(n)]$，　　　$X_2(\mathrm{e}^{\mathrm{j}\omega}) = \mathrm{DTFT}[x_2(n)]$

那么　　　　　$\mathrm{DTFT}[ax_1(n) + bx_2(n)] = aX_1(\mathrm{e}^{\mathrm{j}\omega}) + bX_2(\mathrm{e}^{\mathrm{j}\omega})$ 　　　　　　(2-6)

式中，a、b 是常数。

3. 时移性和频移性

傅里叶变换的时移性指的是，如果信号延时 n_0，那么它的傅里叶变换相应地增加相位

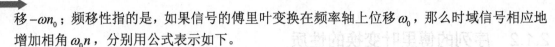

移 $-\omega_0$；频移性指的是，如果信号的傅里叶变换在频率轴上位移 ω_0，那么时域信号相应地增加相角 $\omega_0 n$，分别用公式表示如下。

设 $X(e^{j\omega}) = \text{DTFT}[x(n)]$，那么

$$\text{DTFT}[x(n-n_0)] = e^{-j\omega n_0} X(e^{j\omega}) \tag{2-7}$$

$$\text{DTFT}[e^{j\omega_0 n} x(n)] = X(e^{j(\omega-\omega_0)}) \tag{2-8}$$

式(2-7)和式(2-8)分别称为傅里叶变换的时移性和频移性。

4. 共轭对称性

1) 共轭对称和共轭反对称的概念

对于任意函数取共轭是指将其虚数部分乘以 -1，或者说将凡是带 j 的部分乘以 -1。当然，实数的共轭仍然是实数本身。如果服从下式：

$$x_e(n) = x_e^*(-n) \tag{2-9}$$

则称 $x_e(n)$ 是共轭对称序列。如果服从下式：

$$x_o(n) = -x_o^*(-n) \tag{2-10}$$

则称 $x_o(n)$ 是共轭反对称序列。

以上是用时域信号说明共轭对称的概念，对频域函数也有相同的共轭对称的概念。假设频域函数 $X(e^{j\omega})$ 服从下式：

$$X_e(e^{j\omega}) = X_e^*(e^{-j\omega})$$

则称 $X_e(e^{j\omega})$ 是共轭对称函数。如果服从下式：

$$X_o(e^{j\omega}) = -X_o^*(e^{-j\omega})$$

则称 $X_o(e^{j\omega})$ 是共轭反对称函数。

2) 共轭对称序列和共轭反对称序列的性质

为了研究共轭反对称序列的性质，将 $x_e(n)$ 用实部与虚部表示：

$$x_e(n) = x_{er}(n) + jx_{ei}(n)$$

将上式两边的 n 用 $-n$ 代替，并取共轭，可得

$$x_e^*(-n) = x_{er}(-n) - jx_{ei}(-n)$$

对比上面两式，由于左边相等，所以得到

$$x_{er}(n) = x_{er}(-n) \tag{2-11}$$

$$x_{ei}(n) = -x_{ei}(-n) \tag{2-12}$$

上面两式说明共轭对称序列的实部是偶函数，虚部是奇函数。类似地，可推得

$$x_{or}(n) = -x_{or}(-n) \tag{2-13}$$

$$x_{oi}(n) = x_{oi}(-n) \tag{2-14}$$

即共轭反对称序列的实部是奇函数，虚部是偶函数。

【例 2-2】 试分析 $x(n) = e^{j\omega n}$ 的对称性。

解： 因为 $x_e^*(-n) = e^{j\omega n} = x(n)$，满足式(2-9)，所以 $x(n) = e^{j\omega n}$ 是共轭对称序列。如展成实部和虚部，则得到

$$x(n) = \cos\omega n + j\sin\omega n$$

上式也表明共轭对称序列的实部是偶函数，虚部是奇函数。

一般序列可用共轭对称与共轭反对称序列之和表示，即

$$x(n) = x_e(n) + x_o(n) \tag{2-15}$$

式中，$x_e(n)$ 和 $x_o(n)$ 可以分别由原序列 $x(n)$ 求出。将式(2-15)中的 n 用 $-n$ 代替，并取共轭，得到

$$\begin{aligned} x^*(-n) &= x_e^*(-n) + x_o^*(-n) \\ &= x_e(n) - x_o(n) \end{aligned} \tag{2-16}$$

利用式(2-15)和式(2-16)，可得

$$x_e(n) = \frac{1}{2}[x(n) + x^*(-n)] \tag{2-17}$$

$$x_o(n) = \frac{1}{2}[x(n) - x^*(-n)] \tag{2-18}$$

利用式(2-17)和式(2-18)，可分别求出 $x(n)$ 的共轭对称与共轭反对称序列。

对于频域函数 $X(e^{j\omega})$，也有和上面类似的概念和结论，即

$$X(e^{j\omega}) = X_e(e^{j\omega}) + X_o(e^{j\omega}) \tag{2-19}$$

$$X_e(e^{j\omega}) = \frac{1}{2}[X(e^{j\omega}) + X^*(e^{-j\omega})] \tag{2-20}$$

$$X_o(e^{j\omega}) = \frac{1}{2}[X(e^{j\omega}) - X^*(e^{-j\omega})] \tag{2-21}$$

有了上面的概念和结论后，下面来研究 DTFT 的对称性。

3) DTFT 的共轭对称性

将序列 $x(n)$ 分解成实部 $x_r(n)$ 和虚部 $x_i(n)$，即

$$x(n) = x_r(n) + jx_i(n)$$

将上式进行傅里叶变换，得到频域函数 $X(e^{j\omega})$，将 $X(e^{j\omega})$ 分解成共轭对称分量与共轭反对称分量，即

$$X(e^{j\omega}) = X_e(e^{j\omega}) + X_o(e^{j\omega})$$

式中

$$\begin{cases} X_e(e^{j\omega}) = \text{DTFT}[x_r(n)] = \sum_{n=-\infty}^{\infty} x_r(n)e^{-j\omega n} \\ X_o(e^{j\omega}) = \text{DTFT}[jx_i(n)] = j\sum_{n=-\infty}^{\infty} x_i(n)e^{-j\omega n} \end{cases} \tag{2-22}$$

式(2-22)说明，将实域序列分解成实部和虚部后，实部对应的傅里叶变换具有共轭对称性，即为 $X_e(e^{j\omega})$；而虚部和 j 一起对应的傅里叶变换具有共轭反对称性，即为 $X_o(e^{j\omega})$。

若将序列 $x(n)$ 分解成共轭对称分量 $x_e(n)$ 与共轭反对称分量 $x_o(n)$，即有

$$x(n) = x_e(n) + x_o(n)$$

将上式进行傅里叶变换，得到频域函数 $X(e^{j\omega})$，将 $X(e^{j\omega})$ 分解成实部 $X_R(e^{j\omega})$ 和虚部 $X_I(e^{j\omega})$，即

$$X(e^{j\omega}) = X_R(e^{j\omega}) + jX_I(e^{j\omega}) \tag{2-23}$$

式中

$$\begin{cases} X_R(e^{j\omega}) = \text{DTFT}[x_e(n)] = \sum_{n=-\infty}^{\infty} x_e(n)e^{-j\omega n} \\ jX_o(e^{j\omega}) = \text{DTFT}[x_o(n)] = j\sum_{n=-\infty}^{\infty} x_o(n)e^{-j\omega n} \end{cases} \tag{2-24}$$

当然，实部 $X_R(e^{j\omega})$ 和虚部 $X_I(e^{j\omega})$ 与 $X(e^{j\omega})$ 的关系类似于时域中的结论，可用下式表示：

$$\begin{cases} X_R(e^{j\omega}) = \frac{1}{2}[X(e^{j\omega}) + X^*(e^{j\omega})] \\ jX_I(e^{j\omega}) = \frac{1}{2}[X(e^{j\omega}) - X^*(e^{j\omega})] \end{cases} \tag{2-25}$$

式(2-24)说明，若将实域序列分解成共轭对称分量 $x_e(n)$ 与共轭反对称分量 $x_o(n)$，那么共轭对称分量 $x_e(n)$ 对应的傅里叶变换为 $X(e^{j\omega})$ 的实部，而共轭反对称分量 $x_o(n)$ 对应的傅里叶变换为 $X(e^{j\omega})$ 的虚部(包括 j)。

式(2-22)和式(2-24)所表示的内容即为傅里叶变换的共轭对称性。

下面利用 DTFT 的对称性，来分析实序列的对称性。

【例 2-3】试分析实序列 $h(n)$ 的对称性，并推导其偶函数 $h_e(n)$ 和奇函数 $h_o(n)$ 与 $h(n)$ 之间的关系。

解：(1) 因为 $h(n)$ 是实序列，故将它分解成实部和虚部(此时虚部为 0)，所以 DTFT 只有共轭对称分量 $H_e(e^{j\omega})$，共轭反对称分量为零，即

$$H(e^{j\omega}) = H_e(e^{j\omega}) = H^*(e^{-j\omega})$$

因此实序列的 DTFT 是共轭对称函数，而共轭对称函数具有实部偶、虚部奇的特性，将这一特性用公式表示为

$$H_R(e^{j\omega}) = H_R(e^{-j\omega})$$

$$H_I(e^{j\omega}) = -H_I(e^{-j\omega})$$

若把频谱函数 $H(e^{j\omega})$ 分解成幅度和相位函数，显然，其模的平方 $|H(e^{j\omega})|^2 = H_R^2(e^{j\omega}) + H_I^2(e^{j\omega})$ 是偶函数，相位函数 $\arg[H(e^{j\omega})] = \arctan[H_I(e^{j\omega})/H_R(e^{j\omega})]$ 是奇函数，这和实模拟信号的 DTFT 有同样结论。

(2) 进一步，若 $h(n)$ 是实因果序列，将它分解成共轭对称分量 $h_e(n)$ 与共轭反对称分量 $h_o(n)$，得到

$$h(n) = h_e(n) + h_o(n)$$

$$h_e(n) = \frac{1}{2}[h(n) + h(-n)]$$

$$h_o(n) = \frac{1}{2}[h(n) - h(-n)]$$

因为 $h(n)$ 是实因果序列，按照上面两式，$h_e(n)$ 和 $h_o(n)$ 可用下式表示：

$$h_e(n) = \begin{cases} h(0) & n = 0 \\ \dfrac{1}{2}h(n) & n > 0 \\ \dfrac{1}{2}h(-n) & n < 0 \end{cases} \tag{2-26}$$

$$h_o(n) = \begin{cases} 0 & n = 0 \\ \dfrac{1}{2}h(n) & n > 0 \\ -\dfrac{1}{2}h(-n) & n < 0 \end{cases} \tag{2-27}$$

当然，也可反过来，由 $h_e(n)$ 或 $h_o(n)$ 来表示 $h(n)$，即

$$h(n) = h_e(n)u_+(n) \tag{2-28}$$

$$h(n) = h_o(n)u_+(n) + h(0)\delta(n) \tag{2-29}$$

式中

$$u_+(n) = \begin{cases} 2 & n > 0 \\ 1 & n = 0 \\ 0 & n < 0 \end{cases} \tag{2-30}$$

按照式(2-28)，实因果序列完全由其偶序列 $h_e(n)$ 恢复，但按照式(2-27)，$h_o(n)$ 中缺少 $n = 0$ 点 $h(n)$ 的信息，因此由 $h_o(n)$ 恢复 $h(n)$ 时，要补充一点 $h(0)\delta(n)$ 的信息，这就是式(2-29) 的含义。

以上讨论的虽然是例题，但结论却具有普遍性。

5. 时域卷积定理

我们已经知道，线性时不变系统的输出 $y(n)$ 等于它的输入 $x(n)$ 和该系统的单位脉冲响应 $h(n)$ 的时域卷积，用公式表示为

$$y(n) = x(n) * h(n) = \sum_{m=-\infty}^{\infty} x(m)h(n-m) \tag{2-31}$$

下面推导 $y(n)$、$x(n)$、$h(n)$ 的傅里叶变换应满足的关系。

由傅里叶变换的定义，有

$$Y(e^{j\omega}) = \text{DTFT}[y(n)] = \sum_{n=-\infty}^{\infty} y(n)e^{-j\omega n}$$

将式(2-31)代入上式，得

$$Y(e^{j\omega}) = \sum_{n=-\infty}^{\infty} y(n)e^{-j\omega n} = \sum_{n=-\infty}^{\infty} \left[\sum_{m=-\infty}^{\infty} x(m)h(n-m)\right]e^{-j\omega n}$$

令 $k = n - m$，则有

$$Y(e^{j\omega}) = \sum_{k=-\infty}^{\infty} \sum_{m=-\infty}^{\infty} h(k)x(m)e^{-j\omega k}e^{-j\omega m}$$

$$= \sum_{k=-\infty}^{\infty} h(k)e^{-j\omega k} \sum_{m=-\infty}^{\infty} x(m)e^{-j\omega m} \tag{2-32}$$

$$= H(e^{j\omega})X(e^{j\omega})$$

上式说明，两序列满足卷积关系，它们分别的频域函数，即分别的傅里叶变换则满足相乘关系。此定理表示线性时不变系统输出信号的傅里叶变换等于输入信号的傅里叶变换和系统的传输函数相乘。或者简单地说，两信号若在时域服从卷积关系，则在频域服从乘积关系。因此，在求系统的输出信号时，可以在时域用卷积公式(2-31)求，也可以在频域用式(2-32)计算，然后再做逆 DTFT，求出输出 $y(n)$。

6. 频域卷积定理

设时域有两信号相乘，即

$$y(n) = x(n)h(n)$$

则有

$$Y(\mathrm{e}^{j\omega}) = \frac{1}{2\pi} H(\mathrm{e}^{j\omega}) * X(\mathrm{e}^{j\omega}) = \frac{1}{2\pi} \int_{-\pi}^{\pi} H(\mathrm{e}^{j\theta}) X(\mathrm{e}^{j(\omega-\theta)}) \mathrm{d}\theta \tag{2-33}$$

该定理表明，时域两序列相乘，转移到频域则服从卷积关系。

关于该定理的证明，读者可参阅其他参考文献。

7. 帕斯维尔(Parseval)定理

帕斯维尔定理可用如下公式表示：

$$\sum_{n=-\infty}^{\infty} |x(n)|^2 = \frac{1}{2\pi} \int_{-\pi}^{\pi} |X(\mathrm{e}^{j\omega})|^2 \, d\omega \tag{2-34}$$

证明如下。

$$\sum_{n=-\infty}^{\infty} |x(n)|^2 = \sum_{n=-\infty}^{\infty} x(n)x^*(n) = \sum_{n=-\infty}^{\infty} x^*(n) \left[\frac{1}{2\pi} \int_{-\pi}^{\pi} X(\mathrm{e}^{j\omega})\mathrm{e}^{j\omega n} \mathrm{d}\omega \right]$$

$$= \frac{1}{2\pi} \int_{-\pi}^{\pi} X(\mathrm{e}^{j\omega}) \sum_{n=-\infty}^{\infty} x^*(n)\mathrm{e}^{j\omega n} \mathrm{d}\omega = \frac{1}{2\pi} \int_{-\pi}^{\pi} X(\mathrm{e}^{j\omega}) X^*(\mathrm{e}^{j\omega}) \mathrm{d}\omega$$

$$= \frac{1}{2\pi} \int_{-\pi}^{\pi} |X(\mathrm{e}^{j\omega})|^2 \, \mathrm{d}\omega$$

该定理表明了信号时域的能量与频域的能量之间的关系。

表 2.1 综合了序列傅里叶变换的基本性质，这些性质在分析问题和实际应用中是很重要的。

表 2.1　序列傅里叶变换的基本性质

序　　列	傅里叶变换
$x(n)$	$X(\mathrm{e}^{j\omega})$
$y(n)$	$Y(\mathrm{e}^{j\omega})$
$ax(n) + by(n)$	$aX(\mathrm{e}^{j\omega}) + bY(\mathrm{e}^{j\omega})$，$a,b$为常数
$x(n - n_0)$	$\mathrm{e}^{-j\omega n_0} X(\mathrm{e}^{j\omega})$
$x^*(n)$	$X^*(\mathrm{e}^{-j\omega})$
$x(-n)$	$X(\mathrm{e}^{-j\omega})$
$x(n) * y(n)$	$X(\mathrm{e}^{j\omega}) \cdot Y(\mathrm{e}^{j\omega})$
$x(n) \cdot y(n)$	$\dfrac{1}{2\pi} \int_{-\pi}^{\pi} X(\mathrm{e}^{j\theta}) Y(\mathrm{e}^{j(\omega-\theta)})$
$nx(n)$	$j[\mathrm{d}X(\mathrm{e}^{j\omega})/\mathrm{d}\omega]$
$\mathrm{Re}[x(n)]$	$X_e(\mathrm{e}^{j\omega})$
$j\mathrm{Im}[x(n)]$	$X_o(\mathrm{e}^{j\omega})$
$x_e(n)$	$\mathrm{Re}[X(\mathrm{e}^{j\omega})]$
$x_o(n)$	$j\mathrm{Im}[X(\mathrm{e}^{j\omega})]$
$\sum\limits_{n=-\infty}^{\infty} |x(n)|^2 = \dfrac{1}{2\pi} \int_{-\pi}^{\pi} |X(\mathrm{e}^{j\omega})|^2 \mathrm{d}\omega$　(帕斯维尔定理)	

2.2 周期序列的离散傅里叶级数及傅里叶变换

周期序列可以用离散傅里叶级数(Discrete Fourier Series，DFS)进行频域分析，也可以引入奇异函数用傅里叶变换表示。引入奇异函数用傅里叶变换表示的推导过程类似于模拟系统中周期信号傅里叶变换的推导过程，为了简单，本节直接给出周期序列的傅里叶表示法，详细推导请参考相关文献。

2.2.1 周期序列的离散傅里叶级数

设 $\tilde{x}(n)$ 是周期为 N 的一个周期序列，即

$$\tilde{x}(n) = \tilde{x}(n + rN)，\quad r \text{ 为任意整数}$$

和连续时间周期信号一样，周期序列可用离散傅里叶级数表示，也就是用周期为 N 的复指数序列(代表正弦型序列)来表示，其中基频序列为

$$e_1(n) = e^{j\left(\frac{2\pi}{N}\right)n}$$

其 k 次谐波序列为

$$e_k(n) = e^{j\left(\frac{2\pi}{N}\right)kn}$$

虽然表现形式上和连续周期函数的相同，但不同的是离散傅里叶级数的谐波成分只有 N 个独立成分，原因是

$$e^{j\frac{2\pi}{N}(k+rN)n} = e^{j\frac{2\pi}{N}kn}，\quad r \text{ 为任意整数}$$

也就是

$$e_{k+rN}(n) = e_k(n)$$

因而，对离散傅里叶级数只能取 $k = 0$ 到 $N - 1$ 的 N 个独立谐波分量。由以上分析，$\tilde{x}(n)$ 可展开成如下的离散傅里叶级数，即

$$\tilde{x}(n) = \frac{1}{N} \sum_{k=0}^{N-1} \tilde{X}(k) e^{j\frac{2\pi}{N}kn} \tag{2-35}$$

式中，$\tilde{X}(k)$ 是 k 次谐波的系数，k 次谐波的频率为 $\omega_k = (2\pi / N)k$，$k = 0, 1, 2, \cdots, N-1$。下面我们来求解系数 $\tilde{X}(k)$，这要利用以下性质，即

$$\frac{1}{N} \sum_{n=0}^{N-1} \tilde{X}(k) e^{j\frac{2\pi}{N}rn} = \frac{1}{N} \cdot \frac{1 - e^{j\frac{2\pi}{N}rN}}{1 - e^{j\frac{2\pi}{N}r}}$$

$$= \begin{cases} 1 & r = mN，m \text{ 为任意整数} \\ 0 & \text{其他} \end{cases} \tag{2-36}$$

将式(2-35)两边同乘以 $e^{-j\frac{2\pi}{N}rn}$，然后再从 $n = 0$ 到 $n = N - 1$ 的一个周期内求和，则得到

$$\sum_{n=0}^{N-1} \tilde{x}(n)\mathrm{e}^{-\mathrm{j}\frac{2\pi}{N}rn} = \frac{1}{N}\sum_{n=0}^{N-1}\sum_{k=0}^{N-1}\tilde{X}(k)\mathrm{e}^{\mathrm{j}\frac{2\pi}{N}(k-r)n}$$

$$= \sum_{k=0}^{N-1}\tilde{X}(k)\left[\frac{1}{N}\sum_{n=0}^{N-1}\mathrm{e}^{\mathrm{j}\frac{2\pi}{N}(k-r)n}\right]$$

$$= \tilde{X}(r)$$

把 r 换成 k 可得

$$\tilde{X}(k) = \sum_{n=0}^{N-1}\tilde{x}(n)\mathrm{e}^{-\mathrm{j}\frac{2\pi}{N}kn} \tag{2-37}$$

从上式可看出，$\tilde{X}(k)$ 也是一个以 N 为周期的周期序列，即

$$\tilde{X}(k+mN) = \sum_{n=0}^{N-1}\tilde{x}(n)\mathrm{e}^{-\mathrm{j}\frac{2\pi}{N}(k+mN)n} = \sum_{n=0}^{N-1}\tilde{x}(n)\mathrm{e}^{-\mathrm{j}\frac{2\pi}{N}kn} = \tilde{X}(k)$$

我们把式(2-35)和式(2-37)一起看作是周期序列的离散傅里叶级数(DFS)对。
一般书上常采用以下符号：

$$W_N = \mathrm{e}^{-\mathrm{j}\frac{2\pi}{N}}$$

则式(2-35)和式(2-37)又可表示成

正变换 $$\tilde{X}(k) = \mathrm{DFS}[\tilde{x}(n)] = \sum_{n=0}^{N-1}\tilde{x}(n)\mathrm{e}^{-\mathrm{j}\frac{2\pi}{N}kn} = \sum_{n=0}^{N-1}\tilde{x}(n)W_N^{kn} \tag{2-38}$$

反变换 $$\tilde{x}(n) = \mathrm{IDFS}[\tilde{X}(k)] = \frac{1}{N}\sum_{k=0}^{N-1}\tilde{X}(k)\mathrm{e}^{\mathrm{j}\frac{2\pi}{N}kn} = \frac{1}{N}\sum_{k=0}^{N-1}\tilde{X}(k)W_N^{-kn} \tag{2-39}$$

DFS[•]表示离散傅里叶级数正变换，IDFS[•]表示离散傅里叶级数反变换。

【例2-4】设 $x(n) = R_4(n)$，将 $x(n)$ 以 $N=8$ 为周期进行周期延拓，得到周期序列 $\tilde{x}(n)$，$\tilde{x}(n)$ 的波形如图 2.3(a)所示，试求 $\tilde{x}(n)$ 的 DFS，并画出它的幅度谱。

解：按照式(2-38)推导如下。

$$\tilde{X}(k) = \mathrm{DFS}[\tilde{x}(n)] = \sum_{n=0}^{7}\tilde{x}(n)\mathrm{e}^{-\mathrm{j}\frac{2\pi}{8}kn} = \sum_{n=0}^{3}\mathrm{e}^{-\mathrm{j}\frac{\pi}{4}kn} = \frac{1-\mathrm{e}^{-\mathrm{j}\frac{\pi}{4}k\cdot4}}{1-\mathrm{e}^{-\mathrm{j}\frac{\pi}{4}k}} = \frac{1-\mathrm{e}^{-\mathrm{j}\pi k}}{1-\mathrm{e}^{-\mathrm{j}\frac{\pi}{4}k}}$$

$$= \frac{\mathrm{e}^{-\mathrm{j}\frac{\pi}{2}k}\left(\mathrm{e}^{\mathrm{j}\frac{\pi}{2}k} - \mathrm{e}^{-\mathrm{j}\frac{\pi}{2}k}\right)}{\mathrm{e}^{-\mathrm{j}\frac{\pi}{8}k}\left(\mathrm{e}^{\mathrm{j}\frac{\pi}{8}k} - \mathrm{e}^{-\mathrm{j}\frac{\pi}{8}k}\right)} = \mathrm{e}^{-\mathrm{j}\frac{3\pi}{8}k}\frac{\sin\frac{\pi}{2}k}{\sin\frac{\pi}{8}k}$$

其中，幅度特性为

$$\left|\tilde{X}(k)\right| = \left|\frac{\sin\frac{\pi}{2}k}{\sin\frac{\pi}{8}k}\right|$$

画出它的幅度特性如图 2.3(b)所示。

图 2.3(b)也表明周期性信号的频谱是线状谱，如果该信号的周期是 N，频谱就有 N 条谱线，且以 N 为周期进行延拓。

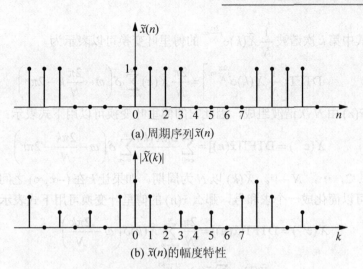

(a) 周期序列 $\tilde{x}(n)$

(b) $\tilde{x}(n)$ 的幅度特性

图 2.3　周期序列 $\tilde{x}(n)$ 及其幅度特性

2.2.2　周期序列的傅里叶变换表示式

1. 复指数序列的傅里叶变换表示法

设 $x(n) = \mathrm{e}^{\mathrm{j}\omega_0 n}$。这是一个复指数序列，频率 ω_0 是常数，该信号不服从绝对可和的条件，因此严格地讲，傅里叶变换不存在，但可以用奇异函数表示它的傅里叶变换，表示如下：

$$X(\mathrm{e}^{\mathrm{j}\omega}) = \mathrm{DTFT}[\mathrm{e}^{\mathrm{j}\omega_0 n}] = \sum_{r=-\infty}^{\infty} 2\pi\delta(\omega - \omega_0 - 2\pi r) \tag{2-40}$$

式中，δ 是一个单位冲激函数，表示在 $\omega = 0$ 处的冲激，强度是 1；$\delta(\omega - \omega_0)$ 则表示在 $\omega = \omega_0$ 处的冲激；同样 $\delta(\omega - \omega_0 - 2\pi r)$ 则表示在 $\omega = \omega_0 + 2\pi r$ 处的冲激。上式说明复指数序列的傅里叶变换可用一串冲激函数表示，这些冲激位于 $\omega = \omega_0 + 2\pi r$ 处，这里 $r = 0, \pm 1, \pm 2, \cdots$，因此仍具有傅里叶变换的周期性质。$x(n) = \mathrm{e}^{\mathrm{j}\omega_0 n}$ 的傅里叶变换如图 2.4 所示。

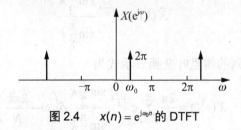

图 2.4　$x(n) = \mathrm{e}^{\mathrm{j}\omega_0 n}$ 的 DTFT

2. 一般周期序列 $\tilde{x}(n)$ 的傅里叶变换表示法

假设 $\tilde{x}(n)$ 的周期为 N，首先将它用离散傅里叶级数表示，有

$$\tilde{x}(n) = \frac{1}{N}\sum_{k=0}^{N-1} \tilde{X}(k)\mathrm{e}^{\mathrm{j}\frac{2\pi}{N}kn}$$

前面已经将复指数序列的傅里叶变换用式(2-40)进行表示，而上式求和号中每一项都是

复指数序列，其中第 k 次谐波 $\frac{1}{N}\tilde{X}(k)e^{j\frac{2\pi}{N}kn}$ 的傅里叶变换可以表示为

$$\text{DTFT}\left[\frac{1}{N}\tilde{X}(k)e^{j\frac{2\pi}{N}kn}\right] = \frac{2\pi}{N}\tilde{X}(k)\sum_{r=-\infty}^{\infty}\delta\left(\omega - \frac{2\pi}{N}k - 2\pi r\right)$$

周期序列 $\tilde{x}(n)$ 由 N 次谐波组成，因此它的傅里叶变换可以用下式表示：

$$X(e^{j\omega}) = \text{DTFT}[\tilde{x}(n)] = \sum_{k=0}^{N-1}\frac{2\pi\tilde{X}(k)}{N}\sum_{r=-\infty}^{\infty}\delta\left(\omega - \frac{2\pi k}{N} - 2\pi r\right)$$

式中，$k=0$，1，2，$\cdots$，$N-1$。$\tilde{X}(k)$ 以 N 为周期。如果让 k 在 $(-\infty,\infty)$ 之间变化，上式中的两个求和号可以简化成一个求和号，那么 $\tilde{x}(n)$ 的傅里叶变换可用下式表示：

$$X(e^{j\omega}) = \text{DTFT}[\tilde{x}(n)] = \frac{2\pi}{N}\sum_{k=-\infty}^{\infty}\tilde{X}(k)\delta\left(\omega - \frac{2\pi k}{N}\right) \tag{2-41}$$

式中

$$\tilde{X}(k) = \sum_{n=0}^{N-1}\tilde{x}(n)e^{-j\frac{2\pi}{N}kn}$$

式(2-41)就是一般周期序列的傅里叶变换表示式。一般周期序列傅里叶变换表示式的特点如下。

(1) 周期序列的傅里叶变换是由在 $\omega = (2\pi/N)k, -\infty < k < \infty$ 处的冲激函数组成的，冲激函数的强度为 $\frac{2\pi}{N}\tilde{X}(k)$，其中 $\tilde{X}(k)$ 是周期序列的离散傅里叶级数，用式(2-37)计算。

(2) 周期序列的傅里叶变换仍以 2π 为周期，而且一个周期中只有 N 个用冲激函数表示的谐波。

【例 2-5】 求例 2-4 中周期序列的傅里叶变换。

解：按照式(2-41)，周期序列的傅里叶变换可用下式求得：

$$X(e^{j\omega}) = \frac{2\pi}{N}\sum_{k=-\infty}^{\infty}\tilde{X}(k)\delta\left(\omega - \frac{2\pi k}{N}\right)$$

式中，$\tilde{X}(k)$ 是该周期序列的离散傅里叶级数，在例 2-4 中已求出，重写如下：

$$\tilde{X}(k) = e^{-j\frac{3\pi}{8}k}\frac{\sin\frac{\pi}{2}k}{\sin\frac{\pi}{8}k}$$

于是，得到该周期序列的傅里叶变换表示式为

$$X(e^{j\omega}) = \frac{2\pi}{N}\sum_{k=-\infty}^{\infty}e^{-j\frac{3\pi}{8}k}\frac{\sin\frac{\pi}{2}k}{\sin\frac{\pi}{8}k}\delta\left(\omega - \frac{2\pi k}{N}\right)$$

它的幅频特性为

$$\left|X(e^{j\omega})\right| = \frac{2\pi}{N}\sum_{k=-\infty}^{\infty}\left|\frac{\sin\frac{\pi}{2}k}{\sin\frac{\pi}{8}k}\right|\delta\left(\omega - \frac{2\pi k}{N}\right)$$

该周期序列及其幅频特性波形如图 2.5 所示。将图 2.5 和图 2.3 进行比较，它们的幅频特性的包络形状是一样的，但表示方法不同。主要不同点是傅里叶变换用奇异函数表示，

是用一些带箭头的竖线段表示的。这两种表示法都能表示周期序列的频谱结构。

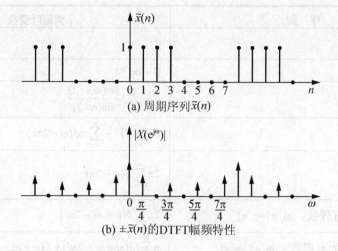

(a) 周期序列 $\tilde{x}(n)$

(b) $\pm\tilde{x}(n)$ 的DTFT幅频特性

图 2.5　周期序列 $\tilde{x}(n)$ 及其 DTFT 的幅频特性

【例 2-6】　令　$\tilde{x}(n)=\cos\omega_0 n$, $2\pi/\omega_0$ 为有理数，求其傅里叶变换。

解：将 $\tilde{x}(n)$ 用欧拉公式展开，有

$$\tilde{x}(n)=\cos\omega_0 n=\frac{1}{2}[e^{j\omega_0 n}+e^{-j\omega_0 n}]$$

前面已求出复指数序列的傅里叶变换用式(2-40)表示，重写如下：

$$X(e^{j\omega})=\text{DTFT}[e^{j\omega_0 n}]=\sum_{r=-\infty}^{\infty}2\pi\delta(\omega-\omega_0-2\pi r)$$

那么可以推出余弦序列的傅里叶变换为

$$X(e^{j\omega})=\text{DTFT}[\cos\omega_0 n]=\frac{1}{2}\cdot 2\pi\sum_{r=-\infty}^{\infty}[\delta(\omega-\omega_0-2\pi r)+\delta(\omega+\omega_0-2\pi r)]$$

$$=\pi\sum_{r=-\infty}^{\infty}[\delta(\omega-\omega_0-2\pi r)+\delta(\omega+\omega_0-2\pi r)]$$

(2-42)

上式表明 $\cos\omega_0 n$ 的傅里叶变换是在 $\omega=\pm\omega_0$ 处的单位冲激函数，强度为 π，而且以 2π 为周期进行周期性延拓，如图 2.6 所示。

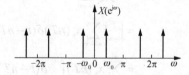

图 2.6　$\cos\omega_0 n$ 的 DTFT

对于正弦序列 $\tilde{x}(n)=\sin\omega_0 n$, $2\pi/\omega_0$ 为有理数，请读者自己推导。它的傅里叶变换用下式表示：

$$X(e^{j\omega})=\text{DTFT}[\sin\omega_0 n]=-j\pi\sum_{r=-\infty}^{\infty}[\delta(\omega-\omega_0-2\pi r)-\delta(\omega+\omega_0-2\pi r)]$$

上面学习了序列的傅里叶变换的定义、性质、定理，以及周期序列的傅里叶变换表示式，下面用表 2.2 综合一些基本序列的傅里叶变换表示式。

表 2.2　基本序列的傅里叶变换

序　列	傅里叶变换
$\delta(n)^{\perp}$	1
$a^n u(n)$　$\|a\|<1$	$(1-ae^{-j\omega})^{-1}$
$R_N(n)$	$e^{-j(N-1)\omega/2}\dfrac{\sin(\omega N/2)}{\sin(\omega/2)}$
$u(n)$	$(1-e^{-j\omega})^{-1}+\displaystyle\sum_{k=-\infty}^{\infty}\pi\delta(\omega-2\pi k)$
$x(n)=1$	$2\pi\displaystyle\sum_{k=-\infty}^{\infty}\delta(\omega-2\pi k)$
$e^{j\omega_0 n}$，$2\pi/\omega_0$ 为有理数，$\omega_0\in[-\pi,\pi]$	$2\pi\displaystyle\sum_{l=-\infty}^{\infty}\delta(\omega-\omega_0-2\pi l)$
$\cos\omega_0 n$，$2\pi/\omega_0$ 为有理数，$\omega_0\in[-\pi,\pi]$	$\pi\displaystyle\sum_{l=-\infty}^{\infty}[\delta(\omega-\omega_0-2\pi l)+\delta(\omega+\omega_0-2\pi l)]$
$\sin\omega_0 n$，$2\pi/\omega_0$ 为有理数，$\omega_0\in[-\pi,\pi]$	$-j\pi\displaystyle\sum_{l=-\infty}^{\infty}[\delta(\omega-\omega_0-2\pi l)-\delta(\omega+\omega_0-2\pi l)]$

2.3　离散信号的傅里叶变换与模拟信号的傅里叶变换

时域离散信号与模拟信号是两种不同的信号，傅里叶变换也不同，如果时域离散信号是由某模拟信号采样得来，那么时域离散信号的傅里叶变换与该模拟信号的傅里叶变换之间有一定的关系。下面介绍这一关系。

公式 $x(n)=x_a(t)|_{t=nT}=x_a(nT)$ 表示了由模拟信号采样得到的时域离散信号和模拟信号的关系，而由第 1 章已知理想采样信号 $\hat{x}_a(t)$ 和模拟信号的关系用下式表示：

$$\hat{x}_a(t)=\sum_{n=-\infty}^{\infty}x_a(nT)\delta(t-nT)$$

对上式进行傅里叶变换，得到

$$\begin{aligned}\hat{X}_a(j\Omega)&=\int_{-\infty}^{\infty}\sum_{n=-\infty}^{\infty}\hat{x}_a(t)e^{-j\Omega t}dt\\&=\int_{-\infty}^{\infty}[\sum_{n=-\infty}^{\infty}x_a(nT)\delta(t-nT)]e^{-j\Omega t}dt\\&=\sum_{n=-\infty}^{\infty}x_a(nT)\int_{-\infty}^{\infty}\delta(t-nT)e^{-j\Omega t}dt\\&=\sum_{n=-\infty}^{\infty}x_a(nT)e^{-j\Omega nT}\int_{-\infty}^{\infty}\delta(t-nT)dt\\&=\sum_{n=-\infty}^{\infty}x_a(nT)e^{-j\Omega nT}\end{aligned}$$

令 $\omega=\Omega T$，且 $x(n)=x_a(nT)$，则上式右边就是 $x(n)=x_a(nT)$ 的傅里叶变换定义式，于是得到

$$X(e^{j\Omega T})=\hat{X}_a(j\Omega)$$

或写成

$$X(e^{j\Omega T}) = \frac{1}{T} \sum_{k=-\infty}^{\infty} X_a(j\Omega - jk\Omega_s) \tag{2-43}$$

式中，$\Omega_s = 2\pi F_s = \dfrac{2\pi}{T}$。

因此式(2-43)也可表示为

$$X(e^{j\omega}) = \frac{1}{T} \sum_{k=-\infty}^{\infty} X_a\left(j\frac{\omega - 2\pi k}{T}\right) \tag{2-44}$$

式(2-43)和式(2-44)均表示时域离散信号的傅里叶变换与模拟信号的傅里叶变换之间的关系。由这些关系可得出两点结论。

(1) 时域离散信号的频谱也是模拟信号的频谱周期性延拓，周期为 $\Omega_s = 2\pi F_s = \dfrac{2\pi}{T}$，因此，由模拟信号采样得到时域离散信号时，同样应满足 1.5 节介绍的采样定理，采样频率必须大于等于模拟信号最高频率的 2 倍以上，否则会产生频率混叠现象，频率混叠在 $\Omega_s/2$ 折叠频率附近最严重，在数字域则是在 π 附近最严重。

(2) 计算模拟信号的傅里叶变换可以用计算相应的时域离散信号的 DTFT 得到。方法是：首先按采样定理的要求进行采样，得到时域离散信号，再通过计算机对该时域离散信号进行 DTFT，再乘以采样周期 T 便得到模拟信号的 DTFT。

按照数字频率和模拟频率之间的关系，在一些文献中经常使用归一化频率 $f' = f / F_s$ 或 $\Omega' = \Omega / \Omega_s$，$\omega' = \omega / 2\pi$，因为 f'、Ω'、ω' 都是无量纲，刻度是一样的，图 2.7 表示了它们之间的定标关系。

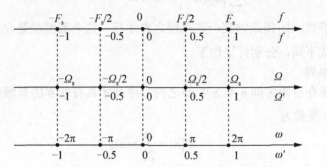

图 2.7 数字频率和模拟频率之间的定标关系

由图 2.7 可见，模拟折叠频率 $F_s/2$ 对应数字域频率 π，以上几个频率之间的定标关系很重要，尤其在模拟信号的数字处理中。

2.4 序列的 z 变换

信号与系统的分析方法中，除了时域分析方法外，还有变换域分析方法。在连续时间信号与系统中，其变换域方法就是大家熟悉的拉普拉斯变换和傅里叶变换。而在离散时间信号与系统中，其变换域分析法中最重要的一种就是 z 变换法，它在离散时间系统中的作用就如同拉普拉斯变换在连续时间系统中的作用一样，它把描述离散系统的差分方程转化为简单的代数方程，使其求解过程大大简化。因而对求解离散时间系统而言，z 变换是一个极其重要的数学工具。z 变换的概念可以从理想采样数据信号(或简称理想采样信号)的拉普拉斯变换引出，也可以独立地对离散时间信号(序列)给定 z 变换定义。这里我们直接给出序列的 z 变换的定义，最后再推导 z 变换和拉普拉斯变换的关系。

2.4.1 z 变换的定义及收敛域

1. z 变换的定义

若序列为 $x(n)$，则有以下幂级数：

$$X(z) = \sum_{n=-\infty}^{\infty} x(n)z^{-n} \tag{2-45}$$

称 $X(z)$ 为序列 $x(n)$ 的 z 变换，其中 z 为变量。也可将 $x(n)$ 的 z 变换表示为

$$Z[x(n)] = X(z)$$

2. z 变换的收敛域

显然，只有当式(2-45)的幂级数收敛时，z 变换才有意义。

对任意给定序列 $x(n)$，使其 z 变换收敛的所有值的集合称为 $X(z)$ 的收敛域。

按照级数理论，式(2-45)的级数收敛的必要且充分条件是满足绝对可和的条件，即要求

$$\sum_{n=-\infty}^{\infty} \left| x(n)z^{-n} \right| = M < \infty \tag{2-46}$$

要满足此不等式，$|z|$ 值必须在一定范围之内才行，这个范围就是收敛域，不同形式的序列其收敛域形式不同，分别讨论如下。

1）有限长序列

这类序列是指在有限区间 $n_1 \leqslant n \leqslant n_2$ 之内，序列才具有非零的有限值，在此区间外序列值皆为零，其 z 变换为

$$X(z) = \sum_{n=n_1}^{n_2} x(n)z^{-n}$$

因此，$X(z)$ 是有限项级数之和，故只要级数的每一项有界，则级数就收敛，即要求

$$\left| x(n)z^{-n} \right| < \infty , \quad n_1 \leqslant n \leqslant n_2$$

由于 $x(n)$ 有界，故要求

$$\left| z^{-n} \right| < \infty , \quad n_1 \leqslant n \leqslant n_2$$

显然，在 $0 < |z| < \infty$ 上，此条件均可满足，也就是说收敛域至少是除 $z = 0$ 及 $z = \infty$ 外的开域 $(0, \infty)$ 上的"有限 z 平面"。在 n_1, n_2 的特殊选择下，收敛域还可以进一步扩大，即

$$0 < |z| \leqslant \infty , \quad n_1 \geqslant 0$$
$$0 \leqslant |z| < \infty , \quad n_2 \leqslant 0$$

有限长序列及其收敛域如图 2.8 所示。

2) 右边序列

这类序列是指只在 $n \geqslant n_1$ 时，$x(n)$ 有值，在 $n < n_1$ 时，$x(n) = 0$，其 z 变换为

$$X(z) = \sum_{n=n_1}^{\infty} x(n)z^{-n} = \sum_{n=n_1}^{-1} x(n)z^{-n} + \sum_{n=0}^{\infty} x(n)z^{-n}$$

此式右端第一项为有限长序列的 z 变换，按上面讨论可知，它的收敛域为有限 z 平面；而第二项是 z 的负幂级数，按照级数收敛的阿贝尔定理可推知，存在一个收敛半径 R_{x_-} 级数在以原点为中心，以 R_{x_-} 为半径的圆外任何点都绝对收敛。因此综合此两项，只有两项都收敛级数才收敛。所以，如果 R_{x_-} 是收敛域的最小的半径，则右边序列 z 变换的收敛域为

$$R_{x_-} < |z| < \infty$$

右边序列及其收敛域如图 2.9 所示。

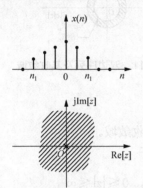
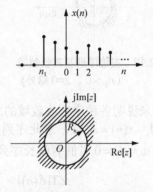

图 2.8 有限长序列及其收敛域（$n_1 < 0$，$n_2 > 0$；$z = 0$，$z = \infty$ 除外）

图 2.9 右边序列及其收敛域（$n_1 < 0$，$z = \infty$ 除外）

3) 左边序列

这类序列是指只在 $n \leqslant n_2$ 时，$x(n)$ 有值，在 $n > n_2$ 时，$x(n) = 0$，其 z 变换为

$$X(z) = \sum_{n=-\infty}^{n_2} x(n)z^{-n} = \sum_{n=-\infty}^{0} x(n)z^{-n} + \sum_{n=1}^{n_2} x(n)z^{-n}$$

等式右端第二项是有限长序列的 z 变换，收敛域为有限 z 平面；第一项是正幂级数，按阿贝尔定理，必存在收敛半径 R_{x_+}，级数在以原点为中心，以 R_{x_+} 为半径的圆内任何点都绝对收敛，如果 R_{x_+} 为收敛域的最大半径，则综合以上两项，左边序列 z 变换的收敛域为

$$0 < |z| \leqslant R_{x_+}$$

如果 $n_2 \leqslant 0$，则上式右端不存在第二项，故收敛域应包括 $z = 0$，即 $|z| < R_{x_+}$。

左边序列及其收敛域如图 2.10 所示。

4) 双边序列

这类序列是指 n 为任意值时，$x(n)$ 皆有值的序列，可以把它看成一个右边序列和一个左边序列之和，即

$$X(z) = \sum_{n=-\infty}^{\infty} x(n)z^{-n} = \sum_{n=0}^{\infty} x(n)z^{-n} + \sum_{n=-\infty}^{-1} x(n)z^{-n}$$

因而其收敛域应该是右边序列与左边序列收敛域的重叠部分，等式右边第一项为右边序列，其收敛域为 $|z| > R_{x_-}$，第二项为左边序列，其收敛域为 $|z| < R_{x_+}$，如果满足

$$R_{x-} < R_{x+}$$

则存在公共收敛域，即为双边序列，收敛域为

$$R_{x-} < |z| < R_{x+}$$

这是一个环状区域，如图2.11所示。

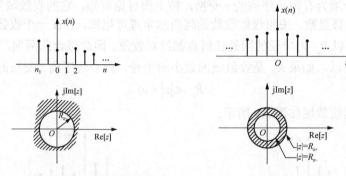

图2.10　左边序列及其收敛域　　　　图2.11　双边序列及其收敛域
（$n_2 > 0$，$z=0$ 除外）

下面举例来说明各种序列收敛域的求法。

【例2-7】　$x(n) = \delta(n)$，求此序列的 z 变换及其收敛域。

解：这是 $n_1 = n_2 = 0$ 时的有限长序列的特例，由于

$$ZT[\delta(n)] = \sum_{n=-\infty}^{\infty} \delta(n)z^{-n} = 1，\quad 0 \leqslant |z| \leqslant \infty$$

所以，收敛域应是整个闭平面（$0 \leqslant |z| \leqslant \infty$），如图2.12所示。

【例2-8】　$x(n) = a^n u(n)$，求此序列 z 的变换及其收敛域。

解：这是一个右边序列，且是因果序列，其 z 变换为

$$X(z) = \sum_{n=-\infty}^{\infty} a^n u(n)z^{-n} = \sum_{n=0}^{\infty} a^n z^{-n} = \sum_{n=0}^{\infty} (az^{-1})^n = \frac{1}{1-az^{-1}}，\quad |z| > |a|$$

这是一个无穷项的等比级数求和，只有在 $|az^{-1}| < 1$ 即 $|z| > |a|$ 处收敛，故得到以上闭合形式表达式。由于 $\dfrac{1}{1-az^{-1}} = \dfrac{z}{z-a}$，故在 $z = a$ 处为极点，收敛域为极点所在圆 $|z| = |a|$ 的外部，在收敛域内 $X(z)$ 为解析函数，不能有极点，因此收敛域一定在模最大的有限极点所在圆之外。由于又是因果序列，所以，$z = \infty$ 处也属收敛域，不能有极点。$x(n)$ 的收敛域如图2.13所示。

【例2-9】　$x(n) = -b^n u(-n-1)$，求此序列的 z 变换及其收敛域。

解：这是一个左边序列，其 z 变换为

$$X(z) = \sum_{n=-\infty}^{\infty} -b^n u(-n-1)z^{-n} = \sum_{n=0}^{\infty} -b^n z^{-n}$$

$$= \sum_{n=0}^{\infty} -b^{-n} z^n = -\frac{b^{-1}z}{1-b^{-1}z}$$

$$= -\frac{z}{b-z} = \frac{z}{z-b} = \frac{1}{1-bz^{-1}}，\quad |z| < b$$

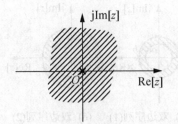 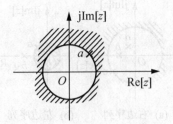

图 2.12 $\delta(n)$ 的收敛域(全部 z 平面)　　图 2.13　$x(n) = a^n u(n)$ 的收敛域

此无穷项等比级数的收敛域为 $|b^{-1}z| < 1$，即 $|z| < |b|$。同样，收敛域内 $X(z)$ 必须解析，故收敛域一定在模值最小的有限极点所在圆之内，如图 2.14 所示。

由以上两例看出，如果 $a = b$，则一个左边序列与一个右边序列的 z 变换表达式是完全一样的。所以，只给 z 变换的闭合表达式是不够的，是不能正确得到原序列的。必须同时给出收敛域范围，才能唯一地确定一个序列。这就说明了研究收敛域的必要性。

【例 2-10】　$x(n) = \begin{cases} a^n & n \geq 0 \\ -b^n & n \leq -1 \end{cases}$，求此序列的 z 变换及其收敛域。

解：这是一个双边序列，其 z 变换为

$$
\begin{aligned}
X(z) &= \sum_{n=-\infty}^{\infty} x(n)z^{-n} = \sum_{n=0}^{\infty} a^n z^{-n} - \sum_{n=-\infty}^{-1} b^n z^{-n} \\
&= \frac{1}{1 - az^{-1}} + \frac{1}{1 - bz^{-1}} \\
&= \frac{z}{z-a} + \frac{z}{z-b} \\
&= \frac{z(2z - a - b)}{(z-a)(z-b)}, \quad |a| < |z| < |b|
\end{aligned}
$$

由上两例的求解法，可得此例的结果。如果 $|a| < |b|$，则得上式的闭合形式表达式，也就是存在收敛域为 $|a| < |z| < |b|$，此时右边序列取其模值最大的极点($|z| = |a|$)，而左边序列则取其模值最小的极点($|z| = |b|$)。$x(n)$ 的收敛域如图 2.15 所示。

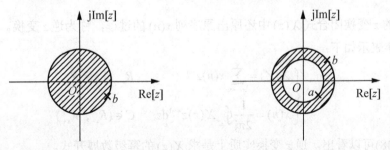

图 2.14　$x(n) = -b^n u(-n-1)$ 的收敛域　　图 2.15　$x(n) = \begin{cases} a^n & n \geq 0 \\ -b^n & n \leq -1 \end{cases}$ 的收敛域

图 2.16 表示的是，相同的 z 变换函数 $X(z)$，有三个极点，由于收敛域不同，它可能代表四个不同的序列。其中，图 2.16(a)对应于右边序列；图 2.16(b)对应于左边序列；图 2.16(c)、(d)对应于两个不同的双边序列。

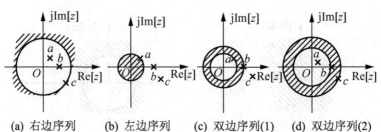

(a) 右边序列	(b) 左边序列	(c) 双边序列(1)	(d) 双边序列(2)

图 2.16　同一个 $X(z)$（零极点分布相同，但收敛域不同）所对应的不同的序列

3. 因果序列

因果序列是最重要的一种右边序列，即 $n_1 = 0$ 的右边序列，也就是说，在 $n \geqslant 0$ 时有值，$n < 0$ 时，$x(n) = 0$，其 z 变换中只有负幂项，因此级数收敛可以包括 $|z| = \infty$，即

$$X(z) = \sum_{n=0}^{\infty} x(n)z^{-n}, \quad R_{x-} < |z| \leqslant \infty \tag{2-47}$$

所以，在 $|z| = \infty$ 处 z 变换收敛，是因果序列的特征，如图 2.17 所示。

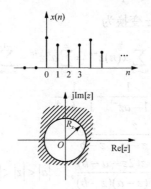

图 2.17　因果序列及其收敛域（包括 $|z| = \infty$）

2.4.2　逆 z 变换

从给定的 z 变换闭合式 $X(z)$ 中还原出原序列 $x(n)$ 的过程，称为逆 z 变换。序列 z 变换及其逆 z 变换表示如下：

$$\begin{cases} X(Z) = \sum_{n=-\infty}^{\infty} x(n)z^{-n} & R_{x-} < |z| < R_{x+} \\ x(n) = \dfrac{1}{2\pi \mathrm{j}} \oint_C X(z)z^{n-1}\mathrm{d}z & C \in (R_{x-}, R_{x+}) \end{cases} \tag{2-48}$$

由式(2-48)可以看出，逆 z 变换实质上是求 $X(z)$ 的幂级数展开式。

求逆 z 变换的方法通常有三种：围线积分法(留数法)，部分分式展开法，长除法。

1. 用留数定理求逆 z 变换(围线积分法)

围线积分法是求逆 z 变换的一种有用的分析方法。由复变函数理论，若函数 $X(z)$ 在环

状区域 $R_{x-} < |z| < R_{x+}$ ($R_{x-} \geqslant 0$, $R_{x+} \leqslant \infty$)内是解析的，则在此区域内 $X(z)$ 可以展开成罗朗级数，即

$$X(z) = \sum_{n=-\infty}^{\infty} C_n z^{-n}, \quad R_{x-} < |z| < R_{x+} \tag{2-49}$$

而

$$C_n = \frac{1}{2\pi j} \oint_C X(z) z^{n-1} \mathrm{d}z, \quad n = 0, \pm 1, \pm 2, \cdots \tag{2-50}$$

其中，围线 C 是在 $X(z)$ 的环状解析域(即收敛域)内环绕原点的一条逆时针方向的闭合单围线，如图 2.18 所示。比较式(2-49)与式(2-45)的 z 变换定义可知，$x(n)$ 就是罗朗级数的系数 C_n，故式(2-49)可以写成

$$x(n) = \frac{1}{2\pi j} \oint_C X(z) z^{n-1} \mathrm{d}z, \quad C_n \in (R_{x-}, R_{x+}) \tag{2-51}$$

式(2-51)就是用围线积分的逆 z 变换公式。

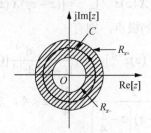

图 2.18　围线积分的路径

直接计算围线积分比较麻烦，一般都采用留数定理来求解。按留数定理，若函数 $F(z) = X(z) z^{n-1}$ 在围线 C 上连续，在 C 以内有 K 个极点 z_k，而在 C 以外有 M 个极点 z_m (M、K 为有限值)，则有

$$\frac{1}{2\pi j} \oint_C X(z) z^{n-1} \mathrm{d}z = \sum_k \mathrm{Res}[X(z) z^{n-1}]_{z=z_k} = \sum_k \mathrm{Res}[X(z) z^{n-1}, z_k] \tag{2-52}$$

或

$$\frac{1}{2\pi j} \oint_{-C} X(z) z^{n-1} \mathrm{d}z = \sum_m \mathrm{Res}[X(z) z^{n-1}]_{z=z_m} = \sum_m \mathrm{Res}[X(z) z^{n-1}, z_m] \tag{2-53}$$

式(2-53)应用的条件是 $X(z) z^{n-1}$ 在 $z = \infty$ 处有二阶或二阶以上零点，即要分母多项式 z 的阶次比分子多项式 z 的阶次高二阶或二阶以上。其中符号 $\mathrm{Res}[X(z) z^{n-1}]_{z=z_k}$ 表示函数 $F(z) = X(z) z^{n-1}$ 在点 $z = z_k$ (C 以内有极点)的留数。式(2-52)说明，函数 $F(z)$ 沿围线 C 逆时针方向的积分等于 $F(z)$ 在围线 C 内部各极点的留数之和；式(2-53)说明函数 $F(z)$ 沿围线 C 顺时针方向的积分等于 $F(z)$ 在围线 C 外部各极点的留数之和。由于

$$\oint_C F(z) \mathrm{d}z = -\oint_{-C} F(z) \mathrm{d}z \tag{2-54}$$

所以由式(2-52)及式(2-53)可得

$$\sum_k \mathrm{Res}[X(z) z^{n-1}]_{z=z_k} = -\sum_m \mathrm{Res}[X(z) z^{n-1}]_{z=z_m} \tag{2-55}$$

将式(2-52)及式(2-55)分别代入式(2-51)，可得

$$x(n) = \frac{1}{2\pi j} \oint_C X(z) z^{n-1} dz = \sum_k \text{Res}[X(z) z^{n-1}]_{z=z_k} \qquad (2\text{-}56(a))$$

$$x(n) = \frac{1}{2\pi j} \oint_C X(z) z^{n-1} dz = -\sum_m \text{Res}[X(z) z^{n-1}]_{z=z_m} \qquad (2\text{-}56(a))$$

同样，应用式(2-56)时，必须满足 $X(z)z^{n-1}$ 的分母多项式 z 的阶次比分子多项式 z 的阶次高二阶或二阶以上。

根据具体情况，可以采用式(2-56(a))，也可以采用式(2-56(b))。例如，如果当 n 大于某一值时，函数 $X(z)z^{n-1}$ 在 $z=\infty$ 处，也就是在围线的外部可能有多重极点，这时选 C 的外部极点计算留数就比较麻烦，而通常选 C 的内部极点求留数则较简单。如果当 n 小于某值时，$X(z)z^{n-1}$ 在 $z=0$ 处，也就是在围线 C 的内部可能有多重极点，这时选用围线 C 外部的极点求留数就方便得多。下面讨论如何求 $X(z)z^{n-1}$ 在任一极点 z_r 处的留数。

设 z_r 是 $X(z)z^{n-1}$ 的单(一阶)极点，则有

$$\text{Res}[X(z) z^{n-1}]_{z=z_r} = [(z-z_r) X(z) z^{n-1}]_{z=z_r} \qquad (2\text{-}57)$$

如果 z_r 是 $X(z)z^{n-1}$ 的多重(l 阶)极点，则有

$$\text{Res}[X(z) z^{n-1}]_{z=z_r} = \frac{1}{(l-1)!} \frac{d^{l-1}}{dz^{l-1}} [(z-z_r)^l X(z) z^{n-1}]_{z=z_r} \qquad (2\text{-}58)$$

【例 2-11】 已知 $X(z) = \dfrac{z^2}{(4-z)\left(z-\dfrac{1}{4}\right)}$，$\dfrac{1}{4} < z < 4$，求 z 的逆变换。

解：

$$x(n) = \frac{1}{2\pi j} \oint_C X(z) z^{n-1} dz = \frac{1}{2\pi j} \oint_C \frac{z^2}{(4-z)\left(z-\dfrac{1}{4}\right)} z^{n-1} dz$$

C 为 $X(z)$ 的收敛域内的闭合围线，如图 2.19 中粗线所示。

现在来看极点在围线 C 内部及外部的分布情况及极点阶数，以便确定是利用式(2-56(a))还是式(2-56(b))。$n \geq -1$ 时，函数

$$X(z) = \frac{z^2}{(4-z)\left(z-\dfrac{1}{4}\right)} z^{n-1} = \frac{z^{n+1}}{(4-z)\left(z-\dfrac{1}{4}\right)}$$

在围线 C 内只有 $z=1/4$ 处的一个一阶极点，因此采用围线 C 内部的极点求留数较方便，利用式(2-56(a))及式(2-57)可得

$$x(n) = \text{Res}\left[\frac{z^{n+1}}{(4-z)\left(z-\dfrac{1}{4}\right)}\right]_{z=1/4} = \left[\left(z-\frac{1}{4}\right) \frac{z^{n+1}}{(4-z)\left(z-\dfrac{1}{4}\right)}\right]_{z=1/4}$$

$$= \frac{1}{15}\left(\frac{1}{4}\right)^n = \frac{4^{-n}}{15}, \qquad n \geq -1$$

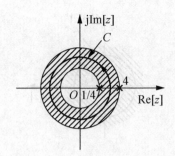

图 2.19　例 2-11 中的收敛域和闭合曲线

当 $n \leqslant -2$ 时，函数 $\dfrac{z^{n+1}}{(4-z)\left(z-\dfrac{1}{4}\right)}$ 在围线 C 的外部只有一个一阶极点 $z=4$ ，且符合使

用式(2-56(a))的条件（$X(z)z^{n-1}$ 的分母阶次减去分子阶次的结果大于等于 2 的）。而在围线 C
内部则有 $z=1/4$ 处的一个一阶极点及 $z=0$ 处的一个 $(n+1)$ 阶极点，所以用围线 C 外部的极
点较方便，利用式(2-56(b))及式(2-57)可得

$$x(n) = -\operatorname{Res}\left[\frac{z^{n+1}}{(4-z)\left(z-\dfrac{1}{4}\right)}\right]_{z=4} = \left[(z-4)\frac{z^{n+1}}{(4-z)\left(z-\dfrac{1}{4}\right)}\right]_{z=4}$$

$$= \frac{1}{15}\times(4)^{n+2} = \frac{4^{-n+2}}{15}, \quad n \leqslant 2$$

综上所述，可得

$$x(n) = \begin{cases} \dfrac{4^{-n}}{15} & n \geqslant -1 \\[3mm] \dfrac{4^{n+2}}{15} & n \leqslant 2 \end{cases}$$

【**例 2-12**】　$X(z)$ 同例 2-11。但收敛域不同，即 $X(z)=\dfrac{z^2}{(4-z)\left(z-\dfrac{1}{4}\right)}$ ，$|z|>4$ ，求 z

的逆变换。

　　解： 求解过程同上例。

$$x(n) = \frac{1}{2\pi\mathrm{j}}\oint_C X(z)z^{n-1}\mathrm{d}z = \frac{1}{2\pi\mathrm{j}}\oint_C \frac{z^2}{(4-z)\left(z-\dfrac{1}{4}\right)}z^{n-1}\mathrm{d}z$$

$$= \frac{1}{2\pi\mathrm{j}}\oint_C \frac{z^{n+1}}{(4-z)\left(z-\dfrac{1}{4}\right)}\mathrm{d}z$$

围线 C 是收敛域内的一条闭合围线，但收敛域不同于上例，故围线亦不同于上例，此
围线如图 2.20 中粗线所示。

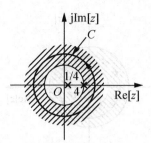

图 2.20 例 2-12 中的收敛域和闭合曲线

当 $n \geqslant 0$ 时，被积函数 $\dfrac{z^{n+1}}{(4-z)\left(z-\dfrac{1}{4}\right)}$ 在围线内部有 $z=1/4$ ，$z=4$ 两个单极点，利用

式(2-56(a))及式(2-57)可得

$$x(n)=\mathrm{Res}\left[\frac{z^{n+1}}{(4-z)\left(z-\dfrac{1}{4}\right)}\right]_{z=4}+\mathrm{Res}\left[\frac{z^{n+1}}{(4-z)\left(z-\dfrac{1}{4}\right)}\right]_{z=1/4}$$

$$=\frac{1}{15}\left[4^{-n}-4^{n+2}\right],\qquad n \geqslant 0$$

由于收敛域为圆的外部，且 $\lim\limits_{n\to\infty}X(z)=-1$ ，即 $X(z)$ 在 $z=\infty$ 处不是极点，因而序列一定是因果序列，可以判断

$$x(n)=0\ ,\quad n<0$$

同样 $n<0$ 时，利用 $\dfrac{z^{n+1}}{(4-z)\left(z-\dfrac{1}{4}\right)}$ 在围线 C 外部没有极点，且分母阶次比分子阶次高 2

阶或 2 阶以上，故选围线 C 外部的极点求留数，其留数必为零。亦可得到 $n<0$ 时，$x(n)=0$ 的同样结果。最后得到

$$x(n)=\begin{cases}\dfrac{1}{15}\left[4^{-n}-4^{n+2}\right] & n \geqslant 0 \\ 0 & n<0\end{cases}$$

2. 部分分式展开法

在实际应用中，一般 $X(z)$ 是 z 的有理分式，可表示成 $X(z)=B(z)/A(z)$ ，$A(z)$ 及 $B(z)$ 都是实系数多项式，并且没有公因式，则可将 $X(z)$ 展成部分分式的形式，然后求一个部分分式的 z 逆变换(可利用表 2-3 所示的基本 z 变换对的公式)。将各个逆变换相加起来，就得到所求的 $x(n)$ ，即

$$X(z)=B(z)/A(z)=X_1(z)+X_2(z)+\cdots+X_K(z)$$

则

$$x(n)=Z^{-1}[X(z)]=Z^{-1}p[X_1(z)]+Z^{-1}[X_2(z)]+\cdots+Z^{-1}[X_K(z)]$$

在利用部分分式求 z 逆变换时，必须使部分分式各项的形式能够比较容易地从已知的

z 变换表中识别出来，并且必须注意收敛域。

如果 $X(z)$ 可以表示成有理分式，即

$$X(z) = \frac{B(z)}{A(z)} = \frac{\sum_{i=0}^{M} b_i z^{-i}}{1 + \sum_{i=0}^{N} a_i z^{-i}} \tag{2-59}$$

则 $X(z)$ 可以展开成以下的部分分式形式：

$$X(z) = \sum_{i=0}^{M-N} B_n z^{-n} + \sum_{k=1}^{N-r} \frac{A_k}{1 - z_k z^{-1}} + \sum_{k=1}^{r} \frac{C_k}{(1 - z_k z^{-1})^k} \tag{2-60}$$

式中，z_i 为 $X(z)$ 的一个 r 阶极点；各个 z_k 是 $X(z)$ 的单极点 $(k = 0,\ 1,\ \cdots,\ N-r)$；$B_n$ 是 $X(z)$ 的整式部分的系数，当 $M \geqslant N$ 时存在 B_n，$M = N$ 时只有 B_0 项，$M < N$ 时，各个 $B_n = 0$。B_n 可用长除法求得。

根据留数定理，系数 A_k 可用下式求得：

$$A_k = (1 - z_k z^{-1}) X(z)\big|_{z=z_k} = (z - z_k)\frac{X(z)}{z} = \text{Res}\left[\frac{X(z)}{z}\right]_{z=z_k} \tag{2-61}$$

系数 C_k 可用以下关系求得：

$$C_k = \frac{1}{(-z_i)^{r-k}} \frac{1}{(r-k)!}\left\{\frac{\mathrm{d}^{r-k}}{\mathrm{d}(z^{-1})^{r-k}}\left[(1 - z_i z^{-1})^r X(z)\right]\right\}_{z=z_k}, \quad k=1,2,\cdots,r \tag{2-62}$$

或

$$C_k = \frac{1}{(r-k)!}\left\{\frac{\mathrm{d}^{r-k}}{\mathrm{d}z^{r-k}}\left[(1 - z_i)^r \frac{X(z)}{z^k}\right]\right\}_{z=z_k}, \quad k=1,2,\cdots,r \tag{2-63}$$

展开式各项被确定后，再分别求式(2-60)右边各项的 z 逆变换，以求得各个相加序列，则原序列就是各个序列之和。

表 2.3　几种序列的 z 变换

序　列	z 变换	收 敛 域
$\delta(n)$	1	整体 z 平面
$u(n)$	$\dfrac{1}{1-z^{-1}}$	$|z|>1$
$a^n u(n)$	$\dfrac{1}{1-az^{-1}}$	$|z|>|a|$
$R_N(n)$	$\dfrac{1-z^{-N}}{1-z^{-1}}$	$|z|>0$
$-a^n u(-n-1)$	$\dfrac{1}{1-az^{-1}}$	$|z|<|a|$
$nu(n)$	$\dfrac{z^{-1}}{(1-z^{-1})^2}$	$|z|>1$
$na^n u(n)$	$\dfrac{az^{-1}}{(1-az^{-1})^2}$	$|z|>|a|$

序　列	z 变　换	收　敛　域
$e^{j\omega_0 n}u(n)$	$\dfrac{1}{1-e^{j\omega_0}z^{-1}}$	$\|z\|>1$
$\sin(\omega_0 n)u(n)$	$\dfrac{z^{-1}\sin\omega_0}{1-2z^{-1}\cos\omega_0+z^{-2}}$	$\|z\|>1$
$\cos(\omega_0 n)u(n)$	$\dfrac{1-z^{-1}\cos\omega_0}{1-2z^{-1}\cos\omega_0+z^{-2}}$	$\|z\|>1$

【例 2-13】 设 $X(z)=\dfrac{1}{(1-2z^{-1})(1-0.5z^{-1})}$，$|z|>2$，利用部分分式展开法求逆 z 变换。

解： 先去掉 z 的负幂次，以便于求解，将 $X(z)$ 等式右端分子分母同乘以 z^2，则得

$$X(z)=\frac{z^2}{(z-2)(z-0.5)}，\quad |z|>2$$

按式(2-61)求系数的方法，应将此式等式两端同除以 z 得

$$\frac{X(z)}{z}=\frac{z}{(z-2)(z-0.5)}$$

将此式展开成部分分式为

$$\frac{X(z)}{z}=\frac{z}{(z-2)(z-0.5)}=\frac{A_1}{(z-2)}+\frac{A_2}{(z-0.5)}$$

利用式(2-61)求得系数为

$$A_1=\left[(z-2)\frac{X(z)}{z}\right]_{z=2}=\frac{4}{3}$$

$$A_2=\left[(z-0.5)\frac{X(z)}{z}\right]_{z=0.5}=-\frac{1}{3}$$

所以

$$\frac{X(z)}{z}=\frac{4}{3}\times\frac{1}{(z-2)}-\frac{1}{3}\times\frac{1}{(z-0.5)}$$

因而

$$X(z)=\frac{4}{3}\times\frac{z}{z-2}-\frac{1}{3}\times\frac{z}{z-0.5}$$

查表 2-3 第 3 条可得(注意，由所给收敛域知是因果序列)

$$x(n)=\begin{cases}\dfrac{4}{3}\times 2^n-\dfrac{1}{3}(0.5)^n & n\geqslant 0\\[2mm] 0 & n<0\end{cases}$$

或表示为

$$x(n)=\left[\frac{4}{3}\times 2^n-\frac{1}{3}(0.5)^n\right]u(n)$$

此例为右边序列。对于左边序列或双边序列，部分分式展开法同样适用，但必须区别哪些极点对应于右边序列，哪些极点对应于左边序列。

3. 幂级数展开法(长除法)

因为 $x(n)$ 的 z 变换定义为 z^{-1} 的幂级数,即

$$X(z) = \sum_{n=-\infty}^{\infty} x(n)z^{-n} = \cdots + x(-1)z + x(0)z^0 + x(-1)z^{-1} + x(-1)z^{-2} + \cdots$$

所以,只要在给定的收敛域内把 $X(z)$ 展成幂级数,则级数的系数就是序列 $x(n)$ 。

一般情况下, $X(z)$ 是一个有理分式,分子和分母都是 z 的多项式,则可直接用分子多项式除以分母多项式,得到幂级数展开式,从而得到 $x(n)$ 。

由于前面已说过, $X(z)$ 的闭合形式表达式加上它的收敛域,才能唯一地确定序列 $x(n)$,所以在利用长除法作 z 逆变换时,同样要根据收敛域判断所要得到的 $x(n)$ 的性质,然后再展开成相应的 z 的幂级数。当 $X(z)$ 的收敛域为 $|z| > R_{x-}$ 时,则 $x(n)$ 必为因果序列,此时应将 $X(z)$ 展成 z 的负幂级数,为此, $X(z)$ 的分子和分母应按 z 的降幂(或 z^{-1} 的升幂)排列;如果收敛域是 $|z| < R_{x+}$,则 $x(n)$ 必然是左边序列,此时应将 $X(z)$ 展成 z 的正幂级数,为此, $X(z)$ 的分子和分母应按 z 的升幂(或 z^{-1} 的降幂)排列。

【例 2-14】 已知

$$X(z) = \frac{3z^{-1}}{(1-3z^{-1})^2}, \quad |z| > 3$$

求它的逆 z 变换 $x(n)$ 。

解: 收敛域 $|z| > 3$,故是因果序列,因而 $X(z)$ 的分子、分母应按 z 的降幂或 z^{-1} 的升幂排列,但按 z 的降幂排列较方便,故将原式展成

$$X(z) = \frac{3z^{-1}}{(1-3z^{-1})^2} = \frac{3z}{z^2-6z+9}, \quad |z| > 3$$

进行长除,有

$$
\begin{array}{r}
3z^{-1} + 18z^{-2} + 81z^{-3} + 324z^{-4} + \cdots \\
z^2 - 6z + 9 \overline{\smash{)}\,3z} \\
\underline{3z - 18 + 27z^{-1}} \\
18 - 27z^{-1} \\
\underline{18 - 108z^{-1} + 162z^{-2}} \\
81z^{-1} - 162z^{-2} \\
\underline{81z^{-1} - 486z^{-2} + 729z^{-3}} \\
324z^{-2} - 729z^{-3} \\
\underline{324z^{-2} - 1944z^{-3} + 2916z^{-4}} \\
1215z^{-3} - 2916z^{-4} \\
\vdots
\end{array}
$$

所以

$$X(z) = 3z^{-1} + 2\times 3^2 z^{-2} + 3\times 3^3 z^{-3} + 4\times 3^4 z^{-4} + \cdots = \sum_{n=1}^{\infty} n\times 3^n z^{-n}$$

由此得到

$$x(n) = n\times 3^n u(n-1)$$

2.4.3　z 变换的性质和定理

1. 线性

线性就是要满足均匀性和叠加性，z 变换的线性也是如此，若

$$ZT[x(n)] = X(z)，\quad R_{x-} < |z| < R_{x+}$$
$$ZT[y(n)] = Y(z)，\quad R_{y-} < |z| < R_{y+}$$

则

$$ZT[ax(n) + by(n)] = aX(z) + bY(z)，\quad R_{y-} < |z| < R_{y+} \tag{2-64}$$

式中，a、b 为任意常数。

相加后 z 变换收敛域一般为两个相加序列收敛域的重叠部分，即

$$R_- = \max(R_{x-}, R_{y-})，\quad R_+ = \max(R_{x+}, R_{y+})$$

所以相加后收敛域记为

$$\max(R_{x-}, R_{y-}) < |z| < \max(R_{x+}, R_{y+})$$

如果这些线性组合的某些零点与极点互相抵消，则收敛域可能扩大。

【例 2-15】 已知 $x(n) = \cos(\omega_0 n)u(n)$，求它的 z 变换。

解： 因为

$$Z[a^n u(n)] = \frac{1}{1 - az^{-1}}，\quad |z| > |a|$$

所以

$$ZT[e^{j\omega_0 n}u(n)] = \frac{1}{1 - e^{j\omega_0}z^{-1}}，\quad |z| > |e^{j\omega_0}| = 1$$

$$ZT[e^{-j\omega_0 n}u(n)] = \frac{1}{1 - e^{-j\omega_0}z^{-1}}，\quad |z| > |e^{-j\omega_0}| = 1$$

利用 z 变换的线性特性可得

$$\begin{aligned}
ZT[\cos(\omega_0 n)u(n)] &= ZT\left[\frac{e^{j\omega_0 n} + e^{-j\omega_0 n}}{2}u(n)\right] \\
&= \frac{1}{2}ZT[e^{j\omega_0 n}u(n)] + \frac{1}{2}ZT[e^{-j\omega_0 n}u(n)] \\
&= \frac{1}{2(1 - e^{j\omega_0 n}z^{-1})} + \frac{1}{2(1 - e^{-j\omega_0 n}z^{-1})} \\
&= \frac{1 - z^{-1}\cos\omega_0}{1 - 2z^{-1}\cos\omega_0 + z^{-2}}，\quad |z| > 1
\end{aligned}$$

2. 序列的移位

讨论序列移位后其 z 变换与原序列 z 变换的关系，可以有左移(超前)及右移(延迟)两种情况。

若序列 $x(n)$ 的 z 变换为

$$ZT[x(n)] = X(z)，\quad R_{x-} < |z| < R_{x+}$$

则有

$$ZT[x(n-m)] = z^{-m} X(z)，\quad R_{x-} < |z| < R_{x+} \tag{2-65}$$

式中，m 为任意整数，m 为正则为延迟，m 为负则为超前。

3. 乘以指数序列

设有
$$X(z) = ZT[x(n)]，\quad R_{x-} < |z| < R_{x+}$$
$$y(n) = a^n x(n)，\qquad a \text{ 为常数}$$

则
$$Y(z) = ZT[y(n)] = ZT[a^n x(n)] = X(a^{-1}z)，\quad |a| R_{x-} < |z| < |a| R_{x+} \tag{2-66}$$

证明：
$$Y(z) = \sum_{n=-\infty}^{\infty} a^n x(n) z^{-n} = \sum_{n=-\infty}^{\infty} x(n)(a^{-1}z)^{-n} = X(a^{-1}z)$$

因为
$$R_{x-} < |a^{-1}z| < R_{x+}$$

得到
$$|a| R_{x-} < |z| < |a| R_{x+}$$

4. 序列乘以 n

设有
$$X(z) = ZT[x(n)]，\quad R_{x-} < |z| < R_{x+}$$

则
$$ZT[nx(n)] = -z \frac{dX(z)}{dz}，\quad R_{x-} < |z| < R_{x+} \tag{2-67}$$

证明：
$$\frac{dX(z)}{dz} = \frac{d}{dz}\left[\sum_{n=-\infty}^{\infty} x(n) z^{-n} \right] = \sum_{n=-\infty}^{\infty} x(n) \frac{d}{dz}[z^{-n}]$$
$$= -\sum_{n=-\infty}^{\infty} nx(n) z^{-n-1} = -z^{-1} \sum_{n=-\infty}^{\infty} nx(n) z^{-n}$$
$$= -z^{-1} Z[nx(n)]$$

因此
$$ZT[nx(n)] = -z \frac{dX(z)}{dz}$$

5. 复序列共轭

设
$$X(z) = ZT[x(n)]，\quad R_{x-} < |z| < R_{x+}$$

则有
$$X^*(z^*) = ZT[x^*(n)]，\quad R_{x-} < |z| < R_{x+} \tag{2-68}$$

证明：
$$ZT[x^*(n)] = \sum_{n=-\infty}^{\infty} x^*(n) z^{-n} = \sum_{n=-\infty}^{\infty} [x(n)(z^*)^{-n}]^*$$
$$= \left[\sum_{n=-\infty}^{\infty} x(n)(z^*)^{-n} \right]^* = X^*(z^*)$$

6. 初值定理

设 $x(n)$ 是因果序列，$X(z) = ZT[x(n)]$，则有

$$x(0) = \lim_{n \to \infty} X(z) \qquad (2\text{-}69)$$

证明：

$$X(z) = \sum_{n=0}^{\infty} x(n)z^{-n} = x(0) + x(1)z^{-1} + x(2)z^{-2} + \cdots$$

因此

$$\lim_{n \to \infty} X(z) = x(0)$$

7. 终值定理

若 $x(n)$ 是因果序列，其 z 变换的极点除可以有一个一阶极点在 $z = 1$ 上外，其他极点均在单位圆内，则

$$\lim_{n \to \infty} x(n) = \lim_{z \to 1}(z-1)X(z) \qquad (2\text{-}70)$$

此定理的证明请读者自己进行。

8. 序列卷积

设

$$w(n) = x(n) * y(n)$$
$$X(z) = \mathrm{ZT}[x(n)], \quad R_{x-} < |z| < R_{x+}$$
$$Y(z) = \mathrm{ZT}[y(n)], \quad R_{y-} < |z| < R_{y+}$$

则

$$W(z) = \mathrm{ZT}[w(n)] = X(z) \cdot Y(z), \quad R_{w-} < |z| < R_{w+} \qquad (2\text{-}71)$$
$$R_{w-} = \max(R_{x-}, R_{y-}), \quad R_{w+} = \max(R_{x+}, R_{y+})$$

证明：

$$\begin{aligned}
W(z) = \mathrm{ZT}[w(n)] &= \mathrm{ZT}[x(n) * y(n)] \\
&= \sum_{n=-\infty}^{\infty} \left[\sum_{m=-\infty}^{\infty} x(m)y(n-m) \ z^{-n} \right] \\
&= \sum_{n=-\infty}^{\infty} x(m) \left[\sum_{m=-\infty}^{\infty} y(n-m)z^{-n} \right] \\
&= \sum_{m=-\infty}^{\infty} x(m)z^{-n}Y(z) \\
&= X(z) \cdot Y(z)
\end{aligned}$$

$W(z)$ 的收敛域就是 $X(z)$ 和 $Y(z)$ 的公共收敛域。

9. 复卷积定理

如果

$$X(z) = \mathrm{ZT}[x(n)], \quad R_{x-} < |z| < R_{x+}$$
$$Y(z) = \mathrm{ZT}[y(n)], \quad R_{y-} < |z| < R_{y+}$$
$$w(n) = x(n)y(n)$$

则

$$W(z) = \frac{1}{2\pi \mathrm{j}} \oint_C X(v) Y\left(\frac{z}{v}\right) \frac{\mathrm{d}v}{v} \qquad (2\text{-}72)$$

$W(z)$ 的收敛域为

$$R_{x-}R_{y-} < |z| < R_{x+}R_{y+} \tag{2-73}$$

式(2-72)中，v 平面上，被积函数的收敛域为

$$\max\left(R_{x-}, \frac{|z|}{R_{y+}}\right) < |v| < \min\left(R_{x+}, \frac{|z|}{R_{y-}}\right) \tag{2-71}$$

证明：

$$
\begin{aligned}
W(z) &= \sum_{n=-\infty}^{\infty} x(n)y(n)z^{-n} \\
&= \sum_{n=-\infty}^{\infty}\left[\frac{1}{2\pi \mathrm{j}}\oint_C X(v)v^{n-1}\mathrm{d}v\right]y(n)z^{-n} \\
&= \frac{1}{2\pi \mathrm{j}}\oint_C X(v)\sum_{n=-\infty}^{\infty} y(n)\left(\frac{z}{v}\right)^{-n}\frac{\mathrm{d}v}{v} \\
&= \frac{1}{2\pi \mathrm{j}}\oint_C X(v)Y\left(\frac{z}{v}\right)\frac{\mathrm{d}v}{v}
\end{aligned}
$$

由 $X(z)$ 的收敛域和 $Y(z)$ 的收敛域，得到

$$R_{x-} < |v| < R_{x+}$$
$$R_{y-} < \left|\frac{z}{v}\right| < R_{y+}$$

因此

$$R_{x-}R_{y-} < |z| < R_{x+}R_{y+}$$

$$\max\left(R_{x-}, \frac{|z|}{R_{y+}}\right) < |v| < \min\left(R_{x+}, \frac{|z|}{R_{y-}}\right)$$

10. 帕斯维尔定理

利用复卷积定理可以证明重要的帕斯维尔(Parseval)定理。

设

$$X(z) = \mathrm{ZT}[x(n)]，\quad R_{x-} < |z| < R_{x+}$$
$$Y(z) = \mathrm{ZT}[y(n)]，\quad R_{y-} < |z| < R_{y+}$$
$$R_{x-}R_{y-} < 1，\quad R_{x+}R_{y+} > 1$$

那么，$\displaystyle\sum_{n=-\infty}^{\infty} x(n)\cdot y^*(n) = \frac{1}{2\pi\mathrm{j}}\oint_C X(v)Y^*\left(\frac{1}{v^*}\right)\cdot v^{-1}\cdot\mathrm{d}v$。

v 平面上，C 所在的收敛域为

$$\max\left(R_{x-}, \frac{|z|}{R_{y+}}\right) < |v| < \min\left(R_{x+}, \frac{|z|}{R_{y-}}\right)$$

证明：令

$$w(n) = x(n)y^*(n)$$

按照式(2-72)，得到

$$W(z) = \text{ZT}[w(n)] = \frac{1}{2\pi j} \oint_C X(v) Y^* \left(\left(\frac{z}{v} \right)^* \right) \frac{dv}{v}$$

按照式(2-73)，有 $R_{x-}R_{y-} < |z| < R_{x+}R_{y+}$，则 $z = 1$ 在收敛域中，将 $z = 1$ 代入 $W(z)$ 中，得

$$W(1) = \frac{1}{2\pi j} \oint_C X(v) Y^* \left(\left(\frac{1}{v} \right)^* \right) \frac{dv}{v}$$

$$W(1) = \sum_{n=-\infty}^{\infty} x(n) y^*(n) z^{-n} \Big|_{z=1} = \sum_{n=-\infty}^{\infty} x(n) y^*(n) z^{-n}$$

因此

$$\sum_{n=-\infty}^{\infty} x(n) y^*(n) = \frac{1}{2\pi j} \oint_C X(v) Y^* \left(\frac{1}{v^*} \right) v^{-1} dv$$

如果 $x(n)$ 和 $y(n)$ 都满足绝对可和，即在单位圆上收敛，在上式中令 $v = e^{j\omega}$，得到

$$\sum_{n=-\infty}^{\infty} x(n) y^*(n) = \frac{1}{2\pi} \int_{-\pi}^{\pi} X(e^{j\omega}) Y^*(e^{j\omega}) d\omega$$

令 $x(n) = y(n)$，得到

$$\sum_{n=-\infty}^{\infty} |x(n)|^2 = \frac{1}{2\pi} \int_{-\pi}^{\pi} |X(e^{j\omega})|^2 d\omega \tag{2-75}$$

上面得到的公式和在傅里叶变换中所讲的帕斯维尔定理是相同的，上式还可以表示为

$$\sum_{n=-\infty}^{\infty} |x(n)|^2 = \frac{1}{2\pi} \oint_C X(z) X(z^{-1}) \frac{dz}{z} \tag{2-76}$$

2.5　利用 z 变换分析信号和系统的频域特性

信号和系统的频率特性一般用序列的傅里叶变换和 z 变换进行分析，这一节我们讨论用 z 变换方法进行分析。

2.5.1　传输函数和系统函数

一个线性时不变系统，在时域中可以用它的单位采样响应 $h(n)$ 来表示，即

$$y(n) = x(n) * h(n)$$

对等式两端取 z 变换，得

$$Y(z) = H(z) X(z)$$

则

$$H(z) = Y(z) / X(z)$$

我们把 $H(z)$ 称为线性时不变系统的系统函数，它是单位采样响应的 z 变换，即

$$H(z) = \text{ZT}[h(n)] = \sum_{n=-\infty}^{\infty} h(n) z^{-n} \tag{2-77}$$

我们称 $H(e^{j\omega})$ 为在单位圆 $z = e^{j\omega}$ 上的系统的传输函数，也就是系统的频率响应。

将 $h(n)$ 进行 z 变换，得到 $H(z)$，它表征了系统的复频域特性。对 N 阶差分方程式(1-24)进行 z 变换，得到系统函数的一般表示式为

$$H(z) = \frac{Y(z)}{X(z)} = \frac{\sum\limits_{i=0}^{M} b_i z^{-i}}{\sum\limits_{i=1}^{N} a_i z^{-i}} \qquad (2\text{-}78)$$

如果 $H(z)$ 的收敛域包含单位圆 $|z|=1$，则 $H(e^{j\omega})$ 与 $H(z)$ 之间的关系为

$$H(e^{j\omega}) = H(z)\big|_{z=e^{j\omega}} \qquad (2\text{-}79)$$

因此，单位脉冲响应在单位圆上的 z 变换即是系统的传输函数。由于 $H(z)$ 的分析域是一个复频域，博里叶变换仅是 z 变换的特例，只是名称上不同而已。但为了简单，也可以将 $H(z)$ 和 $H(e^{j\omega})$ 都称为传输函数，其差别用括弧中的 $e^{j\omega}$ 或 z 表示。

2.5.2 用系统函数的极点分布分析系统的因果性和稳定性

因果(可实现)系统的单位脉冲响应 $h(n)$ 一定满足以下条件：当 $n<0$ 时，$h(n)=0$，那么其系统函数 $H(z)$ 的收敛域一定包含 ∞ 点，即 ∞ 点不是极点，极点分布在某个圆内，收敛域在某个圆外。

系统稳定要求 $\sum\limits_{n=-\infty}^{\infty} |h(n)| < \infty$，对照 z 变换定义，系统稳定要求收敛域包含单位圆。如果系统因果且稳定，收敛域包含 ∞ 点和单位圆，那么收敛域可表示为

$$r < |z| \leqslant \infty, \quad 0 < r < 1$$

这样，$H(z)$ 的极点集中在单位圆的内部。具体系统的因果性和稳定性可由系统函数的极点分布确定。下面通过例题说明。

【例 2-16】 已知 $H(z) = \dfrac{1-a^2}{(1-az^{-1})(1-az)}$，$0<|a|<1$，分析其因果性和稳定性。

解：$H(z)$ 的极点为 $z=a$，$z=a^{-1}$，如图 2.21 所示。

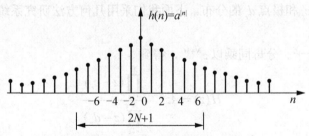

(a) 非因果稳定系统，收敛域为 $a<|z|<a^{-1}$

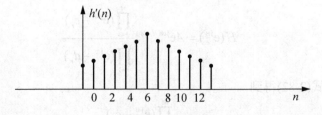

(b) 因果稳定系统

图 2.21 例 2-16 图

(1) 收敛域为 $a^{-1} < |z| \leqslant \infty$ 时，对应的系统是因果系统，但由于收敛域不包含单位圆，因此是不稳定系统。单位脉冲响应 $h(n) = (a^n - a^{-n})u(n)$，这是一个因果序列，但不收敛。

(2) 收敛域为 $0 \leqslant |z| < a$ 时，对应的系统是非因果且不稳定系统。其单位脉冲响应 $h(n) = (a^{-n} - a^n)u(-n-1)$，这是一个非因果且不收敛的序列。

(3) 收敛域为 $a < |z| < a^{-1}$ 时，对应的系统是一个非因果系统，但由于收敛域包含单位圆，因此是稳定系统。其单位脉冲响应 $h(n) = a^{|n|}$，这是一个收敛的双边序列，如图 2.21(a) 所示。

下面分析如同例 2-16 这样的系统的可实现性。

$H(z)$ 的三种收敛域中，前两种系统不稳定，不能选用；但最后一种收敛域，系统稳定但非因果，还是不能具体实现。因此严格讲，这样的系统是无法具体实现的。但是我们利用数字系统或者说计算机的存储性质，可以近似实现第三种情况。方法是将图 2.21(a) 所示的 $h(n)$ 从 $-N$ 到 N 截取一段，再把截取的这段 $h(n)$ 向右移，形成如图 2.21(b) 所示的 $h'(n)$ 序列，将 $h'(n)$ 作为具体实现的系统单位脉冲响应。N 愈大，$h'(n)$ 表示的系统愈接近 $h(n)$ 系统。具体实现时，预先将 $h'(n)$ 存储起来，备运算时应用。这种非因果但稳定系统的近似实现性，是数字信号处理技术比模拟信息处理技术优越的地方。

2.5.3 利用系统的零、极点分布分析系统的频率特性

将式(2-78)进行因式分解，得到

$$H(z) = A \frac{\prod\limits_{r=1}^{M}(1 - c_r z^{-1})}{\prod\limits_{r=1}^{N}(1 - d_r z^{-1})} \tag{2-80}$$

式中，$A = b_0 / a_0$，c_r 是 $H(z)$ 的零点；d_r 是其极点。A 参数影响传输函数的幅度大小，影响系统特性的是零点 c_r 和极点 d_r 的分布。下面我们采用几何方法研究系统零、极点分布对系统频率特性的影响。

将式(2-80)的分子、分母同乘以 z^{N+M}，得到

$$H(z) = A z^{N-M} \frac{\prod\limits_{r=1}^{M}(z - c_r)}{\prod\limits_{r=1}^{N}(z - d_r)} \tag{2-81}$$

设系统稳定，将 $z = e^{j\omega}$ 代入上式，得到的传输函数为

$$H(e^{j\omega}) = A e^{j\omega(N-M)} \frac{\prod\limits_{r=1}^{M}(e^{j\omega} - c_r)}{\prod\limits_{r=1}^{N}(e^{j\omega} - d_r)} \tag{2-82}$$

设 $N = M$，由式(2-82)得到

$$H(e^{j\omega}) = A \frac{\prod\limits_{r=1}^{M}(e^{j\omega} - c_r)}{\prod\limits_{r=1}^{N}(e^{j\omega} - d_r)} \tag{2-83}$$

在 z 平面上，$e^{j\omega} - c_r$ 用一根由零点 c_r 指向单位圆上 $e^{j\omega}$ 点 B 的向量 $\overrightarrow{c_r B}$ 表示，同样，$e^{j\omega} - d_r$ 用由极点指向 $e^{j\omega}$ 点 B 的向量 $\overrightarrow{d_r B}$ 表示，如图 2.22 所示，即

$$\overrightarrow{c_r B} = e^{j\omega} - c_r$$

$$\overrightarrow{d_r B} = e^{j\omega} - d_r$$

$\overrightarrow{c_r B}$ 和 $\overrightarrow{d_r B}$ 分别称为零点向量和极点向量，将它们用极坐标表示，有

$$\overrightarrow{c_r B} = c_r B e^{j\omega}$$

$$\overrightarrow{d_r B} = d_r B e^{j\omega}$$

将 $\overrightarrow{c_r B}$ 和 $\overrightarrow{d_r B}$ 表示式代入式(2-82)，得到

$$H(e^{j\omega}) = A e^{j\omega(N-M)} \frac{\prod\limits_{r=1}^{M} \overrightarrow{c_r B}}{\prod\limits_{r=1}^{N} \overrightarrow{d_r B}} = |H(e^{j\omega})| e^{j\varphi(\omega)}$$

$$|H(e^{j\omega})| = A \frac{\prod\limits_{r=1}^{M} c_r B}{\prod\limits_{r=1}^{N} d_r B} \tag{2-84}$$

$$\varphi(\omega) = \omega(N-M) + \sum_{r=1}^{M} \alpha_r - \sum_{r=1}^{N} \beta_r \tag{2-85}$$

系统的传输特性或者说信号的频率特性由式(2-84)和式(2-85)确定。当频率 ω 从零变化到 2π 时，这些向量的终点 B 沿单位圆逆时针旋转一周，按照式(2-84)和式(2-85)，可分别估算出系统的幅度特性和相位待性。例如，图 2.22 表示了具有一个零点和两个极点的系统的频率特性。

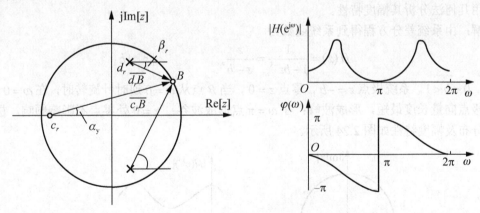

图 2.22 频率特性的几何表示法

按照式(2-84)，知道零极点的分布后，就可以很容易地确定零极点位置对系统特性的影响。当 B 点转到极点附近时，极点向量长度最短，因而幅度特性可能出现峰值，且极点愈靠近单位圆，极点向量长度愈短，峰值愈高、愈尖锐。如果极点在单位圆上，则幅度特性为 ∞，系统不稳定。对于零点，情况相反，当 B 点转到零点附近，零点向量长度变短，幅度特性将出现谷值，零点愈靠近单位圆，谷值愈接近零。当零点处在单位圆上时，谷值为

零。总结以上结论：极点位置主要影响频响的峰值位置及尖锐程度，零点位置主要影响频响的谷点位置及形状。

这种通过零极点位置分布分析系统频响的几何方法为我们提供了一个直观的概念，对于分析和设计系统是十分有用的。

【例 2-17】 已知 $H(z) = z^{-1}$，分析其频率特性。

解： 由 $H(z) = z^{-1}$，可知极点为 $z = 0$，幅度特性 $|H(e^{j\omega})| = 1$，相位特性 $\varphi(\omega) = -\omega$，频响如图 2.23 所示。

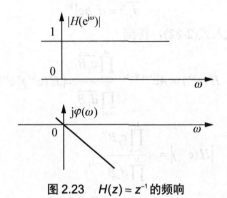

图 2.23　$H(z) = z^{-1}$ 的频响

用几何方法也容易确定，当 $\omega = 0$ 转到 $\omega = 2\pi$ 时，极点向量的长度始终为 1。由该例可以得到结论：处于原点处的零点或极点，由于零点向量长度或者极点向量长度始终为 1，因此原点处的零、极点不影响系统的频率特性。

【例 2-18】 设一阶系统的差分方程为

$$y(n) = by(n-1) + x(n)$$

用几何法分析其幅度特性。

解： 由系统差分方程得到系统函数为

$$H(z) = \frac{1}{1 - bz^{-1}} = \frac{z}{z - b}, \qquad |z| > |b|$$

式中，$0 < b < 1$。系统极点 $z = -b$，零点 $z = 0$，当 B 点从 $\omega = 0$ 逆时针旋转时，在 $\omega = 0$ 点，由于极点向量长度最短，形成波峰；在 $\omega = \pi$ 点形成波谷；$z = 0$ 处零点不影响频响。极、零点分布及幅度特性如图 2.24 所示。

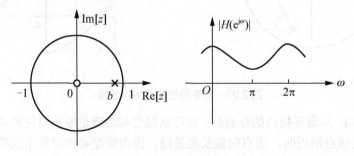

图 2.24　例 2-18 图

如果系统函数分母、分子多项式阶数较高(如 3 阶以上),用手工计算零、极点分布并判定系统是否稳定,以及求系统频响不是一件简单的事,用 MATLAB 工具箱中的函数判定、求解则很简单,分别介绍如下。

1. 判定函数的程序

```
function stab(A)
%stab:系统稳定性判定函数,A 是 H(z)的分母多项式系数向量
disp('系统极点为:')
P=roots(A)              %求 H(z)的极点,并显示
disp('系统极点模的最大值为:')
M=max(abs(P))           %求所有极点模的最大值,并显示
if M<1 disp('系统稳定'), else, disp('系统不稳定'), end
```

请注意,这里要求 $H(z)$ 是正幂次有理分式。给 $H(z)$ 的分母多项式系数向量 A 赋值,调用 stab(A)函数,求出并显示系统极点。极点模的最大值为 M,判断 M 值,如果 $M<1$,则显示"系统稳定",否则显示"系统不稳定"。如果 $H(z)$ 的分母多项式系数 $A=[2 \quad -2.98 \quad 0.17 \quad 2.3418 \quad -1.5147]$,则调用该函数输出如下:

```
P=-0.9000  0.7000+0.6000i  0.7000~0.6000i  0.9900
```

系统极点模的最大值为 $M=0.9900$,系统稳定。

2. zplane 绘制 $H(z)$ 的零、极点图

zplane(z, p)绘制出列向量 z 中的零点(以符号"O"表示)和列向量 p 中的极点(以符号"×"表示),同时画出参考单位圆,并在多阶零点和极点的右上角标出其阶数。如果 z 和 p 为矩阵,则 zplane 以不同的颜色分别绘出 z 和 p 各列中的零点和极点。

zplane(B,A)绘制出系统函数 $H(z)$ 的零、极点图。其中 B 和 A 为系统函数 $H(z)=B(z)/A(z)$ 的分子和分母多项式系数向量。假设系统函数 $H(z)$ 用下式表示:

$$H(z) = \frac{B(z)}{A(z)} = \frac{B(1) + B(2)z^{-1} + \cdots + B(M)z^{-(M-1)} + B(M+1)z^{-M}}{A(1) + A(2)z^{-1} + \cdots + A(N)z^{-(N-1)} + A(N+1)z^{-N}}$$

则

$$B=[B(1) \quad B(2) \quad B(3) \quad \cdots \quad B(M+1)], \quad A=[A(1) \quad A(2) \quad A(3) \quad \cdots \quad A(N+1)]$$

3. freqz 计算数字滤波器 $H(z)$ 的频率响应

H=freqz(B, A, w):计算由向量 w 指定的数字频率点上数字滤波器 $H(z)$ 的频率响应 $H(e^{jw})$,结果存于 H 向量中。B 和 A 仍为 $H(z)$ 的分子和分母多项式系数向量(同上)。

[H, w]= freqz(B, A, M):计算出 M 个频率点上的频率响应,存放在 H 向量中,M 个频率存放在向量 w 中。Freqz 函数自动将这 M 个频率点均匀设置在频率范围 $[0, \pi]$ 上。

[H, w]= freqz(B, A, M, 'whole'):自动将 M 个频率点均匀设置在频率范围 $[0, 2\pi]$ 上。

当然,还可以由频率响应向量 H 得到各采样频点上的幅频响应函数和相频响应函数;

再调用 plot 函数绘制其曲线图。

$$\left| H(\mathrm{e}^{j\omega}) \right| = \mathrm{abs}(H)$$

$$\varphi(\omega) = \mathrm{angle}(H)$$

式中，abs 函数的功能是对复数求模，对实数求绝对值；angle 函数的功能是求附属的相角。

freqz(B, A)自动选取 512 个频率点计算。不带输出向量的 freqz 函数将自动绘出固定格式的幅频响应和相频响应曲线。所谓固定格式，是指频率范围为[0, π]，频率和相位是线性坐标，幅频响应为对数坐标。

其他几种调用格式可用 help 命令查阅。

【例 2-19】 试用 MATLAB 绘出梳状滤波器的零、极点和幅频特性。

梳状滤波器系统函数有如下两种类型。

FIR 型　　　　　　　　　　$H_1(z) = 1 - z^{-N}$

IIR 型　　　　　　　　　　$H_2(z) = \dfrac{1 - z^{-N}}{1 - a^N z^{-N}}$

分别令 $N = 8$，$a = 0.8$、0.9、0.98，计算并图示 $H_1(z)$ 和 $H_2(z)$ 的零、极点及幅频特性，说明极点位置的影响。

解： 程序清单如下。

```
b=[1,0,0,0,0,0,0,0,-1]; %H1(z)和H2(z)的分子多项式系数向量
a0=1; %H1(z)分母多项式系数向量
a1=[1,0,0,0,0,0,0,0,-(0.8)^8];%H2(z)分母多项式系数向量(a=0.8)
a2=[1,0,0,0,0,0,0,0,-(0.9)^8];%H2(z)分母多项式系数向量(a=0.9)
a3=[1,0,0,0,0,0,0,0,-(0.98)^8];%H2(z)分母多项式系数向量(a=0.98)
[H,w]=freqz(b,a0);%H1(z)的频响函数
[H1,w1]=freqz(b,a1);
[H2,w2]=freqz(b,a2);
[H3,w3]=freqz(b,a3);
subplot(4,2,1);zplane(b,a0);xlabel('实部');ylabel('虚部');title('FIR 梳状滤
波器零点图');
subplot(4,2,2);zplane(b,a1);xlabel('实部');ylabel('虚部');
title('IIR 梳状滤波器零极点图 a=0.8')
subplot(4,2,3);plot(w/pi,abs(H));title('FIR 梳状滤波器幅频响应曲线')
subplot(4,2,4);plot(w/pi,abs(H1));title('IIR 梳状滤波器幅频响应曲线 a=0.8')
...(作图部分的程序省略，可参考前面的程序 )
```

程序运行结果如图 2.25 所示。

由图 2.25 可以看出，在阶数相同的情况下，IIR 滤波器具有更平坦的通带特性和更窄的过渡带。此外，系数 a 值越大，极点距离单位圆越近，上面的这个特性就越明显。

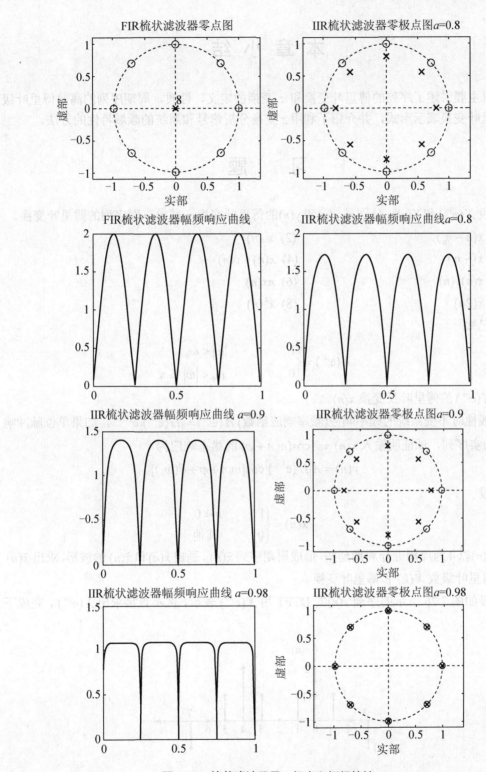

图 2.25　梳状滤波器零、极点和幅频特性

本 章 小 结

本章主要讲述了序列的傅里叶变换和 z 变换的定义、性质，周期序列的离散傅里叶级数和傅里叶变换表示形式，并介绍了利用 z 变换分析信号和系统的频域特性的方法。

习 题

1. 设 $X(\mathrm{e}^{\mathrm{j}\omega})$ 和 $Y(\mathrm{e}^{\mathrm{j}\omega})$ 分别是 $x(n)$ 和 $y(n)$ 的傅里叶变换，试求下面序列的傅里叶变换。

(1) $x(n-n_0)$ (2) $x^*(n)$

(3) $x(-n)$ (4) $x(n)*y(n)$

(5) $x(n)y(n)$ (6) $nx(n)$

(7) $x(2n)$ (8) $x^2(n)$

2. 已知

$$X(\mathrm{e}^{\mathrm{j}\omega}) = \begin{cases} 1 & |\omega| < \omega_0 \\ 0 & \omega_0 < |\omega| \leqslant \pi \end{cases}$$

求 $X(\mathrm{e}^{\mathrm{j}\omega})$ 的傅里叶反变换 $x(n)$。

3. 线性时不变系统的频率响应(频率响应函数) $H(\mathrm{e}^{\mathrm{j}\omega}) = \left| H(\mathrm{e}^{\mathrm{j}\omega}) \right| \mathrm{e}^{\mathrm{j}\theta(\omega)}$，如果单位脉冲响应 $h(n)$ 为实序列，试证明输入 $x(n) = A\cos(\omega_0 n + \varphi)$ 的稳态响应为

$$y(n) = A\left| H(\mathrm{e}^{\mathrm{j}\omega_0}) \right| \cos[\omega_0 n + \varphi + \theta(\omega_0)]$$

4. 设

$$x(n) = \begin{cases} 1 & n = 0, \ 1 \\ 0 & \text{其他} \end{cases}$$

将 $x(n)$ 以 4 为周期进行周期延拓，形成周期序列 $\tilde{x}(n)$，画出 $x(n)$ 和 $\tilde{x}(n)$ 的波形，求出 $\tilde{x}(n)$ 的离散傅里叶级数 $\tilde{X}(k)$ 和傅里叶变换。

5. 设如图 2.26 所示的序列 $x(n)$ 的 DTFT 用 $X(\mathrm{e}^{\mathrm{j}\omega})$ 表示，试不直接求出 $X(\mathrm{e}^{\mathrm{j}\omega})$，完成下列运算。

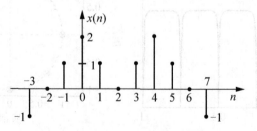

图 2.26 习题 5 图

(1) 求 $X(\mathrm{e}^{\mathrm{j}0})$ 。

(2) 求 $\int_{-\pi}^{\pi} X(\mathrm{e}^{\mathrm{j}\omega})\mathrm{d}\omega$ 。

(3) 求 $X(\mathrm{e}^{\mathrm{j}\pi})$ 。

(4) 确定并画出傅里叶变换实部 $\mathrm{Re}[X(\mathrm{e}^{\mathrm{j}\omega})]$ 的时间序列 $x_a(n)$ 。

(5) 求 $\int_{-\pi}^{\pi} \left| X(\mathrm{e}^{\mathrm{j}\omega}) \right|^2 \mathrm{d}\omega$ 。

(6) 求 $\int_{-\pi}^{\pi} \left| \dfrac{\mathrm{d}X(\mathrm{e}^{\mathrm{j}\omega})}{\mathrm{d}\omega} \right|^2 \mathrm{d}\omega$ 。

6. 试求如下序列的傅里叶变换。

(1) $x_1(n) = \delta(n-3)$ 　　　　　　(2) $x_2(n) = \dfrac{1}{2}\delta(n+1) + \delta(n) + \dfrac{1}{2}\delta(n-1)$

(3) $x_3(n) = a^n u(n)$ 　　$0 < a < 1$ 　　(4) $x_4(n) = u(n+3) - u(n-4)$

7. 设：①$x(n)$是实偶数，②$x(n)$是实奇数。分别分析推导以上两种假设下，$x(n)$的傅里叶变换性质。

8. 设 $x(n)=R_4(n)$，试求 $x(n)$ 的共轭对称序列 $x_e(n)$ 和共轭反对称序列 $x_o(n)$，并分别用图表示。

9. 已知 $x(n) = a^n u(n)$，$0 < a < 1$，分别求出其偶函数 $x_e(n)$ 和奇函数 $x_o(n)$ 的傅里叶变换。

10. 若序列 $h(n)$ 是实因果序列，其傅里叶变换的实部为

$$H_R(\mathrm{e}^{\mathrm{j}\omega}) = 1 + \cos\omega$$

求序列 $h(n)$ 及其傅里叶变换 $H(\mathrm{e}^{\mathrm{j}\omega})$ 。

11. 若序列 $h(n)$ 是实因果序列，$h(0)=1$，其傅里叶变换的虚部为

$$H_I(\mathrm{e}^{\mathrm{j}\omega}) = -\sin\omega$$

求序列 $h(n)$ 及其傅里叶变换 $H(\mathrm{e}^{\mathrm{j}\omega})$ 。

12. 设系统的单位脉冲响应 $h(n) = a^n u(n)$，$0 < a < 1$，输入序列为

$$x(n) = \delta(n) + 2\delta(n-2)$$

试完成下面各题。

(1) 求出系统输出序列 $y(n)$ 。

(2) 分别求出 $x(n)$、$h(n)$ 和 $y(n)$ 的傅里叶变换。

13. 已知 $x_a(t) = 2\cos(2\pi f_0 t)$，式中 $f_0=100\mathrm{Hz}$，以采样频率 $f_s=400\mathrm{Hz}$ 对 $x_a(t)$ 进行采样，得到采样信号 $\hat{x}_a(t)$ 和时域离散信号 $x(n)$，试完成下面各题。

(1) 写出 $x_a(t)$ 的傅里叶变换表示式 $X_a(\mathrm{j}\Omega)$ 。

(2) 写出 $\hat{x}_a(t)$ 和 $x(n)$ 的表达式。

(3) 分别求出 $\hat{x}_a(t)$ 和 $x(n)$ 的傅里叶变换。

14. 求出以下序列的 z 变换及收敛域。

(1) $2^{-n}u(n)$ 　　　　　　(2) $-2^{-n}u(-n-1)$

(3) $2^{-n}u(-n)$ 　　　　　　(4) $\delta(n)$

(5) $\delta(n-1)$ 　　　　　　(6) $2^{-n}[u(n) - u(n-10)]$

15. 求以下序列的 z 变换及其收敛域，并在 z 平面上画出零、极点分布图。

(1) $x(n) = R_N(n)$ $\qquad N = 4$

(2) $x(n) = Ar^n\cos(\omega_o n + \varphi)u(n)$ $\qquad r = 0.9$, $\omega_o = 0.5\,\pi\,\mathrm{rad}$, $\varphi = 0.25\,\pi\,\mathrm{rad}$

(3) $x(n) = \begin{cases} n & 0 \leqslant n \leqslant N \\ 2N-n & N+1 \leqslant n \leqslant 2N \\ 0 & \text{其他} \end{cases}$

16. 已知

$$X(z) = \frac{3}{1 - \dfrac{1}{2}z^{-1}} + \frac{2}{1 - 2z^{-1}}$$

求出对应 $X(z)$ 的各种可能的序列表达式。

17. 已知 $X(z) = \dfrac{-3z^{-1}}{2 - 5z^{-1} + 2z^{-2}}$，分别求：

(1) 收敛域 $0.5 < |z| < 2$ 对应的原序列 $x(n)$。

(2) 收敛域 $|z| > 2$ 对应的原序列 $x(n)$。

18. 用 z 变换法解下列差分方程。

(1) $y(n) - 0.9y(n-1) = 0.05u(n)$, $\qquad y(n) = 0$, $n \leqslant -1$

(2) $y(n) - 0.9y(n-1) = 0.05u(n)$, $\qquad y(-1) = 1$, $y(n) = 0$, $n < -1$

(3) $y(n) - 0.8y(n-1) - 0.15y(n-2) = \delta(n)$

$\qquad y(-1) = 0.2$, $y(-2) = 0.5$, $y(n) = 0$, $n \leqslant -3$

19. 考虑一个具有传递函数 $H(z) = \dfrac{-\dfrac{1}{16} + z^{-4}}{1 - \dfrac{1}{16}z^{-4}}$ 的稳定系统。

(1) 求系统的零、极点，并作图表示。

(2) 证明该系统是全通网络。

20. 设系统由下面的差分方程描述。

$$y(n) = y(n-1) + y(n-2) + x(n-1)$$

(1) 求系统的系统函数 $H(z)$，并画出零、极点分布图。

(2) 限定系统是因果的，写出 $H(z)$ 的收敛域，并求出其单位脉冲响应 $h(n)$。

(3) 限定系统是稳定性的，写出 $H(z)$ 的收敛域，并求出其单位脉冲响应 $h(n)$。

21. 已知线性因果网络用下面的差分方程描述：

$$y(n) = 0.9y(n-1) + x(n) + 0.9x(n-1)$$

(1) 求网络的系统函数 $H(z)$ 及单位脉冲响应 $h(n)$；

(2) 写出网络频率响应函数 $H(e^{j\omega})$ 的表达式，并定性画出其幅频特性曲线。

(3) 设输入 $x(n) = e^{j\omega_0 n}$，求输出 $y(n)$。

22. 已知网络的输入和单位脉冲响应分别为

$$x(n) = a^n u(n), \quad h(n) = b^n u(n), \qquad 0 < a < 1, \qquad 0 < b < 1$$

(1) 试用卷积法求网络输出 $y(n)$。

(2) 试用 z 变换法求网络输出 $y(n)$。

23. 若序列 $h(n)$ 是因果序列，其傅里叶变换的实部为

$$H_R(e^{j\omega}) = \frac{1-a\cos\omega}{1+a^2-2a\cos\omega} \qquad |a|<1$$

求序列 $h(n)$ 及其傅里叶变换 $H(e^{j\omega})$。

24. 若序列 $h(n)$ 是因果序列，$h(0)=1$，其傅里叶变换的虚部为

$$H_I(e^{j\omega}) = \frac{-a\sin\omega}{1+a^2-2a\cos\omega} \qquad |a|<1$$

求序列 $h(n)$ 及其傅里叶变换 $H(e^{j\omega})$。

25. 假设系统函数为

$$H(z) = \frac{(z+9)(z-3)}{3z^4-3.98z^3+1.17z^2+2.3418z-1.5147}$$

试用 MATLAB 语言判断系统是否稳定。

26. 假设系统函数为

$$H(z) = \frac{z^2+5z-50}{2z^4-2.98z^3+0.17z^2+2.3418z-1.5147}$$

(1) 画出零、极点分布图，并判断系统是否稳定。

(2) 用输入单位阶跃序列 $u(n)$ 检查系统是否稳定。

第 3 章　离散傅里叶变换

教学目标

通过本章的学习，掌握序列 DFT、IDFT 变换的基本概念；掌握 DFT 与 DTFT 及 ZT 之间的关系，掌握频域采样的基本概念；掌握 DFT 的基本应用，如 IDFT 求解、实序列求解、线性卷积求解、信号谱分析等。

离散序列傅里叶变换 DTFT 和 Z 变换是数字信号与系统分析的重要方法，但这两种变换的结果都是连续函数，无法直接用计算机进行分析处理。离散傅里叶变换(Discrete Fourier Transform，DFT)是数字信号处理的基础变换，可以将时域离散信号变换为频域离散信号，频域的变换结果是原离散信号频谱的等间隔采样。DFT 使得数字信号的频域分析更加方便，也为 FFT 算法奠定了基础。

3.1　离散傅里叶变换的基本问题

3.1.1　DFT 和 IDFT 的定义

N 点的离散傅里叶变换(DFT)和离散傅里叶逆变换(IDFT)的定义为

$$X(k) = \text{DFT}[x(n)]_N = \sum_{n=0}^{N-1} x(n)\text{e}^{-\text{j}\frac{2\pi}{N}kn} = \sum_{n=0}^{N-1} x(n)W_N^{kn}, \ k = 0,\ 1,\cdots,N-1 \qquad (3\text{-}1)$$

$$x(n) = \text{IDFT}[X(k)]_N = \frac{1}{N}\sum_{n=0}^{N-1} X(k)\text{e}^{\text{j}\frac{2\pi}{N}kn} = \frac{1}{N}\sum_{n=0}^{N-1} X(k)W_N^{-kn}, n = 0,1,\cdots,N-1 \qquad (3\text{-}2)$$

对于 DFT，要求 $x(n)$ 的长度 $M \leqslant N$。同时为了书写方便，令 $W_N = \text{e}^{-\text{j}\frac{2\pi}{N}}$。

【例 3-1】　已知 $x(n) = R_8(n)$，试分别计算 $x(n)$ 的 DTFT 和 8 点、16 点、32 点 DFT。

解： 根据定义，$x(n)$ 的 DTFT 为

$$X(\text{e}^{\text{j}\omega}) = \text{DTFT}[x(n)] = \sum_{n=-\infty}^{\infty} R_8(n)\text{e}^{-\text{j}\omega n} = \sum_{n=0}^{7} \text{e}^{-\text{j}\omega n} = \frac{1-\text{e}^{-\text{j}\omega N}}{1-\text{e}^{-\text{j}\omega}}$$

$$= \frac{\text{e}^{-\text{j}\omega N/2}(\text{e}^{\text{j}\omega N/2}-\text{e}^{-\text{j}\omega N/2})}{\text{e}^{-\text{j}\omega/2}(\text{e}^{\text{j}\omega/2}-\text{e}^{-\text{j}\omega/2})} = \text{e}^{-\text{j}\omega(N-1)/2}\frac{\sin(\omega N/2)}{\sin(\omega/2)}$$

$x(n)$ 8 点的 DFT 为

$$X(k) = \text{DFT}[x(n)]_8 = \sum_{n=0}^{7} R_8(n)W_8^{kn} = \begin{cases} 8 & k=0 \\ 0 & k=1,2,3,4,5,6,7 \end{cases}$$

$x(n)$ 16 点的 DFT 为

$$X(k) = \text{DFT}[x(n)]_{16} = \sum_{n=0}^{15} R_8(n)W_{16}^{kn} = \frac{1-W_{16}^{k8}}{1-W_{16}^{k}} = e^{-j\frac{2\pi}{16}k} \frac{\sin\frac{\pi}{2}k}{\sin\frac{\pi}{16}k} \quad k = 1, 2, \cdots, 15$$

$x(n)$ 32 点的 DFT 为

$$X(k) = \text{DFT}[x(n)]_{32} = \sum_{n=0}^{31} R_8(n)W_{32}^{kn} = \frac{1-W_{32}^{k8}}{1-W_{32}^{k}} = e^{-j\frac{2\pi}{32}k} \frac{\sin\frac{\pi}{2}k}{\sin\frac{\pi}{32}k} \quad k = 1, 2, \cdots, 31$$

结果如图 3.1 所示。

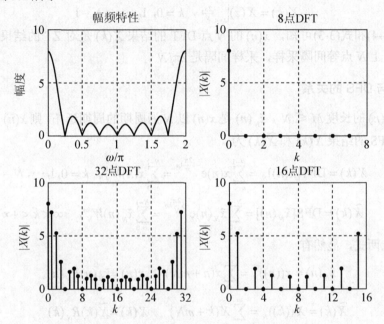

图 3.1 例 3-1 $R_8(n)$ 的 DTFT 和 DFT

3.1.2 DFT 与其他变换的关系

1. DFT 与 DTFT 的关系

若序列 $x(n)$ 的长度 $M \leq N$，则 N 点 DFT 和 DTFT 的结果 $X(k)$ 和 $X(e^{j\omega})$ 为

$$X(k) = \text{DFT}[x(n)]_N = \sum_{n=0}^{N-1} x(n)e^{-j\frac{2\pi}{N}kn} = \sum_{n=0}^{N-1} x(n)W_N^{kn}, \quad k = 0, 1, \cdots, N-1$$

$$X(e^{j\omega}) = \text{DTFT}[x(n)] = \sum_{n=-\infty}^{\infty} x(n)e^{-j\omega n} = \sum_{n=0}^{N-1} x(n)e^{-j\omega n}$$

比较以上两式，显然有

$$X(k) = X(e^{j\omega})\Big|_{\omega=\frac{2\pi}{N}k}, \quad k = 0, 1, \cdots, N-1 \tag{3-3}$$

根据式(3-3)和例 3-1 的结果图 3.1 可知，$x(n)$ 的 N 点 DFT 的结果 $X(k)$ 是 DTFT 的结

果 $X(\mathrm{e}^{\mathrm{j}\omega})$ 在频域区间 $[0,2\pi)$ 上 N 点等间隔采样，采样间隔是 $2\pi/N$ 。

2. DFT 与 ZT 的关系

若序列 $x(n)$ 的长度 $M \leqslant N$ ，则 N 点 DFT 和 ZT 的结果 $X(k)$ 和 $X(z)$ 为

$$X(k) = \mathrm{DFT}[x(n)]_N = \sum_{n=0}^{N-1} x(n)\mathrm{e}^{-\mathrm{j}\frac{2\pi}{N}kn} = \sum_{n=0}^{N-1} x(n)W_N^{kn}, \quad k = 0,\ 1,\ \cdots,\ N-1$$

$$X(\mathrm{e}^{\mathrm{j}\omega}) = \mathrm{ZT}[x(n)] = \sum_{n=-\infty}^{\infty} x(n)z^{-n} = \sum_{n=0}^{N-1} x(n)z^{-n}$$

比较以上两式，显然有

$$X(k) = X(z)\Big|_{z=\mathrm{e}^{\mathrm{j}\frac{2\pi}{N}k}}, \quad k = 0,\ 1,\ \cdots,\ N-1 \tag{3-4}$$

根据式(3-4)和式(3-3)可知，$x(n)$ 的 N 点 DFT 的结果 $X(k)$ 是对 ZT 的结果 $X(z)$ 在 z 域单位圆 $[0,2\pi)$ 上 N 点等间隔采样，采样间隔是 $2\pi/N$ 。

3. DFT 与 DFS 的关系

若序列 $x(n)$ 的长度 $M \leqslant N$ ，$\tilde{x}_N(n)$ 是 $x(n)$ 以 N 为周期的周期延拓，则 $x(n)$ 的 N 点 DFT 和 $\tilde{x}_N(n)$ 的 DFS 的结果 $X(k)$ 和 $\widetilde{X}(k)$ 为

$$X(k) = \mathrm{DFT}[x(n)]_N = \sum_{n=0}^{N-1} x(n)\mathrm{e}^{-\mathrm{j}\frac{2\pi}{N}kn} = \sum_{n=0}^{N-1} x(n)W_N^{kn}, \quad k = 0,\ 1,\cdots,\ N-1$$

$$\widetilde{X}(k) = \mathrm{DFS}[\tilde{x}_N(n)] = \sum_{n=0}^{N-1} \tilde{x}_N(n)\mathrm{e}^{-\mathrm{j}\frac{2\pi}{N}kn} = \sum_{n=0}^{N-1} \tilde{x}_N(n)W_N^{kn}, \quad -\infty < k < +\infty$$

比较以上两式，显然有

$$\tilde{x}_N(n) = x((n))_N = \sum_{-\infty}^{\infty} x(n+mN) \qquad x(n) = \tilde{x}_N(n)R_N(n) \tag{3-5}$$

$$\widetilde{X}(k) = X((k))_N = \sum_{-\infty}^{\infty} X(k+mN) \qquad X(k) = \widetilde{X}(k)R_N(k) \tag{3-6}$$

图 3.2 所示为对 $x(n)$ 进行周期延拓的各种情况。

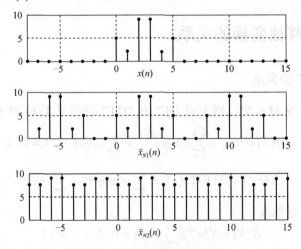

图 3.2 $x(n)$ 的周期延拓

式(3-5)、式(3-6)和图 3.2 说明 $x(n)$ 与 $\tilde{x}_N(n)$、$X(k)$ 与 $\widetilde{X}(k)$ 存在可逆关系的前提条件是 $M \leqslant N$。否则会出现时域混叠的情况，式(3-5)、式(3-6)将不成立。

DFT、DTFT、ZT、DFS 都是关于 $x(n)$ 的重要变换，它们都沟通了时域和频域间的关系，定义式既相似又有区别，仔细分析和理解上述几种变换，掌握它们间的关系对后续学习将有重要作用。

3.1.3　DFT 和 IDFT 的矩阵表示

1. DFT 的矩阵表示

DFT 的定义式为 $X(k) = \mathrm{DFT}[x(n)]_N = \sum_{n=0}^{N-1} x(n) W^{kn}$　$0 \leqslant k \leqslant N-1$

可以表示为矩阵相乘的形式，即

$$X = D_N x \tag{3-7}$$

式中，x 和 X 分别为 N 点的列向量，有

$$x = \begin{bmatrix} x(0) \\ x(1) \\ \vdots \\ x(N-1) \end{bmatrix} \qquad X = \begin{bmatrix} X(0) \\ X(1) \\ \vdots \\ X(N-1) \end{bmatrix} \tag{3-8}$$

D_N 为 N 点的 DFT 矩阵，有

$$D_N = \begin{bmatrix} 1 & 1 & 1 & \cdots & 1 \\ 1 & W_N^1 & W_N^2 & \cdots & W_N^{N-1} \\ 1 & W_N^2 & W_N^4 & \cdots & W_N^{2(N-1)} \\ \vdots & \vdots & \vdots & & \vdots \\ 1 & W_N^{(N-1)} & W_N^{2(N-1)} & \cdots & W_N^{(N-1)\times(N-1)} \end{bmatrix} \tag{3-9}$$

2. IDFT 的矩阵表示

IDFT 的定义式为 $x(n) = \mathrm{IDFT}[X(k)] = \dfrac{1}{N} \sum_{k=0}^{N-1} X(k) W_N^{-kn}$　$0 \leqslant n \leqslant N-1$

可以表示为矩阵相乘的形式，即

$$x = D_N^{-1} X \qquad \left(D_N^{-1} = \frac{1}{N} D_N^* \right) \tag{3-10}$$

式中，D_N 为 N 点的 IDFT 矩阵，有

$$D_N^{-1} = \frac{1}{N} \begin{bmatrix} 1 & 1 & 1 & \cdots & 1 \\ 1 & W_N^{-1} & W_N^{-2} & \cdots & W_N^{-(N-1)} \\ 1 & W_N^{-2} & W_N^{-4} & \cdots & W_N^{-2(N-1)} \\ \vdots & \vdots & \vdots & \ddots & \vdots \\ 1 & W_N^{-(N-1)} & W_N^{-2(N-1)} & \cdots & W_N^{-(N-1)\times(N-1)} \end{bmatrix} \tag{3-11}$$

DFT 和 IDFT 的矩阵表示为计算机计算提供了便利，在基于 MATLAB 的数据分析和计

算中有广泛的应用。

3.2 离散傅里叶变换的性质

3.2.1 DFT 的基本性质

DFT 和 IDFT 的基本定义式为

$$X(k) = \mathrm{DFT}[x(n)]_N = \sum_{n=0}^{N-1} x(n)\mathrm{e}^{-\mathrm{j}\frac{2\pi}{N}kn} = \sum_{n=0}^{N-1} x(n)W_N^{kn}, \quad k = 0, 1, \cdots, N-1$$

$$x(n) = \mathrm{IDFT}[X(k)]_N = \frac{1}{N}\sum_{n=0}^{N-1} X(k)\mathrm{e}^{\mathrm{j}\frac{2\pi}{N}kn} = \frac{1}{N}\sum_{n=0}^{N-1} X(k)W_N^{-kn}, \quad n = 0, 1, \cdots, N-1$$

其基本性质如下。

1. 线性

$x(n)$ 和 $y(n)$ 的长度为 N_1 和 N_2，a 和 b 为任意常数，$N \geqslant \max[N_1, N_2]$，则有

$$\mathrm{DFT}[ax(n) + by(n)]_N = aX(k) + bY(k) \tag{3-12}$$

2. 周期性

若 $X(k)$ 的周期是 N，m 是整数，$k = 0, 1, \cdots, N-1$，则有

$$X(k + mN) = X(k) \tag{3-13}$$

证明：$W_N = \mathrm{e}^{-\mathrm{j}\frac{2\pi}{N}}$，$W_N^k = W_N^{(k+mN)}$

$$X(k + mN) = \sum_{n=0}^{N-1} x(n)W_N^{(k+mN)n} = \sum_{n=0}^{N-1} x(n)W_N^{kn} = X(k)$$

对于 DFT 的周期性，可以结合 3.1 节的 DFT 和 DTFT、ZT 的关系讨论。

3. 循环移位

循环移位也称为圆周移位，对 $x(n)$ 进行周期延拓得到 $\tilde{x}(n)$，有

$$\tilde{x}_N(n) = \sum_{m=-\infty}^{\infty} x(n + mN) = x((n))_N$$

则循环移位的定义为

$$y(n) = \tilde{x}_N(n + m)R_N(n) = x((n+m))_N R_N(n) \tag{3-14}$$

循环移位性质的定义为：

若 $y(n) = \tilde{x}_N(n + m)R_N(n)$，$N \geqslant M$，且 $X(k) = \mathrm{DFT}[x(n)]_N$

则有

$$Y(k) = \mathrm{DFT}[y(n)]_N = W_N^{-km}X(k) \tag{3-15}$$

证明：

$$Y(k) = \sum_{n=0}^{N-1} x((n+m))_N R_N(n) W_N^{kn}$$

$$= \sum_{n=0}^{N-1} x((n+m))_N W_N^{kn} = \sum_{l=m}^{N-1+m} x((l))_N W_N^{k(l-m)}$$

$$= W_N^{-km} \sum_{l=m}^{N-1+m} x(l)_N W_N^{kl} = W_N^{-km} \sum_{l=0}^{N-1} x(l)_N W_N^{kl}$$

$$= W_N^{-km} X(k) \qquad k = 0, 1, \cdots, N-1$$

4. 循环卷积

循环卷积也称为圆周卷积，若 $P(k) = X(k)Y(k)$，则有

$$p(n) = \text{IDFT}[P(k)] = \sum_{m=0}^{N-1} x(m) y((n-m))_N R_N(n) \tag{3-16}$$

证明：循环卷积可以看做是周期序列 $\tilde{x}(n)$ 与 $\tilde{y}(n)$ 卷积再取主值序列。将 $P(k)$ 周期延拓，得

$$\widetilde{P}(k) = \widetilde{X}(k) \widetilde{Y}(k)$$

根据周期卷积公式，得

$$\tilde{p}(n) = \sum_{m=0}^{N-1} \tilde{x}(m) \tilde{y}(n-m) = \sum_{m=0}^{N-1} x((m))_N y((n-m))_N$$

因为 $0 \leqslant m \leqslant N-1$ 时，$x((m))_N = x(m)$，故

$$p(n) = \tilde{p}(m) R_N(n) = \left[\sum_{m=0}^{N-1} x(m) y((n-m))_N \right] R_N(n)$$

同理，有

$$p(n) = \tilde{p}(m) R_N(n) = \left[\sum_{m=0}^{N-1} y(m) x((n-m))_N \right] R_N(n)$$

循环卷积和周期卷积类似，只是取了周期卷积结果的主值序列。由于卷积过程只在主值区间 $0 \leqslant m \leqslant N-1$ 进行，所以 $y((n-m))_N$ 实际上就是 $y(m)$ 的循环移位，此卷积称为循环卷积，用符号"⊗"表示，以区别于线性卷积。

同理，若 $p(n) = x(n)y(n)$，则

$$P(k) = \text{DFT}[p(n)] = \frac{1}{N} \sum_{m=0}^{N-1} X(l) Y((k-l))_N R_N(k)$$

$$= \frac{1}{N} \sum_{m=0}^{N-1} Y(l) X((k-l))_N R_N(k) \tag{3-17}$$

离散时间序列的循环卷积与离散傅里叶变换的乘积相对应，说明循环卷积的运算可利用离散傅里叶变换转换为乘积实现。有限长序列的线性卷积等于圆周卷积，而不产生混淆的必要条件是延拓周期 $L \geqslant N+M-1$，其中 N 和 M 为两个有限长序列的长度。

如果 $x(n)$ 和 $y(n)$ 为有限长序列，那么，在怎样的条件下用循环卷积代替线性卷积而不产生混叠失真是关键。若 $x(n)$、$y(n)$ 的长度分别为 N、M，线性卷积也应是有限长序列，有。

$$p(n) = x(n) * y(n) = \sum_{M=-\infty}^{\infty} x(m) y(n-m)$$

对于 $x(m)$、$y(n-m)$，其非零区间分别为 $0 \leqslant m \leqslant N-1$、$0 \leqslant n-m \leqslant M-1$。两个式

相加，得 $0 \leqslant n \leqslant N + M - 2$。在这区间以外 $p(n) = 0$，所以 $p(n)$ 为 $N + M - 1$ 长的有限长序列。

对于循环卷积，构造两个序列 $x(n)$、$y(n)$，其均为长度为 $L \geqslant \max\{N, M\}$ 的有限长序列。在这两个长序列中，$x(n)$ 只有前 N 个是非零值，同样 $y(n)$ 只有前 M 个是非零值。为了分析 $x(n)$ 和 $y(n)$ 的循环卷积，先将 $x(n)$、$y(n)$ 周期延拓，有

$$\tilde{x}(n) = \sum_{q=-\infty}^{\infty} x(n + qL), \ \tilde{y}(n) = \sum_{r=-\infty}^{\infty} x(n + rL)$$

$x(n)$、$y(n)$ 的周期卷积为

$$\tilde{p}(n) = \sum_{m=0}^{L-1} \tilde{x}(m)\tilde{y}(n - m) = \sum_{m=0}^{L-1} x(m)\tilde{y}(n - m)$$

$$= \sum_{m=0}^{L-1} x(m) \sum_{r=-\infty}^{\infty} y(n + rL - m) = \sum_{r=-\infty}^{\infty} p(n + rL)$$

式中，$p(n)$ 就是线性卷积，即 $x(n)$、$y(n)$ 周期延拓后的周期卷积是 $x(n)$、$y(n)$ 线性卷积的周期延拓，周期为 L。

综上，$p(n)$ 是具有 $N + M - 1$ 个非零值的序列，其周期卷积的周期 $L < N + M - 1$。$p(n)$ 周期延拓后，必然有一部分非零序列值要重叠，出现混叠现象。只有当 $L \geqslant N + M - 1$ 时，才不会产生混叠，在 $p(n)$ 的周期延拓 $\tilde{p}(n)$ 中每一个周期 L 内，前 $N + M - 1$ 个值是 $p(n)$ 的全部非零序列值，而剩下的 $L - (N + M - 1)$ 点则是补充的零值。所以，使循环卷积等于线性卷积而不产生混淆的必要条件是 $L \geqslant N + M - 1$。循环卷积即为周期卷积取主值序列，有

$$p(n) = x(n) \otimes y(n) = \tilde{p}(n)R_L(n) = \left[\sum_{r=-\infty}^{\infty} p(n + rL) \right] R_L(n)$$

5. 选频特性

对复指数函数 $x_a(t) = e^{jq\omega_0 t}$ 进行采样得复序列 $x(n)$，$x(n) = e^{jq\omega_0 n}$，$0 \leqslant n \leqslant N - 1$，其中 q 为整数。当 $\omega_0 = 2\pi/N$ 时，$x(n) = e^{j2\pi qn/N}$，其 DFT 为

$$X(k) = \sum_{n=0}^{N-1} e^{j2\pi qn/N} e^{-j2\pi nk/N} = \begin{cases} N & k = q \\ 0 & k \neq q \end{cases} \tag{3-18}$$

当输入信号的频率为 $q\omega_0$ 时，$X(k)$ 的 N 个值中只有 $X(q) = N$，其余皆为零。如果输入信号为若干个不同频率的信号组合，经 DFT 后，在不同的 k 值，$X(k)$ 将有对应的输出。所以说 DFT 实质上对频率具有选择性。

6. 离散帕斯维尔定理

帕斯维尔定理(Parseval)，又称为时域频域能量守恒定理，即序列在时域计算的能量等于其在频域计算的能量。离散帕斯维尔定理定义为，若序列 $x(n)$ 长度为 N，$X(k) = \mathrm{DFT}[x(n)]_N$，则

$$\sum_{n=0}^{N-1} |x(n)|^2 = \frac{1}{N} \sum_{k=0}^{N-1} |X(k)|^2 \tag{3-19}$$

证明：

$$\sum_{n=0}^{N-1}|x(n)|^2 = \sum_{n=0}^{N-1}x(n)x^*(n) = \sum_{n=0}^{N-1}\left[\frac{1}{N}\sum_{k=0}^{N-1}X(k)W_N^{-kn}\right]x^*(n) = \frac{1}{N}\sum_{k=0}^{N-1}X(k)\sum_{n=0}^{N-1}x^*(n)W_N^{-kn}$$

$$= \frac{1}{N}\sum_{k=0}^{N-1}X(k)\left[\sum_{n=0}^{N-1}x(n)W_N^{kn}\right]^* = \frac{1}{N}\sum_{k=0}^{N-1}X(k)X^*(k) = \frac{1}{N}\sum_{k=0}^{N-1}|X(k)|^2$$

3.2.2　复共轭序列与共轭对称性

1. 复共轭序列的 DFT 性质

若 $x^*(n)$ 为 $x(n)$ 的复共轭序列，长度为 N，$X(k) = \text{DFT}[x(n)]_N$，则

$$\text{DFT}[x^*(n)]_N = X^*(N-k), \quad k = 0, 1, \cdots, N-1 \tag{3-20}$$

其中，$X(0) = X(N)$。

证明：

$$X^*(N-k) = \left[\sum_{n=0}^{N-1}x(n)W_N^{(N-k)n}\right]^* = \sum_{n=0}^{N-1}x^*(n)W_N^{(k-N)n}$$

$$= \sum_{n=0}^{N-1}x^*(n)W_N^{kn} = \text{DFT}[x^*(n)]_N$$

类似地，有 $\quad\text{DFT}[x^*(N-n)]_N = X^*(k), \quad k = 0, 1, \cdots, N-1 \tag{3-21}$

其中，$x(0) = x(N)$。

2. 共轭对称序列与共轭反对称序列

$x(n)$ 和 $X(k)$ 均为有限长序列，定义区间为 0 到 $N-1$，这里的对称性是指关于 $N/2$ 点的对称性。

有限长共轭对称序列：

$$x_{\text{ep}}(n) = x_{\text{ep}}^*(N-n), \quad 0 \leq n \leq N-1 \tag{3-22}$$

当 N 为偶数时，用 $N/2-n$ 替代 n，有

$$x_{\text{ep}}\left(\frac{N}{2}-n\right) = x_{\text{ep}}^*\left(\frac{N}{2}+n\right), \quad 0 \leq n \leq \frac{N}{2}-1 \tag{3-23}$$

共轭反对称序列：

$$x_{\text{op}}(n) = -x_{\text{op}}^*(N-n), \quad 0 \leq n \leq N-1$$

当 N 为偶数时，用 $N/2-n$ 替代 n，有

$$x_{\text{op}}\left(\frac{N}{2}-n\right) = -x_{\text{op}}^*\left(\frac{N}{2}+n\right), \quad 0 \leq n \leq \frac{N}{2}-1$$

任何有限长序列 $x(n)$ 均可表示为

$$x(n) = x_{\text{ep}}(n) + x_{\text{op}}(n), \quad 0 \leq n \leq N-1 \tag{3-24}$$

用 $N-n$ 替代 n，取共轭得

$$x^*(N-n) = x_{\text{ep}}^*(N-n) + x_{\text{op}}^*(N-n) = x_{\text{ep}}(n) - x_{\text{op}}(n)$$

故

$$x_{ep}(n) = \frac{1}{2}[x(n) + x^*(N-n)]$$

$$x_{op}(n) = \frac{1}{2}[x(n) - x^*(N-n)]$$

(3-25)

3. 共轭对称性与 DFT

将序列 $x(n)$ 分成实部与虚部之和，将 $X(k)$ 分成共轭对称与反对称序列，有

$$x(n) = x_r(n) + jx_i(n)，\quad X(k) = X_{ep}(k) + X_{op}(k)$$

$$x_r(n) = \mathrm{Re}[x(n)] = \frac{1}{2}[x(n) + x^*(n)]$$

$$jx_i(n) = j\mathrm{Im}[x(n)] = \frac{1}{2}[x(n) - x^*(n)]$$

则有

$$\mathrm{DFT}[x_r(n)] = X_{ep}(k) \qquad \mathrm{DFT}[jx_i(n)] = X_{op}(k)$$

(3-26)

证明：

$$\mathrm{DFT}[x_r(n)] = \frac{1}{2}\mathrm{DFT}[x(n) + x^*(n)]$$

$$= \frac{1}{2}[X(k) + X^*(N-k)] = X_{ep}(k)$$

$$\mathrm{DFT}[jx_i(n)] = \frac{1}{2}\mathrm{DFT}[x(n) - x^*(n)]$$

$$= \frac{1}{2}[X(k) - X^*(N-k)] = X_{op}(k)$$

将序列 $x(n)$ 分成共轭对称与反对称序列，将 $X(k)$ 分成实部与虚部之和，有

$$x(n) = x_{ep}(n) + x_{op}(n)，\quad X(k) = X_r(k) + jX_i(k)$$

$$x_{ep}(n) = \frac{1}{2}[x(n) + x^*(N-n)]$$

$$x_{op}(n) = \frac{1}{2}[x(n) - x^*(N-n)]$$

则有

$$\mathrm{DFT}[x_{ep}(n)] = \mathrm{Re}[X(k)]，\ \mathrm{DFT}[x_{op}(n)] = j\mathrm{Im}[X(k)]$$

(3-27)

证明：

$$\mathrm{DFT}[x_{ep}(n)] = \frac{1}{2}\mathrm{DFT}[x(n) + x^*(N-n)]$$

$$= \frac{1}{2}[X(k) + X^*(k)] = \mathrm{Re}[X(k)]$$

$$\mathrm{DFT}[x_{op}(n)] = \frac{1}{2}\mathrm{DFT}[x(n) - x^*(N-n)]$$

$$= \frac{1}{2}[X(k) - X^*(k)] = j\mathrm{Im}[X(k)]$$

很明显，实部对应共轭对称分量，j 虚部对应共轭反对称分量。

4. 实序列 DFT 特性

设 $x(n)$ 为长度为 N 的实序列，且 $X(k) = \text{DFT}[x(n)]$，则有

$$X(k) = X^*(N-k), \quad 0 \leqslant k \leqslant N-1 \tag{3-28}$$

将 $X(k)$ 分解为幅频相频特性形式，有 $X(k) = |X(k)|\mathrm{e}^{\mathrm{j}\theta(k)}$

则 $|X(k)|$ 关于 $k = N/2$ 点偶对称，$\theta(k)$ 关于 $k = N/2$ 点奇对称，即

$$|X(k)| = |X(N-k)|, \ \theta(k) = -\theta(N-k)$$

实数序列的 DFT 满足共轭对称性，利用其特性，只要知道一半的 $X(k)$，就可得另一半的 $X(k)$，此特点可在 DFT 计算中利用，提高运算效率。

计算一个复序列的 N 点 DFT，可求得两个不同实序列的 DFT。$x(n)$、$y(n)$ 是实序列，长度均为 N，$z(n) = x(n) + \mathrm{j}y(n)$。

计算 DFT 得

$$Z(k) = \text{DFT}[z(n)]_N = Z_{\text{ep}}(k) + Z_{\text{op}}(k)$$

$$X(k) = \text{DFT}[x(n)] = Z_{\text{ep}}(k) = \frac{1}{2}[Z(k) + Z^*(N-k)]$$

$$Y(k) = \text{DFT}[y(n)] = -\mathrm{j}Z_{\text{op}}(k) = \frac{1}{2\mathrm{j}}[Z(k) - Z^*(N-k)]$$

同理，实序列 $2N$ 点的 DFT，可以拆分重组为 N 点复序列的 DFT 计算。

3.3　频域采样与插值恢复

3.3.1　频域采样及其影响

时域采样使得信号在时域离散化，在频域周期延拓，延拓的周期间隔就是采样频率。所以时域采样定理规定，当采样频率大于等于奈奎斯特频率(信号最高频率的 2 倍)时，可以由离散信号恢复原来的连续信号。类似的规律在频域也存在，那就是频域采样引起时域的周期延拓，延拓的周期间隔和频域采样相关。

根据 3.1.2 节 DFT 与 DTFT、ZT、DFS 的关系有：$x(n)$ 的 N 点 DFT 的结果 $X(k)$ 是 DTFT 的结果 $X(\mathrm{e}^{\mathrm{j}\omega})$ 在频域区间 $[0, 2\pi)$ 上 N 点等间隔采样，采样间隔是 $2\pi/N$。同时，$X(k)$ 是对 ZT 的结果 $X(z)$ 在 z 域单位圆 $[0, 2\pi)$ 上 N 点等间隔采样，采样间隔是 $2\pi/N$。

若序列 $x(n)$ 的长度 $M \leqslant N$，$\tilde{x}_N(n)$ 是 $x(n)$ 以 N 为周期的周期延拓，则 $x(n)$ 的 N 点 DFT 和 $\tilde{x}_N(n)$ 的 DFS 的结果 $X(k)$ 和 $\widetilde{X}(k)$ 有以下关系：

$$\tilde{x}_N(n) = x((n))_N = \sum_{-\infty}^{\infty} x(n+mN) \qquad \widetilde{X}(k) = X((k))_N = \sum_{-\infty}^{\infty} X(k+mN)$$

$$x(n) = \tilde{x}_N(n)R_N(n) \qquad X(k) = \widetilde{X}(k)R_N(k)$$

综上分析，得

$$\tilde{x}_N(n) = \text{IDFS}[\tilde{X}_N(k)] = \frac{1}{N}\sum_{k=0}^{N-1}\tilde{X}_N(k)\mathrm{e}^{\mathrm{j}\frac{2\pi}{N}kn}$$

$$= \frac{1}{N}\sum_{k=0}^{N-1}[\sum_{m=-\infty}^{\infty}x(m)\mathrm{e}^{-\mathrm{j}\frac{2\pi}{N}km}]\mathrm{e}^{\mathrm{j}\frac{2\pi}{N}kn}$$

$$= \sum_{m=-\infty}^{\infty}x(m)\frac{1}{N}\sum_{k=0}^{N-1}\mathrm{e}^{\mathrm{j}\frac{2\pi}{N}k(n-m)}$$

$$\tilde{x}_N(n) = \sum_{i=-\infty}^{\infty}x(n+iN) \tag{3-29}$$

频域采样定理：原若序列 $x(n)$ 长度为 M，其 DTFT 为 $X(\mathrm{e}^{\mathrm{j}\omega})$，对 $X(\mathrm{e}^{\mathrm{j}\omega})$ 频率区间 $[0,2\pi]$ 上 N 点等间隔采样得到 $X(k)$，只有当频域采样点数 $N \geqslant M$ 时，有

$$\tilde{x}_N(n)R_N(n) = \text{IDFS}[\tilde{X}(k)]R_N(n) = x(n)$$

$$x(n) = \text{IDFT}[X_N(k)]_N$$

即可由频域采样值 N 点 $X(k)$ 不失真地恢复原序列 $x(n)$，否则产生时域混叠现象，造成信息丢失。

3.3.2 频域插值与信号恢复

频域采样引起时域的周期延拓，延拓的周期间隔与频域采样相关。如何将频域采样的结果恢复为原序列，就是频域插值(频域内插)的问题了，也就是用 $X(k)$ 表示 $X(\mathrm{e}^{\mathrm{j}\omega})$ 和 $X(z)$。

用 $X(k)$ 表示 $X(z)$，推导如下。

$$X(z) = \sum_{n=0}^{N-1}x(n)z^{-n} = \sum_{n=0}^{N-1}\left[\frac{1}{N}\sum_{k=0}^{N-1}X(k)W_N^{-nk}\right]z^{-n}$$

$$= \frac{1}{N}\sum_{k=0}^{N-1}X(k)\left[\sum_{n=0}^{N-1}W_N^{-nk}z^{-n}\right]$$

$$= \frac{1}{N}\sum_{k=0}^{N-1}X(k)\sum_{n=0}^{N-1}\left(W_N^{-k}z^{-1}\right)^n$$

$$= \frac{1}{N}\sum_{k=0}^{N-1}X(k)\frac{1-W_N^{-Nk}z^{-N}}{1-W_N^{-k}z^{-1}}$$

$$= \frac{1}{N}\sum_{k=0}^{N-1}X(k)\frac{1-z^{-N}}{1-W_N^{-k}z^{-1}}$$

则 z 域的内插公式为

$$X(z) = \frac{1}{N}\sum_{k=0}^{N-1}X(k)\varphi_k(z) = \frac{1}{N}\sum_{k=0}^{N-1}X(k)\frac{1-z^{-N}}{1-W_N^{-k}z^{-1}} \tag{3-30}$$

z 域内插函数为

$$\varphi_k(z) = \frac{z^N-1}{z^{N-1}(z-W_N^{-k})} \tag{3-31}$$

零点 N 个：$z = \mathrm{e}^{\mathrm{j}\frac{2\pi}{N}r}, r = 0,1,\cdots,N-1$；

极点 2 个：$z = e^{j\frac{2\pi}{N}k}$，0，其中 0 是 $(N-1)$ 阶的。

同理，用 $X(k)$ 表示 $X(e^{j\omega})$ 的内插公式，有

$$X(e^{j\omega}) = \frac{1}{N} \sum_{k=0}^{N-1} X(k) \frac{1-e^{-j\omega N}}{1-e^{j\frac{2\pi}{N}k}e^{-j\omega}}$$

$$= \sum_{k=0}^{N-1} X(k)\varphi_k(\omega)$$

(3-32)

$$\varphi_k(\omega) = \frac{1}{N} \frac{e^{-j(\omega N - 2k\pi)/2}(e^{j(\omega N - 2k\pi)/2} - e^{-j(\omega N - 2k\pi)/2})}{e^{-j\left(\omega - \frac{2\pi}{N}k\right)/2}(e^{j\left(\omega - \frac{2\pi}{N}k\right)/2} - e^{-j\left(\omega - \frac{2\pi}{N}k\right)/2})}$$

$$= \frac{1}{N} \frac{\sin\left[N\left(\omega - \frac{2\pi}{N}k\right)/2\right]}{\sin\left[\left(\omega - \frac{2\pi}{N}k\right)/2\right]} e^{-j\left(\omega - \frac{2\pi}{N}k\right)(N-1)}$$

$$\varphi_k(\omega) = \varphi\left(\omega - \frac{2\pi}{N}k\right)$$

$$X(e^{j\omega}) = \sum_{k=0}^{N-1} X(k)\varphi\left(\omega - \frac{2\pi}{N}k\right)$$

$$\varphi\left(\omega - \frac{2\pi}{N}k\right) = \begin{cases} 1 & \omega = \frac{2\pi}{N}k = \omega_k \\ 0 & \omega = \frac{2\pi}{N}i = \omega_i \quad i \neq k \end{cases}$$

频域内插函数为

$$\varphi(\omega) = \frac{1}{N} \frac{\sin\frac{\omega N}{2}}{\sin\frac{\omega}{2}} e^{-j\omega(N-1)/2}$$

(3-33)

频域内插是频域采样的逆过程。内插公式保证了各采样点上的值与原序列的频谱相同，采样点之间的值为采样值与对应点的内插公式相乘复合得到。

频域内插公式是否可以说明由 $X(k)$ 可以无失真地恢复 $X(e^{j\omega})$ 和 $X(z)$。在用内插公式恢复的过程中，有什么前提条件需要满足。

3.4　DFT 基本应用及影响

3.4.1　DFT 基本应用

1. 用 DFT 分析信号频谱

根据 3.1.2 小节 DFT 与 DTFT、ZT、DFS 的关系可知，$x(n)$ 的 N 点 DFT 的结果 $X(k)$ 是 DTFT 的结果 $X(e^{j\omega})$ 在频域区间 $[0,2\pi)$ 上 N 点等间隔采样，采样间隔是 $2\pi/N$。同时，$X(k)$

是对 ZT 的结果 $X(z)$ 在 z 域单位圆 $[0,2\pi]$ 上 N 点等间隔采样，采样间隔是 $2\pi/N$。

$$X(k) = X(e^{j\omega})\Big|_{\omega=\frac{2\pi}{N}k}, \quad k = 0, 1, \cdots, N-1$$

$$X(k) = X(z)\Big|_{z=e^{j\frac{2\pi}{N}k}}, \quad k = 0, 1, \cdots, N-1$$

很明显，离散傅里叶变换 DFT 实质上是对其频谱 $X(e^{j\omega})$ 的离散采样，DFT 对频率具有选择性（$\omega = 2\pi k/N$），DFT 所分析的仅是这些离散采样点 $X(k)$，而不是信号的完全频谱 $X(e^{j\omega})$。

采样定理说明一个频带有限的信号，可以对其进行时域采样而不丢失任何信息；DFT 变换则说明对于时间有限长序列，可进行频域采样，而不丢失任何信息。这样只要时间序列足够长，时域采样足够密，DFT 的频域采样就可以较好地反映原信号的频谱规律，因此 DFT 可以对连续信号进行频谱分析。

在此过程中，进行了几次近似处理：首先用有限长序列来代替了无限长信号；由于时域采样，用 $x(n)$ 代替了 $x_a(t)$，即用 $X(e^{j\omega})$ 替代了连续信号的频谱 $X_a(j\Omega)$，满足采样定理，频谱才不会混叠失真，否则只能近似分析原信号频谱；再有就是用 DFT 的频域采样 $X(k)$ 代替了 $X(e^{j\omega})$，即 $X_a(j\Omega) \xrightarrow{\text{时域采样}} X(e^{j\omega}) \xrightarrow{\text{频域采样}} X(k)$。

2. 实数序列的 DFT 计算

实数序列可看成虚部为零的复数，计算机计算时，即使虚部为零，也要进行虚部的运算，浪费时间和运算量。有两种常见方法可用于解决这一问题。

(1) 用一个 N 点 DFT 同时计算两个 N 点实序列的 DFT。

设 $x_1(n)$ 和 $x_2(n)$ 是互相独立的两个 N 点实序列，DFT 分别为 $X_1(k)$ 和 $X_2(k)$。可通过一次 DFT 运算同时获得 $X_1(k)$ 和 $X_2(k)$。

先将 $x_1(n)$ 和 $x_2(n)$ 组成一复序列，$x(n) = x_1(n) + jx_2(n)$。计算 $x(n)$ 的 DFT 值，有

$$X(k) = \text{DFT}[x_1(n)] + j\text{DFT}[x_2(n)] = X_1(k) + jX_2(k)$$

利用离散付里叶变换 DFT 的共轭对称性，得

$$X_1(k) = \frac{1}{2}[X(k) + X^*(N-k)] \qquad X_2(k) = -\frac{j}{2}[X(k) - X^*(N-k)]$$

(2) 用一个 N 点 DFT 运算获得一个 $2N$ 点实序列的 DFT。

若 $x(n)$ 是 $2N$ 点的实序列，现将 $x(n)$ 分为偶序列 $x_1(n)$ 和奇序列 $x_2(n)$。然后将 $x_1(n)$ 和 $x_2(n)$ 组合成一个复序列 $y(n) = x_1(n) + jx_2(n)$，通过 N 点 DFT 运算可得

$$Y(k) = X_1(k) + jX_2(k)$$

利用离散付里叶变换 DFT 的共轭对称性，得

$$X_1(k) = \frac{1}{2}[Y(k) + Y^*(N-k)] \qquad X_2(k) = -\frac{j}{2}[Y(k) - Y^*(N-k)]$$

求 $2N$ 点 $x(n)$ 所对应的 $X(k)$ 后，只须求出 $X(k)$ 与 $X_1(k)$、$X_2(k)$ 的关系，结合下章介绍的 FFT，可得 $X(k) = X_1(k) + W_{2N}^k X_2(k)$。这样就可以用一个 N 点 FFT 计算一个 $2N$ 点实序列的 DFT。

3. 用 DFT 计算相关函数

设有两个长分别为 L 和 N 的离散时间序列 $x(n)$ 和 $y(n)$，将两序列延长补零至长度为 $N \geqslant L + M - 1$（N 为 2 的自然数幂次），其相关函数为

$$r_{xy}(m) = \sum_{n=0}^{N-1} x(n+m) y^*(m) \tag{3-34}$$

又因为

$$R_{xy}(k) = X(k) Y^*(k)$$

所以有

$$r_{xy}(n) = \frac{1}{N} \sum_{k=0}^{N-1} R_{xy}(k) W_N^{-kn} = \frac{1}{N} \left[\sum_{k=0}^{N-1} R_{xy}^*(k) W_N^{kn} \right]^* \tag{3-35}$$

用 DFT 计算相关函数的步骤为：将 $x(n)$ 与 $y(n)$ 补零至长度为 $N \geqslant L + M - 1$；求 $x(n)$ 和 $y(n)$ 的 DFT，得 $X(k)$ 和 $Y(k)$；然后求乘积，$R_{xy}(k) = X(k) Y^*(k)$；最后求 $r_{xy}(n) = \mathrm{IDFT}[R_{xy}(k)]$。

4. 用 DFT 计算线性卷积

两个长分别为 L 和 N 的离散时间序列 $x(n)$ 与 $h(n)$ 的线性卷积定义为

$$y(n) = \sum_{n=0}^{N-1} h(m) x(n-m) \tag{3-36}$$

将 $x(n)$ 与 $h(n)$ 补零至长度为 $N \geqslant L + M - 1$（N 为 2 的自然数幂次），用 DFT 计算线性卷积，其思路如下：

$$\left. \begin{array}{l} x(n) \xrightarrow{\mathrm{DFT}} X(k) \\ h(n) \xrightarrow{\mathrm{DFT}} H(k) \end{array} \right\} H(k) X(k) = Y(k) \xrightarrow{\mathrm{IDFT}} y(n)$$

上述结论适用于 $x(n)$ 与 $h(n)$ 两序列长度比较接近或相等的情况。如果 $x(n)$ 与 $h(n)$ 长度相差较多，比如 $h(n)$ 为有限长单位脉冲响应的系统，处理一个无限长或很长的输入信号 $x(n)$。按上述方法，$h(n)$ 要补许多零再进行计算，计算量有很大的浪费，或者根本不能实现。这时，为了快速卷积，可将 $x(n)$ 先分为许多段后再处理，每小段的长度与 $h(n)$ 接近，典型的处理方法有重叠相加法和重叠保留法。

重叠相加法——将长序列分段截短、补零后再与短序列卷积，然后将各段卷积结果相加作为总的卷积输出。其整体思路如下：

$$\left. \begin{array}{l} x(n) \xrightarrow{\text{分段}} x_i(n) \xrightarrow{\mathrm{DFT}} X_i(k) \\ h(n) \xrightarrow{\mathrm{DFT}} H(k) \end{array} \right\} H(k) X_i(k) = Y_i(k) \xrightarrow{\mathrm{IDFT}} y_i(n) \xrightarrow{\sum} y(n)$$

设 $x_i(n)$ 表示第 i 段 $x(n)$ 序列，则

$$x_i(n) = \begin{cases} x(n) & iL \leqslant n \leqslant (i+1)L - 1 \\ 0 & \text{其他} \end{cases}$$

输入序列 $x(n)$ 可表示为 $x(n) = \sum_{i=0}^{\infty} x_i(n)$

所以输出序列为

$$y(n) = x(n) * h(n) = \sum_{i=0}^{\infty} x_i(n) * h(n) = \sum_{i=0}^{\infty} y_i(n) \tag{3-37}$$

分析表明，只要将 $x(n)$ 的每一段 $x_i(n)$ 分别与 $h(n)$ 卷积，然后再将这些卷积结果相加起来就可得到输出卷积序列。计算步骤如下。

(1) 先将 $x(n)$ 分段为 $x_i(n)$，每段长为 L，且 L 与 $h(n)$ 的长度 M 等长或差不多。

(2) 再对各段 $x_i(n)$ 和 $h(n)$ 补零至 N 长，$N = L + M - 1$。为了能用下章的基 2 FFT 算法通过 DFT 和 IDFT 变换计算，一般选择 $N = 2^m \geqslant L + M - 1$。

(3) 分别计算 N 点的 $H(k)$ 和 $X_i(k)$，$H(k) = \text{DFT}[h(n)]$，$X_i(k) = \text{DFT}[x_i(n)]$。

(4) 求 $Y_i(k) = X_i(k)H(k)$，然后计算 $y_i(n) = \text{IDFT}[Y_i(k)]$，即 $y_i(n) = x_i(n) * h(n)$。

(5) 计算 $y_i(n)$ 的重叠部分，由于 $y_i(n)$ 的长度为 N，而 $x_i(n)$ 的长度为 L，因此相邻两 $y_i(n)$ 序列必然有 $N - L$ 或 $M - 1$ 点发生重叠。将重叠部分相加起来，构成最后的卷积输出序列，$y(n) = \sum_{i=0}^{\infty} y_i(n)$。

用重叠相加法计算线性卷积的过程如图 3.3 所示。

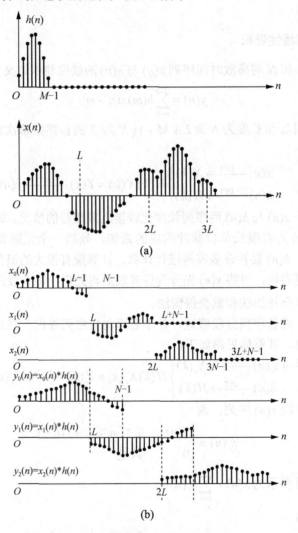

(a)

(b)

图 3.3　重叠相加法计算线性卷积

重叠保留法与重叠相加法整体思路类似，只是重叠部分处理不同。即将 $x_i(n)$ 和 $h(n)$ 延长至 N 长时，并不补零而是保留原输入序列值，且保留在各段的前端，$x_0(n)$ 前端补零。利用 DFT 计算 $x_i(n)$ 和 $h(n)$ 的卷积后，则每段卷积结果 $y_i(n)$ 前端都有 $N-L$ 或 $M-1$ 点是发生重叠的点，都必须舍去。最后将舍去后的各段连接起来就得到 $y(n)$。

5. 用 DFT 计算二维 DFT

二维信号也是现代信号处理的研究对象。二维信号有图像信号、时空信号、时频信号等。二维离散傅里叶变换可用于处理二维离散信号。二维离散傅里叶变换的定义为

$$X(k,l) = \sum_{m=0}^{M-1}\sum_{n=0}^{N-1} x(n,m) e^{j\frac{2\pi}{N}kn} e^{j\frac{2\pi}{M}kn} = \sum_{m=0}^{M-1}\sum_{n=0}^{N-1} x(n,m) W_N^{kn} W_M^{km} \tag{3-38}$$

式中，$k=0,1,\cdots,N-1$，$l=0,1,\cdots,M-1$。很明显，二维离散傅里叶变换可通过两次一维离散傅里叶变换来实现。

在下一章将探讨 DFT 的快速算法 FFT 的相关问题，FFT 是数字信号处理的重要基础算法，在许多领域有广泛的应用。本小节所探讨的 DFT 的应用问题，实际上也是 FFT 的应用问题。在工程实际中，应用 FFT 算法的主要环节就是将数学式子写成 DFT 的形式。比如 IDFT 也可以适用 FFT 算法，只需将形式凑成 DFT 的形式(3-1)。

IDFT 的 DFT 整理形式为

$$x(n) = \left[\frac{1}{N}\sum_{k=0}^{N-1} X^*(k) W_N^{nk}\right]^* = \frac{1}{N}\left\{DFT[X^*(k)]\right\}^* \tag{3-39}$$

3.4.2　DFT 应用的影响

1. 信号采样与频谱混叠

对连续信号 $x_a(t)$ 进行数字处理前，必须要进行采样。采样导致信号时域的离散化；在频域，信号频谱周期延拓，延拓的周期为采样频率。如果信号采样率过低，不满足奈奎斯特采样定理 $f_s \geqslant 2f_h$，将会导致信号频谱混叠失真。这样就无法恢复原信号，失去了数字处理的意义。

解决频谱混叠的方法是，提高信号的采样频率，使得其满足奈奎斯特采样定理的要求。另外，在工程实际中往往需要在信号采样前加一级抗混叠滤波器，去除高频干扰，防止采样过程中频谱混叠的出现。

2. 截短效应与频谱泄露

在处理实际信号序列 $x(n)$ 时，因为 $x(n)$ 一般很长，不方便处理。所以在处理前总要将其截短为一个或多个有限长序列，每段长为 N 点。这样就相当于在时域对 $x(n)$ 乘以一个矩形窗 $w(n) = R_N(n)$，得

$$x_N(n) = x(n) R_N(n)$$

时域相乘，对应频域卷积，截短对应的卷积结果为

$$X_N(e^{j\omega}) = \text{DTFT}[x_N(n)] = \frac{1}{2\pi} X(e^{j\omega}) * R_{fN}(e^{j\omega})$$

$$= \frac{1}{2\pi} \int_{-\pi}^{\pi} X(e^{j\theta}) R_{fN}(e^{j(\omega-\theta)}) d\theta$$

(3-40)

式中

$$X(e^{j\omega}) = \text{DTFT}[x(n)]$$

$$R_{fN}(e^{j\omega}) = \text{DTFT}[R_N(n)] = e^{-j\omega\frac{N-1}{2}} \frac{\sin(\omega N/2)}{\sin(\omega/2)} = R_{fN}(\omega)e^{j\varphi(\omega)}$$

$$R_{fN}(\omega) = \frac{\sin(\omega N/2)}{\sin(\omega/2)}$$

对于截短用的时域矩形窗 $w(n) = R_N(n)$，其频谱是 $R_{fN}(e^{j\omega})$，有主瓣以及一系列旁瓣或副瓣。因为时域乘积对应频域的卷积，所以加窗后的频谱实际是原信号频谱与矩形窗频谱的卷积，卷积的结果使原信号频谱延伸到了主瓣以外，而且一直延伸到无穷。因为窗口越大主瓣越窄，当窗口趋于无穷大时，频域就是一个冲击，此时频域卷积的结果就是原序列本身。当然这是理想情况，实际情况是截短用的矩形窗长度是有限的，所以频域卷积就会产生截短效应。截短效应就是因为在是时域对无限长信号用矩形窗截短，从而导致信号频谱相对原来出现扩展。这种频谱因时域截短而扩展的现象称为频谱泄露或漏能。如果泄露的频谱扩展到了别的有用频点而产生干扰，强信号的旁瓣掩盖了弱信号的主瓣，误将旁瓣当做主瓣，这种现象称为谱间干扰。

漏能和谱间干扰主要是旁瓣引起的，所以要抑制截短效应的影响，就要抑制旁瓣。方法是延长截短时矩形窗的长度，当然这是有限的；或是改变截短时窗函数的类型，将矩形窗改为其他截短窗，抑制窗函数的旁瓣，将窗函数频谱能量集中到主瓣。总之，只要存在截短，就有漏能现象，漏能现象只能削弱而不能消除。

3. 频谱分析与栅栏效应

结合 3.1.2 小节可得

$$X(k) = \text{DFT}[x(n)]_N = \sum_{n=0}^{N-1} x(n)e^{-j\frac{2\pi}{N}kn} = \sum_{n=0}^{N-1} x(n)W_N^{kn}, \quad k = 0, 1, \cdots, N-1$$

$$X(e^{j\omega}) = \text{DTFT}[x(n)] = \sum_{n=-\infty}^{\infty} x(n)e^{-j\omega n} = \sum_{n=-0}^{N-1} x(n)e^{-j\omega n}$$

比较以上两式，显然有

$$X(k) = X(e^{j\omega})\Big|_{\omega=\frac{2\pi}{N}k}, \quad k = 0, 1, \cdots, N-1$$

很明显，$x(n)$ 的 N 点 DFT 的结果 $X(k)$ 是 DTFT 的结果 $X(e^{j\omega})$ 在频域区间 $[0, 2\pi)$ 上 N 点等间隔采样，采样间隔是 $2\pi/N$。

综上分析，DFT 和 DTFT 都是对信号 $x(n)$ 进行频域分析，$X(e^{j\omega})$ 是 $x(n)$ 的完全频谱，而 $X(k)$ 只是对 $X(e^{j\omega})$ 的频域采样。用 $X(k)$ 分析 $x(n)$ 的频谱，就像隔着栅栏看风景一样，只能看到间隔的部分，这种现象称为栅栏效应。

减小栅栏效应的方法是：在 DFT 之前，增加对序列 $x(n)$ 补零，增加频域采样点数，使

得 $X(k)$ 更接近 $X(e^{j\omega})$，这样原来漏掉的某些频谱分就可能被检测出来。或者就是实质增加 $x(n)$ 的点数，也就是在时域对 $x_a(t)$ 增加采样密度，这样 DFT 后，$X(k)$ 才能实质接近 $X(e^{j\omega})$。当然，无论 $X(k)$ 的点数如何，其总是离散的，永远也不可能与 $X(e^{j\omega})$ 完全相同，只能通过 $X(k)$ 近似分析 $x(n)$ 的完全频谱 $X(e^{j\omega})$，所以栅栏效应只能削弱而不能消除。

本 章 小 结

本章主要讲述了离散傅里叶变换 DFT 的有关问题，是全书的基础理论。本章主要分析讨论了以下问题。

(1) 由 DFT 定义式，比较其与 ZT、DTFT 之间的关系和异同处，加深对 DFT 的理解。

(2) 探讨 DFT 基本性质并灵活应用于相关推导计算。

(3) 比较频域采样与时域采样，分析频域采样的结果及其产生的影响；比较时域插值与频域插值，分析频域插值对信号恢复的作用。

(4) 讨论 DFT 基本应用，特别是用 DFT 分析信号频谱及实数序列，计算相关函数与线性卷积的基本方法。

(5) 分析 DFT 应用产生的影响，重点研究信号采样与频谱混叠、截短效应与频谱泄露、频谱分析与栅栏效应等问题，说明其产生的原因及如何改善。

习 题

1. DFT 与 ZT 的关系是什么？

2. 简述线性卷积、周期卷积和圆周卷积的异同。

3. 简述频率采样的过程及其影响。

4. 如何利用 DFT 分析信号的频谱？

5. 利用 DFT 进行谱分析时会产生什么样的误差问题？

6. 设下列 $x(n)$ 长度为 N，求下列 $x(n)$ 的 DFT。

(1) $x(n) = \delta(n)$ (2) $x(n) = \delta(n - n_0)$ $0 < n_0 < N - 1$

(3) $x(n) = a^n$ (4) $x(n) = e^{j\omega_0 n} R_N(n)$

(5) $x(n) = \cos(\omega_0 n) \cdot R_N(n)$

(6) $x(n) = \sin(\omega_0 n) \cdot R_N(n)$ (7) $x(n) = n \cdot R_N(n)$

7. 若 $X(k)$ 的表达式如下，求其 IDFT$[X(k)]$。

$$(1) \quad X(k) = \begin{cases} \dfrac{N}{2} e^{j\theta} & k = m \\[2mm] \dfrac{N}{2} e^{-j\theta} & k = N - m, \quad 0 < m < N/2 \\[2mm] 0 & 其他 \end{cases}$$

(2) $X(k) = \begin{cases} -\dfrac{N}{2}e^{j\theta} & k = m \\[2mm] \dfrac{N}{2}e^{-j\theta} & k = N - m, \ 0 < m < N/2 \\[2mm] 0 & \text{其他} \end{cases}$

8. 长度为 $N = 10$ 的两个序列，$x(n) = \begin{cases} 1 & 0 \leqslant n \leqslant 4 \\ 0 & 5 \leqslant n \leqslant 9 \end{cases}$，$y(n) = \begin{cases} 1 & 0 \leqslant n \leqslant 4 \\ -1 & 5 \leqslant n \leqslant 9 \end{cases}$，作图表示 $x(n)$，$y(n)$ 及 $f(n) = x(n) \otimes y(n)$。

9. 已知 $\mathrm{DFT}[x(n)] = X(k)$，求 $\mathrm{DFT}\left[x(n)\cos\left(\dfrac{2\pi m}{N}\right)\right]$ 和 $\mathrm{DFT}\left[x(n)\sin\left(\dfrac{2\pi m}{N}\right)\right]$，$0 < m < N$。

10. 已知长度为 N 的有限长序列 $x(n)$ 是矩形序列 $x(n) = R_N(n)$，求：

(1) $\mathrm{ZT}[x(n)]$，并画出其零极点分布。

(2) 频谱 $X(e^{j\omega})$，并做出幅度曲线图。

(3) 用封闭形式表达 $\mathrm{DFT}[x(n)]$，并对照 $X(e^{j\omega})$。

11. 若 $x(n)$ 的共轭对称和共轭反对称分量为

$$x_e(n) = \frac{1}{2}[x(n) + x^*(n)], \quad x_o(n) = \frac{1}{2}[x(n) - x^*(n)]$$

定义长度为 N 的 $x(n)$ 的圆周共轭对称和圆周共轭反对称分量为

$$x_{ep}(n) = \frac{1}{2}[x((n))_N + x^*((n))_N]R_N(n)$$

$$x_{op}(n) = \frac{1}{2}[x((n))_N - x^*((n))_N]R_N(n)$$

证明：

(1) $x_{ep}(n) = \dfrac{1}{2}[x_e(n) + x_e(n - N)]R_N(n)$

$\quad x_{op}(n) = \dfrac{1}{2}[x_e(n) - x_e(n - N)]R_N(n)$

(2) 长度为 N 的 $x(n)$ 一般不能从 $x_{ep}(n)$ 恢复 $x_e(n)$，也不能从 $x_{op}(n)$ 恢复 $x_o(n)$。试证明当 $n > N/2$ 时，$x(n) = 0$，则从可以 $x_{ep}(n)$ 恢复 $x_e(n)$，也可从 $x_{op}(n)$ 恢复 $x_o(n)$。

12. 已知 $x_1(n) = (0.5)^n R_4(n)$，$x_2(n) = R_4(n)$，求他们的线性卷积 $f_1(n)$，以及 4 点、6 点、8 点的循环卷积 $f_2(n)$，$f_3(n)$，$f_4(n)$。

13. 设 $X(k) = \mathrm{DFT}[x(n)]_N$，$Y(k) = \mathrm{DFT}[y(n)]_N = X((k + m))_N R_N(k)$，证明频域循环移位性质。

14. 若 $x(n) = a^n u(n)$，$0 < a < 1$，对其 z 变换 $X(z)$ 在单位圆上等分采样，采样值为 $X(k) = X(z)\big|_{z = W_N^{-k}}$，求有限长序列 $\mathrm{IDFT}[X(k)]$。

15. 已知 $x(n)$ 是长度为 N 的有限长序列，$X(k) = \mathrm{DFT}[x(n)]$，现将 $x(n)$ 的每两点之间补进 $r - 1$ 个零值，得到长度为 rN 的有限长序列 $y(n)$，有

$$y(n)=\begin{cases}x(n/r) & n=ir \quad i=0,1,\cdots,N-1 \\ 0 & n\neq ir \quad i=0,1,\cdots,N-1\end{cases}$$

求 $\mathrm{DFT}[y(n)]$ 与 $X(k)$ 的关系。

16. 设 $x(n)=\begin{cases}n+1 & 0\leqslant n\leqslant 4 \\ 0 & \text{其他}\end{cases}$，$h(n)=R_4(n-2)$，令 $\tilde{x}(n)=x((n))_6$，$\tilde{h}(n)=h((n))_6$，试求 $\tilde{x}(n)$ 与 $\tilde{h}(n)$ 的周期卷积并作图。

17. 图 3.4 表示一个 5 点序列 $x(n)$，试画出：(1) $x(n)*x(n)$；(2) $x(n)⑤x(n)$；(3) $x(n)⑩x(n)$。

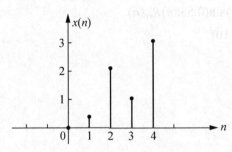

图 3.4　习题 17 图

18. 若 $X(k)$ 表示 N 点序列的 $x(n)$ N 点离散傅里叶变换，试证明：

(1) 如果 $x(n)$ 满足关系式 $x(n)=-x(N-1-n)$，则 $x(0)=0$。

(2) 当 N 为偶数时，如果 $x(n)=x(N-1-n)$，则 $x(N/2)=0$。

19. 若实序列 $x(n)$ 的 8 点 DFT 的前 5 个值为 0.25、0.125 – j0.3018、0、0.125 – j0.0518、0。

(1) 求 $X(k)$ 的其余 3 点值。

(2) $x_1(n)=\sum\limits_{m=-\infty}^{+\infty}x(n+5+8m)$，求 $X_1(k)=\mathrm{DFT}[x_1(n)]_8$

(3) $x_2(n)=x(n)\mathrm{e}^{\mathrm{j}\pi n/4}$，求 $X_2(k)=\mathrm{DFT}[x_2(n)]_8$。

20. 频谱分析的模拟信号以 8kHz 被采样，计算了 512 个采样的 DFT，试确定频谱采样之间的频率间隔，并证明之。

21. (1)　模拟数据以 10.24kHz 速率采样，若已知 1024 个采样的离散傅里叶变换。求频谱采样之间的频率间隔。

(2)　以上数据经处理以后又进行了离散傅里叶反变换，求离散傅里叶反变换后采样点的间隔为多少？整个 1024 点的时宽为多少？

22. 用微处理机对实序列做频谱分析，要求谱分辨率 $\Delta F\leqslant 50\mathrm{Hz}$，信号最高频率为 1kHz，试确定以下参数：

(1)最小记录时间；(2)最大采样间隔；(3)最少采样点数；(4)在频带宽度不变的情况下，将频率分辨率提高一倍的 N 值。

23. 设 $x(n)$ 是长度为 N 的因果序列，且

$$X(\mathrm{e}^{\mathrm{j}\omega})=\mathrm{DTFT}[x(n)],\quad y(n)=[\sum_{m=-\infty}^{\infty}x(n+mM)]R_M(n),\quad Y(k)=\mathrm{DFT}[y(n)]_M$$

试确定 $Y(k)$ 和 $X(e^{j\omega})$ 的关系式。

24. 设 $x(n)$ 是长度为 20 的因果序列，$h(n)$ 是长度为 8 的因果序列，有

$$X(k) = \text{DFT}[x(n)]_{20}, \quad H(k) = \text{DFT}[h(n)]_{20}, \quad Y_c(k) = H(k)X(k)$$

$$y_c(n) = \text{IDFT}[Y_c(k)]_{20}, \quad y(n) = h(n) * x(n)$$

试确定在什么点上 $y_c(n) = y(n)$，并解释为什么。

25. 选择适当的变换区间长度 N，用 DFT 对下列信号进行频谱分析，画出幅频特性和相频特性曲线。

(1)　$x_1(n) = 2\cos(0.2\pi n)R_{10}(n)$

(2)　$x_2(n) = \sin(0.45\pi n)\sin(0.55\pi n)R_{51}(n)$

(3)　$x_3(n) = 2^{-|n|}R_{21}(n+10)$

第 4 章   快速傅里叶变换

教学目标

通过本章的学习，要理解按时间抽取和按频率抽取的基 2FFT 算法原理；掌握两种基 2FFT 算法的蝶形运算单元的区别，运算量的计算，倒位序排序及原位计算的概念；了解进一步减少运算量的措施。

快速傅里叶变换(Fast Fourier Transform，FFT)并不是一种新的变换，它是离散傅里叶变换(DFT)的一种快速算法。因此，为了很好地理解和掌握快速傅里叶变换，首先必须对前面介绍的离散傅里叶变换有充分的理解与掌握。

我们已经知道，有限长序列的重要特点是其频域也可以离散化为有限长序列，即可进行离散傅里叶变换。DFT 是信号分析与处理中的一种重要变换。例如，在 FIR 滤波器设计中，会遇到从$h(n)$求$H(k)$或由$H(k)$求$h(n)$，这就要计算 DFT。另外，在信号的频谱分析中，就直接要用到 DFT，因为信号序列的 DFT 就是信号频谱的采样集，而频谱分析无论是对通信、图像传输、雷达、声呐等都是很重要的。此外，在系统的分析、设计和实现上都会用到 DFT 的计算问题。但是，因为直接计算 DFT 的计算量与变换区间长度N的平方成正比，当N较大时，计算量太大，因而直接用 DFT 算法进行谱分析和信号的实时处理是不切实际的。因此，DFT 并没有得到真正的运用，直到 1965 年发现了 DFT 的一种快速算法以后，情况才发生了根本的变化。

1965 年图基(J.W.Tuky)和库利(T.W.Coody)在《计算机数学》(Math. Computation，vol. 19，1965)杂志上发表了著名的《机器计算傅里叶级数的一种算法》论文后，桑德(G. Sand)-图基等快速算法相继出现，又经人们进行改进，很快形成一套高效运算方法，这就是现在的快速傅里叶变换，简称 FFT。这种算法使 DFT 的运算效率提高了 1～2 个数量级，为数字信号处理技术应用于各种信号的实时处理创造了良好的条件，大大推动了数字信号处理技术的发展。本章主要讨论基 2 快速傅里叶变换以及减少运算量的措施。

4.1   直接计算 DFT 的问题及改进的途径

设$x(n)$为N点有限长序列，其 DFT 为

$$X(k) = \sum_{n=0}^{N-1} x(n) W_N^{nk}, \qquad k = 0,1,\cdots,N-1 \tag{4-1}$$

其反变换(IDFT)为

$$x(n) = \frac{1}{N} \sum_{k=0}^{N-1} X(k) W_N^{-nk}, \qquad n = 0,1,\cdots,N-1 \tag{4-2}$$

式(4-1)和式(4-2)的差别是W_N的指数符号不同，以及差一个常数因子$1/N$。下面将讨论

DFT 正变换式(4-1)的运算量。而式(4-2)的运算量是完全相同的。

一般来说，由于 $x(n)$ 和 W_N^{nk} 都是复数，$X(k)$ 也是复数，因此每计算一个 $X(k)$ 值，需要 N 次复数乘法($x(n)$ 和 W_N^{nk} 相乘)以及 $(N-1)$ 次复数加法。而 $X(k)$ 一共有 N 个点(k 从 0 到 $(N-1)$)，所以完成整个 DFT 运算总共需要 N^2 次复数乘法和 $N(N-1)$ 次复数加法。我们知道复数运算实际上是由实数运算来完成的，则式(4-1)可写成

$$
\begin{aligned}
X(k) &= \sum_{n=0}^{N-1} x(n) W_N^{nk} \\
&= \sum_{n=0}^{N-1} \{ \mathrm{Re}[x(n)] + \mathrm{j}\,\mathrm{Im}[x(n)](\mathrm{Re}[W_N^{nk}] + \mathrm{j}\,\mathrm{Im}[W_N^{nk}]) \} \\
&= \sum_{n=0}^{N-1} \{ (\mathrm{Re}[x(n)]\mathrm{Re}[W_N^{nk}] - \mathrm{Im}[x(n)](\mathrm{Re}[W_N^{nk}]) \\
&\quad + \mathrm{j}(\mathrm{Re}[x(n)]\mathrm{Im}[W_N^{nk}] + \mathrm{Im}[x(n)]\mathrm{Re}[W_N^{nk}]) \}
\end{aligned}
\tag{4-3}
$$

由上式可以看出，一次复数乘法需用四次实数乘法和两次实数加法；一次复数加法则需要两次实数加法。因而每运算一个 $X(k)$ 需要 $4N$ 次复数乘法及 $2N+2(N-1)=2(2N-1)$ 次实数加法。所以整个 DFT 运算总共需要 $4N^2$ 次实数乘法和 $N\times 2(2N-1)=2N(2N-1)$ 次实数加法。

上述统计与实际需要的运算次数有些出入，因为某些 W_N^{nk} 可能是 1 或 j，就不必相乘了，例如 $W_N^0=1$，$W_N^{N/2}=-1$，$W_N^{N/4}=-\mathrm{j}$ 等就不需要乘法。但是为了比较，一般都不考虑这些特殊情况，而是把 W_N^{nk} 都看成复数，当 N 很大时，这种特例的比重就很小。

因而，直接计算 DFT 时，乘法次数和加法次数都是和 N^2 成正比的，当 N 很大时，运算量非常大，例如，当 $N=8$ 时，DFT 需 64 次复乘，而当 $N=1024$ 时，DFT 需复乘 1 048 567 次，即要进行一百多万次复乘运算，这对实时性很强的信号处理来说，其计算速度要求是太高了。因此需要改进对 DFT 的计算方法，以求大大降低运算次数。

下面我们讨论减少运算工作量的途径。仔细观察 DFT 的运算就可以看出，利用系数 W_N^{nk} 的以下固有特性，可以减小 DFT 的运算量。

(1) W_N^{nk} 的对称性，即

$$
(W_N^{nk})^* = W_N^{-nk}
\tag{4-4}
$$

(2) W_N^{nk} 的周期性，即

$$
W_N^{nk} = W_N^{(n+N)k} = W_N^{n(k+N)}
\tag{4-5}
$$

由此可以得到

$$
W_N^{n(N-k)} = W_N^{(N-n)k} = W_N^{-nk}, \quad W_N^{N/2}=-1, \quad W_N^{(k+N/2)}=-W_N^k
\tag{4-6}
$$

这样，利用这些特性，DFT 运算中的有些项就可以合并；利用 W_N^{nk} 的对称性和周期性，可以将长序列的 DFT 分解为短序列的 DFT。由于 DFT 的运算量与 N^2 成正比，所以 N 越小，计算量越小。

快速傅里叶变换(FFT)算法正是基于这样的基本思路而发展起来的。它的算法基本上可以分成两大类：按时间抽取(Decimation-In-Tim，DIT)法和按频率抽取(Decimation-In-Frequency，DIF)法。

4.2 基 2FFT 算法

4.2.1 时域抽取法(DIT-FFT)基 2FFT 基本原理

FFT 算法可分为两大类: 按时间抽取的时域抽取法(DIT-FFT)和按频率抽取的频域抽取法(DIF-FFT)。下面先介绍 DIT-FFT 算法。

设序列 $x(n)$ 的长度为 N, 且满足 $N = 2^M$ (M 为自然数), 按 n 的奇偶把 $x(n)$ 分解为两个 $N/2$ 点的子序列, 得

$$\begin{cases} x_1(r) = x(2r) \\ x_2(r) = x(2r+1) \end{cases}, \quad r = 0, 1, \cdots, \frac{N}{2} - 1$$

则 $x(n)$ 的 DFT 为

$$\begin{aligned} X(k) &= \sum_{x=偶数} x(n) W_N^{kn} + \sum_{x=奇数} x(n) W_N^{kn} \\ &= \sum_{r=0}^{N/2-1} x(2r) W_N^{2kr} + \sum_{r=0}^{N/2-1} x(2r+1) W_N^{k(2r+1)} \\ &= \sum_{r=0}^{N/2-1} x_1(r) W_N^{2kr} + \sum_{r=0}^{N/2-1} x_2(r) W_N^{2kr} \end{aligned} \tag{4-7}$$

由于 $W_N^{2kr} = e^{-j\frac{2\pi}{N} 2kr} = e^{-j\frac{2\pi}{N/2} kr} = W_{N/2}^{kr}$, 则上式可表示为

$$X(k) = \sum_{r=0}^{N/2-1} x_1(r) W_{N/2}^{kr} + W_N^k \sum_{r=0}^{N/2-1} x_2(r) W_{N/2}^{kr} = X_1(k) + W_N^k X_2(k)$$

$$k = 0, 1, \cdots, N-1 \tag{4-8}$$

式中, $X_1(k)$ 和 $X_2(k)$ 分别为 $x_1(r)$ 和 $x_2(r)$ 的 $N/2$ 点 DFT, 即

$$X_1(k) = \sum_{r=0}^{N/2-1} x_1(r) W_{N/2}^{kr} = \text{DFT}[x_1(r)] \tag{4-9}$$

$$X_2(k) = \sum_{r=0}^{N/2-1} x_2(r) W_{N/2}^{kr} = \text{DFT}[x_2(r)] \tag{4-10}$$

由于 $X_1(k)$ 和 $X_2(k)$ 周期均为 $N/2$, 且 $W_N^{k+\frac{N}{2}} = -W_N^k$, 所以 $X(k)$ 又可表示为

$$X(k) = X_1(k) + W_N^k X_2(k), \qquad k = 0, 1, \cdots, \frac{N}{2} - 1 \tag{4-11}$$

$$X\left(k + \frac{N}{2}\right) = X_1(k) - W_N^k X_2(k), \quad k = 0, 1, \cdots, \frac{N}{2} - 1 \tag{4-12}$$

这样就将 N 点 DFT 运算分解为两个 $N/2$ 点 DFT 运算。式(4-11)和式(4-12)的运算可用图 4.1(a)所示的流图符号表示(称为蝶形运算符号)。为简单起见, 本书采用图 4.1(b)所示的简易蝶形运算符号。采用这种图示法, 可将上述分解运算表示为如图 4.2 所示, 图中, $N = 2^3 = 8$, $X(0) \sim X(3)$ 由式(4-11)给出, 而 $X(4) \sim X(7)$ 则由式(4-12)给出。

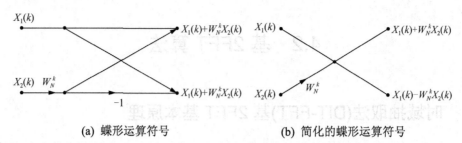

(a) 蝶形运算符号　　　　　　　　(b) 简化的蝶形运算符号

图 4.1　蝶形运算符号

由图 4.1 可以看出，完成一个蝶形运算共需要一次复数乘法运算($W_N^k X_2(k)$)和两次复数加法运算。由图 4.2 可以得知，经过一次分解后，计算一个 N 点 DFT 共需要计算两个 $N/2$ 点 DFT 和 $N/2$ 个蝶形运算。而计算一个 $N/2$ 点 DFT 需要 $(N/2)^2$ 次复数乘法运算和 $N/2(N/2-1)$ 次复数加法运算。所以，按图 4.2 所示计算 DFT 总共需要 $2(N/2)^2 + N/2 = N(N+1)/2 \approx N^2/2$（$N \geqslant 1$ 时）次复数乘法运算和 $N(N/2-1)+2N/2 = N^2/2$ 次复数加法运算。因此经过一次分解后，就使运算量减少近一半。

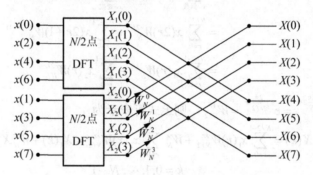

图 4.2　N 点 DFT 的一次时域抽取分解图(N=8)

既然如此，由于 $N = 2^M$，$N/2$ 是偶数，故可以对 $N/2$ 点 DFT 再按奇偶部分分解为 $N/4$ 点的子序列。同第一次分解相同，将 $x_1(r)$ 按奇偶数分解成两个 $N/4$ 长度的子序列 $x_3(l)$ 和 $x_4(l)$，即

$$\begin{cases} x_3(l) = x_2(2l) \\ x_4(l) = x_1(2l+1) \end{cases}, \quad l = 0,1,\cdots,\frac{N}{4}-1 \tag{4-13}$$

那么，$X_1(k)$ 又可表示为

$$
\begin{aligned}
X_1(k) &= \sum_{l=0}^{N/4-1} x_1(2l)W_{N/2}^{2kl} + \sum_{l=0}^{N/4-1} x_1(2l+1)W_{N/2}^{k(2l-1)} \\
&= \sum_{l=0}^{N/4-1} x_3(l)W_{N/4}^{kl} + W_{N/2}^{k}\sum_{l=0}^{N/4-1} x_4(l)W_{N/4}^{kl} \\
&= X_3(k) + W_{N/2}^{k}X_4(k)
\end{aligned}
$$

$$k = 0,1,\cdots,\frac{N}{2}-1 \tag{4-14}$$

式中

$$\begin{cases} X_3(k) = \sum_{l=0}^{N/4-1} x_3(l)W_{N/4}^{kl} = \mathrm{DFT}[x_3(l)] \\ X_4(k) = \sum_{l=0}^{N/4-1} x_4(l)W_{N/4}^{kl} = \mathrm{DFT}[x_4(l)] \end{cases}$$

同理，由 $X_3(k)$ 和 $X_4(k)$ 的周期性和 $W_{N/2}^m$ 的对称性($W_{N/2}^{k+N/4} = -W_{N/2}^k$)，最后可得

$$\begin{cases} X_1(k) = X_3(k) + W_{N/2}^k X_4(k) \\ X_1(k+N/4) = X_3(k) - W_{N/2}^k X_4(k) \end{cases}, \quad k = 0, 1, \cdots, \frac{N}{4}-1 \tag{4-15}$$

同样的方法可以得到

$$\begin{cases} X_2(k) = X_5(k) + W_{N/2}^k X_6(k) \\ X_2(k+N/4) = X_5(k) - W_{N/2}^k X_6(k) \end{cases}, \quad k = 0, 1, \cdots, \frac{N}{4}-1 \tag{4-16}$$

式中

$$\begin{cases} X_5(k) = \sum_{l=0}^{N/4-1} x_5(l)W_{N/4}^{kl} = \mathrm{DFT}[x_5(l)] \\ X_6(k) = \sum_{l=0}^{N/4-1} x_6(l)W_{N/4}^{kl} = \mathrm{DFT}[x_6(l)] \end{cases}$$

$$\begin{cases} x_5(l) = x_2(2l) \\ x_6(k) = x_2(2l+1) \end{cases}, \quad l = 0, 1, \cdots, \frac{N}{4}-1$$

这样，经过第二次分解后，又将 $N/2$ 点 DFT 分解为两个 $N/4$ 点 DFT。两个 $N/4$ 点 DFT 蝶形运算如图 4.3 所示。依次类推，经过 $M-1$ 次分解，最后将 N 点 DFT 分解成 $N/2$ 个 2 点 DFT。

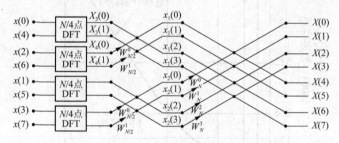

图 4.3　N 点 DFT 的第二次时域抽取分解图($N=8$)

一个完整的 8 点 DIT-FFT 运算流图如图 4.4 所示。图中用到关系式 $W_{N/m}^k = W_N^{mk}$。其中输入序列不是按顺序排列的，但其排列是有规律的。

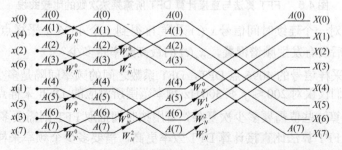

图 4.4　N 点 DIT-FFT 运算流图($N=8$)

4.2.2 DIT-FFT 算法与直接计算 DFT 运算量的比较

由 DIT-FFT 算法的分解过程及图 4.4 可知，当 $N=2^M$ 时，其运算流图应有 M 级蝶形，每一级都由 $N/2$ 个蝶形运算构成。因此，每一级运算都需要 $N/2$ 次复数乘和 N 次复数加(每个蝶形需要两次复数加法)。所以，M 级运算总共需要的复数乘法次数为

$$C_{\mathrm{M}} = \frac{N}{2} \times M = \frac{N}{2} \log_2 N$$

复数加法次数为

$$C_{\mathrm{A}}(2) = N \times M = N \log_2 N$$

而直接计算 DFT 的复数乘法为 N^2 次，复数加法为 $N(N-1)$ 次。当 $N \geqslant 1$ 时，$N^2 \geqslant (N/2) \log_2 N$，从而 DIT-FFT 算法比直接计算 DFT 的运算次数大大减少。例如：$N = 2^{10} = 1024$ 时，$\dfrac{N^2}{(N/2)\log_2 N} = \dfrac{2N}{\log_2 N} = \dfrac{1\,048\,567}{5120} = 204.8$，这就使运算效率提高了 200 多倍。

图 4.5 给出了 FFT 算法和直接计算 DFT 所需运算量与计算点数 N 的关系曲线。由此图可以更加直观地看出 FFT 算法的优越性。显然，N 越大时，优越性就越明显。

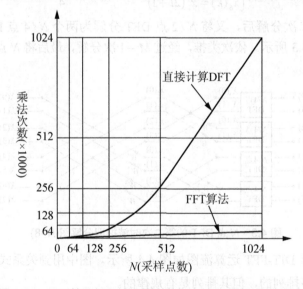

图 4.5　FFT 算法与直接计算 DFT 所需乘法次数的比较曲线

【例 4-1】 对一个连续时间信号 $x_{\mathrm{a}}(t)$ 采样 1s 得到一个 4096 个采样点的序列，求：

(1) 若采样后没有发生频谱混叠，$x_{\mathrm{a}}(t)$ 的最高频率是多少？

(2) 若计算采样信号的 4096 点 DFT，DFT 系数之间的频率间隔是多少？

(3) 假定我们仅仅对 $200 \leqslant f \leqslant 300\,\mathrm{Hz}$ 频率范围所对应的 DFT 采样点感兴趣，若直接用 DFT，要计算这些值需要多少次复乘？若用按时间抽取 FFT 则需要多少次？

(4) 为了使 FFT 算法比直接计算 DFT 效率更高，需要多少个频率采样点？

解： (1) 由已知条件求 F_{s}，信号 $x_{\mathrm{a}}(t)$ 的最高频率是 F_{s} 的一半。

采样 1s 得到 4096 个采样点表示 $F_s = 4096\,\text{Hz}$ ，信号 $x_a(t)$ 的采样后不发生混叠，则最高频率是 F_s 的一半， $f_c = 2048\,\text{Hz}$ 。

(2) 在 0 到 2π 上对 $X(e^{j\omega})$ 等间隔采样 4096 点，相当于在 $0 \leqslant f \leqslant 4096\,\text{Hz}$ 范围内采样 4096 点，所以频率间隔是 $\Delta f = 1\,\text{Hz}$ 。

(3) $200 \leqslant f \leqslant 300\,\text{Hz}$ 内有 101 个采样点，因为计算每一个 DFT 系数需要 4096 次复数乘法，那么仅仅计算这些频率采样点所需的乘法次数为 $100 \times 4096 = 413\,696$ 。

若用 FFT 计算，所需要乘法次数为 $2048\log_2 4096 = 24567$ 。

所以，即使计算了 $0 \leqslant f \leqslant 4096\,\text{Hz}$ 范围内的所有频率点，FFT 算法仍比直接计算 101 个采样点效率高。

(4) 一个 N 点 FFT 需要 $\dfrac{N}{2}\log_2 N$ 次复数乘，直接 M 个 DFT 需要 $M \cdot N$ 次复数乘，只要 $MN > \dfrac{N}{2}\log_2 N$ ， $M \geqslant \dfrac{1}{2}\log_2 N$ ，那么求 M 个采样点时 FFT 算法就会更有效。 $N = 4096$ 时，频率采样点数为 $M = 6$ 。

4.2.3　DIT-FFT 的运算规律及编程思想

为了编写 DIT-FFT 运算程序或设计出硬件实现电路，下面简单介绍 DIT-FFT 的运算规律。

1. 原位计算

由前面的计算分析可知，DIT-FFT 的运算过程很有规律。 $N = 2^M$ 点的 FFT 共进行 M 级运算，每级由 $N/2$ 个蝶形运算组成。每一个蝶形结构完成下述基本迭代运算：

$$\begin{cases} X_m(k) = X_{m-1}(k) + W_N^k X_{m-1}(j) \\ X_m(j) = X_{m-1}(k) - W_N^k X_{m-1}(j) \end{cases}$$

式中， m 表示第 m 列迭代； k 、 j 为数据所在的行数，其蝶形运算流图与图 4.1 相同，由一次复数乘和两次复数加(减)组成。

同一级中，每个蝶形的两个输入数据只对计算本蝶形有用，而且每个蝶形的输入、输出数据节点又同在一条水平线上，这就意味着计算完一个蝶形后，所得输出数据可立即存入原输入数据所占用的存储单元。这样，经过 M 级运算后，原来存放输入序列数据的 N 个存储单元中便依次存放 $X(k)$ 的 N 个值。这种利用同一存储单元存储蝶形计算输入、输出数据的方法称为原位计算。这种原位计算可节省大量存储单元，从而降低设备成本。

2. 旋转因子的变化规律

由 N 点 DIT-FFT 运算流图可知，每级都有 $N/2$ 个蝶形。每个蝶形都要乘以因子 W_N^p ， W_N^p 称为旋转因子， p 称为旋转因子指数。但各级的旋转因子和循环方式都有所不同。为了编写计算程序，应先找出旋转因子 W_N^p 与运算级数的关系。用 L 表示从左到右的运算级数 $(L = 1, 2, \cdots, M)$ 。由图 4.4 不难发现，第 L 级共有 2^{L-1} 个不同的旋转因子。 $N = 2^3 = 8$ 时的各级旋转因子表示如下：

$$L = 1\ \text{时}，\quad W_N^p = W_{N/4}^J = W_{2^L}^J，\quad J = 0$$

$$L = 2 \text{ 时}, \quad W_N^p = W_{N/2}^J = W_{2^L}^J, \quad J = 0, 1$$

$$L = 3 \text{ 时}, \quad W_N^p = W_N^J = W_{2^L}^J, \quad J = 0, 1, 2, 3$$

一般情况下，对 $N = 2^M$ 的第 L 级的旋转因子表示为

$$W_N^p = W_{2^L}^J, \quad J = 0, 1, 2, \cdots, 2^{L-1} - 1$$

由于 $$2^L = 2^M \times 2^{L-M} = N \times 2^{L-M}$$

所以

$$W_N^p = W_{N \cdot 2^{L-M}}^J = W_N^{J \cdot 2^{M-L}}, \quad J = 0, 1, 2, \cdots, 2^{L-1} - 1 \tag{4-17}$$

$$p = J \cdot 2^{M-L} \tag{4-18}$$

这样，就可按式(4-17)和式(4-18)确定第 L 级运算的旋转因子(实际编程序时，L 为循环变量)。

3. 蝶形运算规律

设序列 $x(n)$ 经时域抽选(倒序)后，存入数组 X 中。如果蝶形运算的两个输入数据相距 B 个点，应用原位计算，则蝶形运算可表示成如下形式：

$$\begin{cases} X_L(J) \Leftarrow X_{L-1}(J) + X_{L-1}(J + B) W_N^p \\ X_L(J + B) \Leftarrow X_{L-1}(J) - X_{L-1}(J + B) W_N^p \end{cases}$$

式中，$p = J \cdot 2^{M-L}$；$J = 0, 1, \cdots, 2^{L-1}$；$L = 0, 1, \cdots, M$。下标 L 表示第 L 级运算，$X_L(J)$ 则表示第 L 级运算后数组元素 $X(J)$ 的值。

如果要用实数运算完成上述蝶形运算，可按下面的算法进行，并设

$$T = X_{L-1}(J + B) W_N^p = T_R + jT_I$$

$$X_{L-1}(J) = X_R'(J) + jX_I'(J)$$

式中，下标 R 表示取实部；I 表示取虚部。

$$\begin{cases} T_R = X_R'(J + B) \cos \dfrac{2\pi}{N} p + X_I'(J + B) \sin \dfrac{2\pi}{N} p \\ T_I = X_I'(J + B) \cos \dfrac{2\pi}{N} p - X_R'(J + B) \sin \dfrac{2\pi}{N} p \end{cases}$$

$$X_L(J) = X_R(J) + jX_I(J)$$

则有

$$\begin{cases} X_R(J) = X_R'(J) + T_R \\ X_I(J) = X_I'(J) + T_I \end{cases} \text{ 以及 } \begin{cases} X_R(J + B) = X_R'(J) - T_R \\ X_I(J + B) = X_I'(J) - T_I \end{cases}$$

4. 序列的倒序

DIT-FFT 算法的输入序列的排序看起来似乎很乱，但仔细分析就会发现这种倒序是很有规律的。由于 $N = 2^M$，所以顺序数可用 M 位二进制数($n_{M-1} n_{M-2} \cdots n_2 n_1 n_0$)表示。$M$ 次偶奇时域抽选过程如图 4.6 所示。第一次按最低位 n_0 的 0 和 1 将 $x(n)$ 分解为偶奇两组，第二次又按次低位 n_1 的 0 和 1 值分别对偶奇组分解；以此类推，第 M 次按 n_{M-1} 位分解，最后所得二进制倒序数如图 4.6 所示。表 4.1 列出了 $N = 8$ 时以二进制数表示的顺序数和倒序数，由表显而易见，只要将顺序数($n_2 n_1 n_0$)的二进制位倒置，则可得对应的二进制倒序值

$(n_0 n_1 n_2)$。按这一规律，用硬件电路和汇编语言程序产生倒序数很容易。但用高级语言程序实现时，直接倒置二进制数值是不行的，因此必须找出产生倒序数的十进制运算规律。由表 4.1 可见，自然顺序数 I 增加 1，是在顺序数的二进制数最低位加 1，向左进位。而倒序数则是在 M 位二进制数最高位加 1，逢 2 向右进位。例如，在(000)最高位加 1，则得(100)，而(100)最高位为 1，所以最高位加 1 要向次高位进位，其实质是将最高位变为 0，再在次高位加 1。用这种算法，可以从当前任一倒序值求得下一个倒序值。

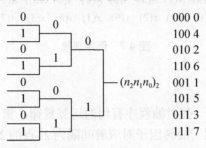

图 4.6　形成倒序的树状图($N = 2^3$)

表 4.1　顺序和倒序二进制数对照表

顺　　序		倒　　序	
十进制数 I	二进制数	二进制数	十进制数 J
0	000	000	0
1	001	100	4
2	010	010	2
3	011	110	6
4	100	001	1
5	101	101	5
6	110	011	3
7	111	111	7

为了叙述方便，用 J 表示当前倒序数的十进制数值。对于 $N = 2^M$，M 位二进制数最高位的权值为 $N/2$，且从左向右二进制位的权值依次为 $N/4$，$N/8$，…，2，1。因此，最高位加 1 相当于十进制运算 $J + N/2$。如果最高位是 0($J < N/2$)，则直接由 $J + N/2$ 得下一个倒序值；如果最高位是 1($J \geqslant N/2$)，则要将最高位变成 0($J \Leftarrow J - N/2$)，次高位加 1($J + N/4$)。但次高位加 1 时，同样要判断 0、1 值，如果为 0($J < N/4$)，则直接加 1($J \Leftarrow J + N/4$)，否则将次高位变成 0($J \Leftarrow J - N/4$)，再判断下一位；以此类推，直到完成最高位加 1，逢 2 向右进位的运算。

形成倒序 J 后，将原存储器中存放的输入序列重新按倒序排列。设原输入序列 $x(n)$ 先按自然顺序存入数组 A 中。例如，对 $N = 8$，$A(0)$，$A(1)$，$A(2)$，…，$A(7)$ 中依次存放着 $x(0)$，$x(1)$，$x(2)$，…，$x(7)$。对 $x(n)$ 的重新排序(倒序)规律如图 4.7 所示。由图可见，第一个序列值 $x(0)$ 和最后一个序列值 $x(N-1)$ 不需要重排；当 $I = J$ 时不需要交换，顺序数 I 的起始、

终止值分别为 1 和 $N-2$；倒序数 J 的起始值为 $N/2$。

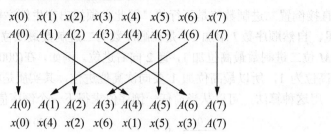

图 4.7   倒序规律

5. 编程思想

由流图 4.4 可以归纳出一些对编程序有用的运算规律：第 L 级中，每个蝶形的两个输入数据相距 $B=2^{L-1}$ 个点；同一旋转因子对应着间隔为 2^L 点的 2^{M-L} 个蝶形。

总结上述运算规律，便可采用下述运算方法。先从输入端(第 1 级)开始逐级进行，共进行 M 级运算。在进行第 L 级运算时，依次求出 2^{L-1} 个不同的旋转因子，每求出一个旋转因子，就计算完它对应的所有 2^{M-L} 个蝶形。这样，我们可用三重循环程序实现 DIT-FFT 运算，程序框图如图 4.8 所示。另外，DIT-FFT 算法的输出 $X(k)$ 为自然顺序，但为了适应原位计算，其输入序列不是按 $X(k)$ 的自然顺序排序，这种经过 $M-1$ 次偶奇抽选后的排序称为序列 $x(n)$ 的倒序(倒位)。因此，在运算之前应先对序列 $x(n)$ 进行倒序。图 4.8 所示程序框图中的"倒序"框就是完成这一功能的。

4.2.4   频域抽取法(DIF-FFT)基 2 FFT 基本原理

前面的按时间抽取 FFT 算法是把输入序列按其顺序是偶数还是奇数来分解为越来越短的序列，本节讨论另一种 FFT 算法——频域抽取 FFT 快速算法，简称 DIF-FFT。按频率抽取(DIF-FFT)算法是将输出序列 $X(k)$ (也是 N 点序列)按其顺序的偶、奇来分解为越来越短的序列。

设序列 $x(n)$ 长度为 $N=2^M$，在把输出 $X(k)$ 按 k 的偶、奇来分解之前，首先将 $x(n)$ 前后对半分开，得到两个子序列，其 DFT 可表示为如下形式：

$$
\begin{aligned}
X(k) = \mathrm{DFT}[x(n)] &= \sum x(n)W_N^{kn} \\
&= \sum_{n=0}^{N/2-1} x(n)W_N^{kn} + \sum_{n=N/2}^{N-1} x(n)W_N^{kn} \\
&= \sum_{n=0}^{N/2-1} x(n)W_N^{kn} + \sum_{n=0}^{N/2-1} x\left(n+\frac{N}{2}\right)W_N^{k(n+N/2)} \\
&= \sum_{n=0}^{N/2-1} \left[x(n) + W_N^{kN/2}x\left(n+\frac{N}{2}\right)\right]W_N^{kn}
\end{aligned}
$$

(4-19)

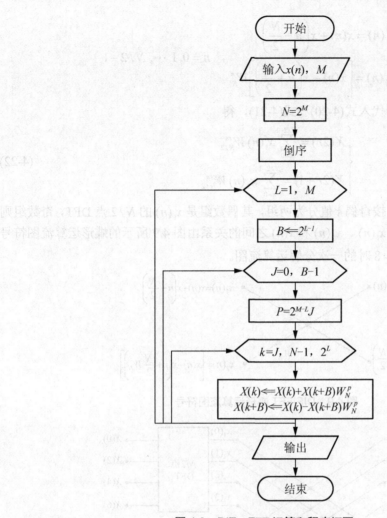

图 4.8　DIT—FFT 运算和程序框图

式中

$$W_N^{kN/2} = (-1)^k = \begin{cases} 1, & k \text{为偶数} \\ -1, & k \text{为奇数} \end{cases}$$

将 $X(k)$ 分解成偶数组与奇数组，当 k 取偶数 $(k=2r, \ r=0,1,\cdots,N/2-1)$ 时，有

$$X(2r) = \sum_{n=0}^{N/2-1}\left[x(n) + x\left(n + \frac{N}{2}\right)\right]W_N^{2rn}$$

$$= \sum_{n=0}^{N/2-1}\left[x(n) + x\left(n + \frac{N}{2}\right)\right]W_{N/2}^{rn} \tag{4-20}$$

当 k 取奇数 $(k=2r+1, \ r=0,1,\cdots,N/2-1)$ 时，有

$$X(2r+1) = \sum_{n=0}^{N/2-1}\left[x(n) - x\left(n + \frac{N}{2}\right)\right]W_N^{n(2r+1)}$$

$$= \sum_{n=0}^{N/2-1}\left[x(n) - x\left(n + \frac{N}{2}\right)\right]W_N^n \cdot W_{N/2}^{rn} \tag{4-21}$$

设

$$\begin{cases} x_1(n) = x(n) + x\left(n + \dfrac{N}{2}\right) \\ x_2(n) = \left[x(n) - x\left(n + \dfrac{N}{2}\right)\right] W_N^n \end{cases}, \quad n = 0, 1, \cdots, N/2 - 1$$

将 $x_1(n)$ 和 $x_2(n)$ 分别代入式(4-20)和式(4-21)，得

$$\begin{cases} X(2r) = \displaystyle\sum_{n=0}^{N/2-1} x_1(n) W_{N/2}^{rn} \\ X(2r+1) = \displaystyle\sum_{n=0}^{N/2-1} x_2(n) W_{N/2}^{rn} \end{cases} \tag{4-22}$$

式(4-22)表明，$X(k)$ 按奇偶 k 值分为两组，其偶数组是 $x_1(n)$ 的 $N/2$ 点 DFT，奇数组则是 $x_2(n)$ 的 $N/2$ 点 DFT。$x_1(n)$、$x_2(n)$ 和 $x(n)$ 之间的关系由图 4.9 所示的蝶形运算流图符号表示，图 4.10 则表示 $N=8$ 时的一次分解运算流图。

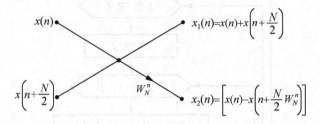

图 4.9　DIF-FFT 蝶形运算流图符号

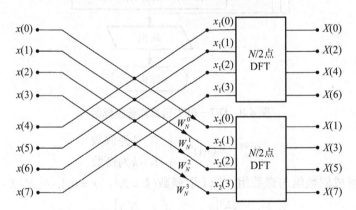

图 4.10　DIF-FFT 一次分解运算流图(N=8)

因为 $N = 2^M$，$N/2$ 仍然是偶数，继续将 $N/2$ 点 DFT 分成偶数组和奇数组，这样每个 $N/2$ 点 DFT 又可分为两个 $N/4$ 点 DFT，其输入序列分别是 $x_1(n)$ 和 $x_2(n)$ 按上下对半分开形成的四个子序列，图 4.11 示出了 N=8 时第二次分解运算流图。这样继续分解下去，经过 $M-1$ 次分解后，最后分解为 2^{M-1} 个 2 点 DFT，2 点 DFT 就是一个基本蝶形运算流图。当 $N=8$ 时，经两次分解，便分解为 4 个 2 点 DFT。$N=8$ 的完整 DIF-FFT 运算流图如图 4.12 所示。

观察图 4.12 可知，DIF-FFT 算法与 DIT-FFT 算法类似，可以原位计算，共有 M 级运算，每级共有 $N/2$ 个碟形运算，所以两种算法的运算次数相同。不同的是 DIF-FFT 算法输

入序列为自然顺序，而输出为倒序排列。因此，M 级运算完后，要对输出数据进行倒序才能得到自然顺序的 $X(k)$。另外，蝶形运算略有不同，DIT-FFT 蝶形先乘后加(减)，而 DIF-FFT 蝶形先加(减)后乘。

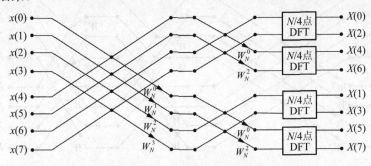

图 4.11　DIF-FFT 二次分解运算流图(N=8)

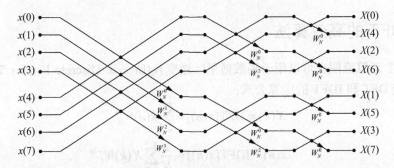

图 4.12　DIF-FFT 运算流图(N=8)

需要说明的是，上述两种 FFT 的运算流图形式不是惟一的。只要保证各支路传输比不变，改变输入与输出点以及中间节点的排列顺序，就可以得到其他变形的 FFT 运算流图。图 4.13 是 DIT-FFT 算法的一种变形运算流图，其中蝶形运算的旋转因子、运算量与图 4.12 相同。这种流图的特点是输入序列按自然顺序排列，而输出是倒序排列；特别是前一级的旋转因子刚好是后一级上一半蝶形运算的旋转因子，且顺序不变，如果旋转因子的计算采用查表法，只要造一个 $N/2$ 点的 W_N^p 值表(如 $N=8$，造 W_N^0、W_N^1、W_N^2、W_N^3 值表)，就可以用它来计算 $N,N/2,N/4,\cdots$ 长度的 FFT。所以在大型数据处理系统的 FFT 算法中，较多采用如图 4.13 所示的流图算法。

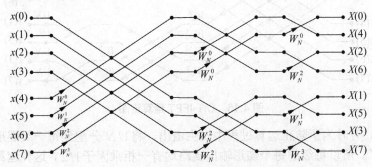

图 4.13　DIT-FFT 的一种变形运算流图(输入顺序，输出倒序)

用同样的方法可得到 DIT-FFT 的另一种变形运算流图,如图 4.14 所示。其特点是输入、输出均为顺序排列,但不能采用原位计算。内存比较紧张的计算机不宜采用这种运算流图。

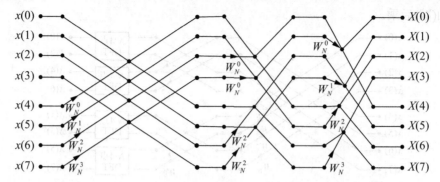

图 4.14　DIT-FFT 的一种变形运算流图(输入、输出均为顺序排列)

4.2.5　IDFT 的高效算法

上述 FFT 运算流图也可以用于离散傅里叶逆变换(Inverse Discrete Fourier Transform, IDFT)。比较 DFT 和 IDFT 的运算公式:

$$X(k) = \text{DFT}[x(n)] = \sum_{n=0}^{N-1} x(n) W_N^{kn}$$

$$x(n) = \text{IDFT}[x(n)] = \frac{1}{N} \sum_{k=0}^{N-1} X(k) W_N^{-kn}$$

只要将 DFT 运算式中的系数 W_N^{kn} 改变为 W_N^{-kn},最后乘以 $1/N$,就是 IDFT 的运算公式。所以,只要将上述的 DIT-FFT 与 DIF-FFT 算法中的旋转因子 W_N^{kn} 改为 W_N^{-kn},最后的输出再乘以 $1/N$ 就可以用来计算 IDFT。只要现在流图的输入是 $X(k)$,则输出就是 $x(n)$。因此,原来的 DIT-FFT 改为 IFFT 后,称为 DIF-IFFT 更合适;DIF-FFT 改为 IFFT 后,应称为 DIT-IFFT。由 DIF-FFT 运算流图改成的 DIT-IFFT 运算流图如图 4.15 所示。

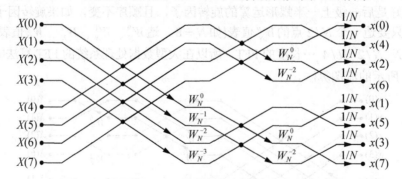

图 4.15　DIT-IFFT 运算流图

在实际中,有时为了防止运算过程中发生溢出,将 $1/N$ 分配到每一级蝶形运算中。由于 $1/N = (1/2)^M$,所以每级的每个蝶形输出支路均有一相乘因子 $1/2$,这种运算的蝶形流图如图 4.16 所示。由图可知,乘法次数比图 4.15 增加了 $(N/2)(M-1)$ 次。

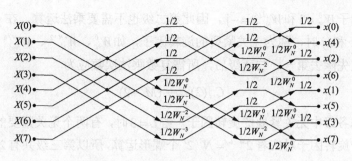

图 4.16　DIT-IFFT 运算流图(防止溢出)

如果希望直接调用 FFT 子程序计算 IFFT，则可用下面的方法。

由于

$$x(n) = \frac{1}{N}\sum_{n=0}^{N-1} X(k) W_N^{-kn}$$

则

$$x^*(n) = \frac{1}{N}\sum_{n=0}^{N-1} X^*(k) W_N^{kn}$$

对上式两边同时取共轭，得

$$x(n) = \frac{1}{N}\left[\sum_{n=0}^{N-1} X^*(k) W_N^{kn}\right]^* = \frac{1}{N}\left\{\mathrm{DFT}[X^*(k)]\right\}^*$$

这样，可以先将 $X(k)$ 取共轭，然后直接调用 FFT 子程序，或者送入 FFT 专用硬件设备进行 DFT 运算，最后取共轭并乘以 $1/N$ 得到序列 $x(n)$。这种方法虽然用了两次取共轭运算，但可以与 FFT 共用同一子程序，因而用起来很方便。

下面来介绍 MATLAB 中与 FFT 有关的函数。当所处理的数据的长度为 2 幂次时，采用基 2 算法进行计算，计算速度会显著增加。所以，要尽可能使所要处理的数据长度为 2 幂次，或者用添零的方法来添补数据，使其长度成为 2 的幂次。

FFT 函数的其调用格式如下：

```
Xk=fft(xn,N);
```

调用参数 xn 为被变换的时域序列向量，N 是 DFT 变换区间长度，当 N 大于 xn 的长度时，fft 函数会在 xn 后面补零。函数返回 xn 的 N 点 DFT 变换结果向量 Xk。当 N 小于 xn 的长度时，fft 函数计算 xn 的前面 N 个元素构成的 N 长序列的 N 点 DFT，忽略 xn 后面的元素。

4.3　进一步减少运算量的措施

由于 DIT-FFT 和 DIF-FFT 算法简单，编程效率高，因而得到了广泛应用。下面研究进一步减少运算量的途径，以程序的复杂度换取计算效率的进一步提高。

4.3.1　多类蝶形单元运算

由 DIT-FFT 运算流图已得出结论，$N = 2^M$ 点 FFT 共需要 $MN/2$ 次复数乘法。由式(4-17)可知，当 $L=1$ 时，只有一种旋转因子 $W_N^0 = 1$，所以第一级不需要乘法运算。当 $L=2$ 时，

共有两个旋转因子 $W_N^0 = 1$ 和 $W_N^{N/4} = -j$，因此第二级也不需要乘法运算。在 DFT 中，当旋转因子的值为 ± 1 和 $\pm j$ 时，称为无关紧要的旋转因子，如 W_N^0、$W_N^{N/2}$、$W_N^{N/4}$ 等。

综上所述，先除去第一、二两级后，所需复数乘法次数应为

$$C_M(2) = \frac{N}{2}(M-2) \tag{4-23}$$

进一步考虑各级中无关紧要的旋转因子。当 $L = 3$ 时，有两个无关紧要的旋转因子 W_N^0、$W_N^{N/4}$，因为同一旋转因子对应着 $2^{M-L} = N/2^L$ 个蝶形运算，所以第三级共有 $2N/2^3 = N/4$ 个蝶形不需要复数乘法运算。依次类推，当 $L \geqslant 3$ 时，第 L 级的两个无关紧要的旋转因子减少复数乘法的次数为 $2N/2^L = N/2^{L-1}$。这样，从 $L = 3$ 至 $L = M$ 共减少复数乘法次数为

$$\sum_{L=3}^{M} \frac{N}{2^{L-1}} = 2N \sum_{L=3}^{M} \left(\frac{1}{2}\right)^L = \frac{N}{2} - 2 \tag{4-24}$$

那么，DIT-FFT 的复数乘法次数减少为

$$C_M(2) = \frac{N}{2}(M-2) - \left(\frac{N}{2} - 2\right) = \frac{N}{2}(M-3) + 2 \tag{4-25}$$

下面再讨论 FFT 中特殊的复数运算，以便进一步减少复数乘法次数。一般实现一次复数乘法运算需要四次实数乘法和两次实数加法。但对 $W_N^{N/8} = (1-j)\sqrt{2}/2$ 这一特殊复数，任一复数 $(x + jy)$ 与其相乘时，有

$$\frac{\sqrt{2}}{2}(1-j)(x+jy) = \frac{\sqrt{2}}{2}[(x+y) - j(x-y)]$$
$$\overset{\text{def}}{=} R + jI$$

式中

$$\begin{cases} R = \dfrac{\sqrt{2}}{2}(x+y) \\ I = \dfrac{\sqrt{2}}{2}(y-x) \end{cases}$$

只需要两次实数加法和两次实数乘法就可实现。这样，$W_N^{N/8}$ 对应的每个蝶形可节省两次实数乘法。在 DIT-FFT 运算流图中，从 $L = 3$ 至 $L = M$ 级，每级都包含旋转因子 $W_N^{N/8}$。第 L 级中，$W_N^{N/8}$ 对应 $N/2^L$ 个蝶形运算。因此从第三级至最后一级，旋转因子 $W_N^{N/8}$ 节省的实数乘次数与式(4-24)相同。所以从实数运算考虑，计算 $N = 2^M$ 点 DIT-FFT 所需实数乘法法次数为

$$R_M(2) = 4\left[\frac{N}{2}(M-3) + 2\right] - \left(\frac{N}{2} - 2\right)$$
$$= N\left(2M - \frac{13}{2}\right) + 10 \tag{4-26}$$

在基 2FFT 程序中，若包含了所有旋转因子，则称该算法为一类蝶形单元运算；若去掉 $W_N^p = \pm 1$ 的旋转因子，则称之为二类蝶形单元运算；若再去掉 $W_N^p = \pm j$ 的旋转因子，则称之为三类蝶形单元运算；若再处理 $W_N^p = (1-j)\sqrt{2}/2$，则称之为四类蝶形运算。我们将后三种运算称为多类蝶形单元运算。显然，蝶形单元类型越多，编程就越复杂，但当 N 较大时，

乘法运算的减少量是相当可观的。例如，$N = 4096$ 时，三类蝶形单元运算的乘法次数为一类蝶形单元运算的 75%。

4.3.2　旋转因子的生成

在 FFT 运算中，旋转因子为 $W_N^m = \cos(2\pi m / N) - \mathrm{j}\sin(2\pi m / N)$，求正弦和余弦函数值的计算量是很大的。所以编程时，产生旋转因子的方法直接影响运算速度。一种方法是在每级运算中直接产生；另一种方法是在 FFT 程序开始前预先计算出 W_N^m（$m = 0, 1, \cdots, N/2 - 1$），存放在数组中作为旋转因子表，在程序执行过程中直接查表得到所需旋转因子值，不再计算。第二种方法可使运算速度大大提高，但其不足之处是占用内存较多。

4.3.3　实序列的 FFT 算法

在实际工作中，数据 $x(n)$ 一般都是实序列。如果直接按 FFT 运算流图计算，就是把 $x(n)$ 看成一个虚部为零的复序列进行计算，这就增加了存储量和运算时间。处理该问题的方法有三种。

第一种方法是用一个 N 点 FFT 计算两个 N 点实序列的 FFT，一个实序列作为 $x(n)$ 的实部，另一个作为虚部，计算完 FFT 后，根据 DFT 的共轭对称性，由输出 $X(k)$ 分别得到两个实序列的 N 点 DFT。

第二种方法是用 $N/2$ 点 FFT 计算一个 N 点实序列的 DFT。设 $x(n)$ 为 N 点实序列，取 $x(n)$ 的偶数点和奇数点分别作为新构造序列 $y(n)$ 的实部和虚部，即有

$$\begin{cases} x_1(n) = x(2n) \\ x_2(n) = x(2n+1) \end{cases}, \quad n = 0, 1, \cdots, \frac{N}{2} - 1$$

$$y(n) = x_1(n) + \mathrm{j}x_2(n), \quad n = 0, 1, \cdots, \frac{N}{2} - 1$$

对 $y(n)$ 进行 $N/2$ 点 FFT，输出 $Y(k)$，则有

$$\begin{cases} X_1(k) = \mathrm{DFT}[x_1(n)] = Y_{ep}(k) \\ X_2(k) = \mathrm{DFT}[x_2(n)] = -\mathrm{j}Y_{op}(k) \end{cases}, \quad k = 0, 1, \cdots, \frac{N}{2} - 1$$

根据 DIT-FFT 的思想以及式(4-11)和式(4-12)，可得：

$$X(k) = X_1(k) + W_N^k X_2(k), \quad k = 0, 1, \cdots, \frac{N}{2}$$

由于 $x(n)$ 为实序列，所以 $X(k)$ 具有共轭对称性，$X(k)$ 的另外 $N/2$ 点的值为

$$X(N-k) = X^*(k), \quad k = 0, 1, \cdots, \frac{N}{2} - 1$$

相对一般的 FFT 算法，上述算法的运算效率为 $\eta = 2M/(M+1)$。当 $N = 2^M = 2^{10}$ 时，$\eta = 20/11$，运算速度提高近一倍。

第三种方法是用离散哈特莱变换(DHT)，具体算法本书不作讨论，有兴趣的读者可参阅参考文献[1]。

本 章 小 结

本章主要讲述了基 2FFT 算法，包括经典的基 2 DIT-FFT、DIF-FFT 算法原理和 IDFT 高效算法以及算法的运算规律和编程思想，并介绍了进一步减少运算量的几种措施。

习　题

1. 如果一台通用计算机的速度为平均每次复数乘需要 50μs，每次复数加需要 5μs。用它来计算 N=512 点 DFT，问直接计算需要多少时间，用 FFT 运算需要多少时间？照这样计算，用 FFT 进行快速卷积对信号进行处理时，估算可实现实时处理的信号最高频率。

2. 如果将通用计算机换成数字信号处理专用单片机 TMS320 系列，则计算复数乘仅需要 400ns 左右，计算复数加需要 100ns。请重复做上题。

3. 已知 $X(k)$ 和 $Y(k)$ 是两个 N 点实序列 $x(n)$ 和 $y(n)$ 的 DFT，若要从 $X(k)$ 和 $Y(k)$ 求 $x(n)$ 和 $y(n)$，为提高运算效率，试设计用一次 N 点 IFFT 来完成。

4. 设 $x(n)$ 是长度为 $2N$ 的有限长实序列，$X(k)$ 为 $x(n)$ 的 $2N$ 点 DFT。

(1) 试设计用一次 N 点 FFT 完成计算 $X(k)$ 的高效算法。

(2) 若已知 $X(k)$，试设计用一次 N 点 IFFT 实现求 $x(n)$ 的 $2N$ 点 IDFT 运算。

5. 设 $x(n)$ 是长度为 N 的序列，且

$$x(n) = -x\left(n + \frac{N}{2}\right) \qquad n = 0, 1, 2, \cdots, \frac{N}{2} - 1$$

其中，N 是偶数。

(1) 证明 $x(n)$ 的 N 点 DFT 仅有奇次谐波，即 $X(k) = 0$，k 为偶数。

(2) 证明如何由一个经过适当调整的序列的 $\frac{N}{2}$ 点 DFT 求得 $x(n)$ 的 N 点 DFT。

6. $N = 16$ 时，画出基 2 按时间抽取法及按频率抽取法的 FFT 流图(时间抽取采用输入倒序、输出顺序；频率抽取采用输入顺序、输出倒序)。

7. 某运算流图如图 4.17 所示，问：

(1) 图 4.17 所示是按时间还是按频率抽取的 FFT？

(2) 把图 4.17 所示中未完成的系数和线条补充完整。

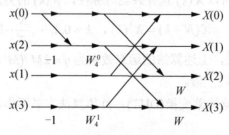

图 4.17　习题 7 图

第 5 章 无限长单位脉冲响应数字滤波器(IIR DF)设计

教学目标

通过本章的学习，要理解数字滤波器的基本概念、分类及其特点；掌握 IIR 数字滤波器的设计方法，特别是脉冲响应不变法和双线性变换法；了解脉冲响应不变法和双线性变换法设计 IIR 数字滤波器的特点，理解其中原因；掌握数字高通、带通和带阻滤波器的频率转换设计方法；了解模拟滤波器的设计方法，特别是巴特沃思低通滤波器的设计方法。

本章先分析了数字滤波器的基本概念、分类及其特点，讨论了典型模拟滤波器的性能特点及设计方法，重点研究了用脉冲响应不变法和双线性变换法设计IIR DF；然后分析了数字高通、带通和带阻滤波器的设计方法。

5.1 数字滤波器简介

5.1.1 数字滤波器的基本概念

1. 数字滤波器的定义

数字滤波就是用数值运算的方法改变离散时间信号频率成分。数字滤波器(Digital Filter，DF)是由数字乘法器、加法器和延时单元组成的一种算法或装置，完成对输入时间离散信号的运算处理，以达到改变信号频谱的目的。数字滤波器具有处理精度高、稳定性好、体积小、实现方法灵活、不存在阻抗匹配问题等优点，可以实现模拟滤波器无法实现的特殊滤波功能。

时域信号含有各种频率成分，滤波系统能够使输入信号中的某些频率成分充分地衰减，同时保留那些需要的频率成分。在实际工程上，滤波器一般是一类线性时不变系统。

根据处理的信号是模拟的还是数字的，滤波器可以分为模拟滤波器和数字滤波器。模拟滤波器要用硬件电路来实现，也就是用模拟元件组成的电路来完成滤波的功能。而数字滤波器将输入信号序列通过一定的运算后变换为输出信号序列，从而完成滤波功能。数字滤波器实际上是一种运算过程，也就是一个数字系统(离散时间系统)。一般情况下，数字滤波器是线性时不变系统，因而数字滤波器具有线性时不变离散系统的所有性能。

2. 数字滤波器的技术指标

在大多数应用中，需要设计的数字滤波器的幅度或相位响应是确定的，所以设计的关键是用一个可实现的传递函数去逼近给定的滤波器幅度或相位响应技术指标。典型的低通滤波器的技术指标包括通带边界频率 ω_p、阻带截止频率 ω_s、通带最大衰减 α_p、阻带最小衰减 α_s。

通带频率范围为 $0 \leqslant |\omega| \leqslant \omega_p$，阻带频率范围为 $\omega_s \leqslant |\omega| \leqslant \pi$。从 ω_p 到 ω_s 称为过渡带，过渡带上的频响一般是单调下降的。对于低通滤波器，α_p 和 α_s 分别定义为

$$\alpha_p = 20\lg \frac{\max |H(e^{j\omega})|}{\min |H(e^{j\omega})|} dB \qquad 0 \leqslant |\omega| \leqslant \omega_p \tag{5-1}$$

$$\alpha_s = 20\lg \frac{\max |H(e^{j\omega_1})|}{\max |H(e^{j\omega_2})|} dB \qquad 0 \leqslant |\omega_1| \leqslant \omega_p \quad \omega_s \leqslant |\omega_2| \leqslant \pi \tag{5-2}$$

根据变换，α_p 和 α_s 可写为

$$\alpha_p = -20\lg |H(e^{j\omega_p})| dB = -20\lg(1-\delta_p)dB$$
$$\alpha_s = -20\lg |H(e^{j\omega_s})| dB = -20\lg \delta_s dB \tag{5-3}$$

式中，δ_p 为通带纹波幅度；δ_s 为阻带纹波幅度。当幅度下降到 $\sqrt{2}/2$ 时，标记 $\omega = \omega_c$，此时，$\alpha = 3dB$，则定义 ω_c 为 3dB 通带截止频率。ω_p、ω_c 及 ω_s 统称为边界频率，它们是滤波器设计中所涉及的重要参数。数字低通滤波器基本指标如图 5.1 所示。

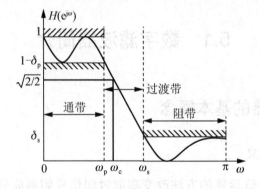

图 5.1　数字低通滤波器基本指标

5.1.2　数字滤波器设计简介

数字滤波器是数字信号处理中使用得最广泛的一种线性系统环节，是数字信号处理的重要基础。数字滤波器的本质是将一组输入的数字序列通过一定的运算后转变为另一组输出的数字序列。

1. 数字滤波器的数学描述

时域差分方程为

$$y(n) = \sum_{i=0}^{N} a_i x(n-i) - \sum_{i=0}^{M} b_i y(n-i) \tag{5-4}$$

z 域系统函数为

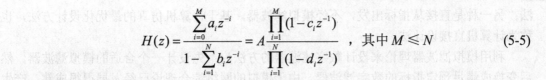

$$H(z) = \frac{\sum\limits_{i=0}^{M} a_i z^{-i}}{1 - \sum\limits_{i=1}^{N} b_i z^{-i}} = A \frac{\prod\limits_{i=1}^{M}(1 - c_i z^{-1})}{\prod\limits_{i=1}^{N}(1 - d_i z^{-1})} \quad , \quad 其中\, M \leqslant N \tag{5-5}$$

2. 数字滤波器的分类

数字滤波器有多种分类方式。按计算方法分类，分为递归系统、非递归系统；按冲击响应长度分类，分为无限长单位冲击响应滤波器(Infinite Impulse Digital Filter，IIR DF)、有限长单位冲击响应滤波器(Finite Impulse Digital Filter，FIR DF)；按频带分类，可分为低通滤波器、高通滤波器、带通滤波器、带阻滤波器等，如图 5.2 所示；按所处理信号的维数分类，分为一维、二维或多维数字滤波器。一维数字滤波器处理的信号为单变量函数序列，如时间函数的采样值；二维或多维数字滤波器处理的信号为两个或多个变量函数序列，如二维图像离散信号是平面坐标上的采样值。此外还有现代滤波器，当信号和干扰的频带相互重叠时采用(如维纳滤波器、卡尔曼滤波器、自适应滤波器等)。

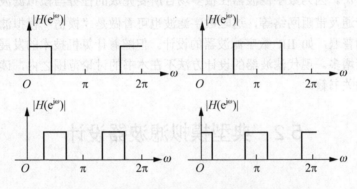

图 5.2　低通、高通、带通和带阻数字滤波器

3. 数字滤波器的设计步骤

数字滤波器的设计步骤一般分为以下几步：①按照实际需要确定滤波器的性能要求；②用一个因果稳定的系统函数(传递函数)去逼近这个性能要求(这种传递函数可分为两类：IIR DF 和 FIR DF)；③用一个有限精度的运算去实现这个传递函数，包括选择运算结构(如级联型、并联型、卷积型、频率采样型以及快速卷积型等)以及选择合适的字长和有效的数字处理方法等。

4. 数字滤波器的设计方法

一个 N 阶 IIR 滤波器的传递函数可表示为

$$H(z) = \frac{Y(z)}{X(z)} = \frac{\sum\limits_{i=0}^{M} a_i z^{-i}}{\sum\limits_{i=0}^{N} b_i z^{-i}} = A \frac{\prod\limits_{i=1}^{M}(1 - c_i z^{-1})}{\prod\limits_{i=1}^{N}(1 - d_i z^{-1})} \tag{5-6}$$

传递函数的设计就是确定系数 a_i、b_i 或零、极点 c_i、d_i，以使滤波器满足给定的性能要求。设计方法一般有两种：一种是利用模拟滤波器的变换来设计数字滤波器的间接设计法；另一种是直接从指标出发，不经模拟滤波器，基于计算机仿真的最优化设计方法，也称为计算机直接设计法。

利用模拟滤波器理论来设计数字滤波器的方法为：先设计一个合适的模拟滤波器，然后变换成满足预定指标的数字滤波器。由于模拟的网络综合理论已经发展得很成熟，产生了许多高效率的设计方法，很多常用的模拟滤波器不仅有简单而严格的设计公式，而且设计参数已表格化，设计起来方便、准确，因此可将这些理论继承下来，作为设计数字滤波器的工具。

基于计算机仿真的最优化设计方法一般为：先确定一种最优准则，如最小均方误差准则，使设计出的实际频率响应的幅度特性$|H(e^{j\omega})|$与所要求的理想频率响应$|H_d(e^{j\omega})|$的均方误差最小，即

$$\varepsilon = \sum_{y=1}^{M}[|H(e^{j\omega})|-|H_d(e^{j\omega})|]^2 \longrightarrow \min \tag{5-7}$$

除此之外还有多种误差最小准则。在最佳准则下，通过迭代运算求滤波器的系数a_i、b_i或零、极点c_i、d_i。因为数字滤波器在很多场合所要完成的任务与模拟滤波器相同，如作低通、高通、带通及带阻网络等，这时数字滤波也可看做是"模仿"模拟滤波，因此第一种方法用得较为普遍，如 IIR 数字滤波器的设计。但随着计算机技术的发展，最优化设计方法的使用逐渐增多。现代滤波器的设计方法不在本书的讨论范围之内，读者可以参考现代信号处理的相关书籍。

5.2 典型模拟滤波器设计

5.2.1 模拟滤波器指标与振幅平方函数

模拟滤波器(Analog Filter，AF)的设计属于经典信号处理的领域。数字滤波器的基本设计方法可以将模拟滤波器的系统函数$H_a(s)$变换为数字滤波器的系统函数$H(z)$。为了方便学习数字滤波器，这里先介绍几种常用的模拟低通滤波器设计方法，高通、带通、带阻等模拟滤波器可利用变量变换方法由低通滤波器变换得到。

模拟滤波器的传输函数为

$$H_a(j\Omega) = |H_a(j\Omega)|e^{j\varphi(\Omega)} \tag{5-8}$$

选频滤波器一般只考虑幅频特性，对相频特性不作要求。幅频特性体现了各频率成分幅度的衰减，而相频特性体现的是不同成分在时间上的延时。当对输出波形幅度和相位延时都有要求时，则需考虑线性相位问题。模拟滤波器的设计就是根据一组设计规范来设计模拟系统函数$H_a(s)$，使其逼近某个理想滤波器特性。

1. 模拟滤波器设计指标

在设计模拟滤波器时，先要根据实际要求确定滤波器设计指标，再选择滤波器的类型，然后根据指标计算滤波器所需阶数，最后通过计算确定模拟滤波器的系统函数$H_a(s)$。在

这个过程中，确定模拟滤波器的指标是至关重要的环节。

如图 5.3 所示，以模拟低通滤波器为例，通带边界频率为 Ω_p，阻带边界频率为 Ω_s，3dB 截止频率为 Ω_c，通带和阻带的波动范围分别是 δ_p 和 δ_s。

通带常数特性 δ_p 和阻带常数特性 δ_s 要求：

$$\frac{1}{\sqrt{1+\varepsilon^2}} \leqslant |H_a(j\Omega)| \leqslant 1, \ |\Omega| \leqslant \Omega_p \tag{5-9}$$

$$|H_a(j\Omega)| \leqslant \frac{1}{A}, \ |\Omega| \geqslant \Omega_s \tag{5-10}$$

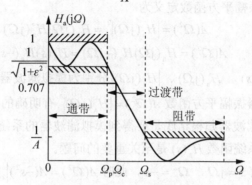

图 5.3　模拟低通滤波器基本指标

通带和阻带的波动称为纹波，单位是分贝，分别由纹波参数 ε 和 A 决定。通带最大纹波 α_p 也称为通带最大衰减，阻带最大纹波 α_s 也称为通带最小衰减，其定义为

$$\alpha_p = -20\lg\frac{1}{\sqrt{1+\varepsilon^2}} = 10\lg(1+\varepsilon^2)\text{dB} \tag{5-11}$$

$$\alpha_s = -20\lg\left(\frac{1}{A}\right) = 20\lg A\,\text{dB} \tag{5-12}$$

很明显，以上两式可以写为

$$\varepsilon = \sqrt{10^{\alpha_p/10}-1}, \ A = 10^{\alpha_s/20} \tag{5-13}$$

工程上为了表示方便，滤波器幅频特性也常常用分贝为单位，表示为

$$\beta(\Omega) = -20\lg|H_a(j\Omega)| = -10\lg|H_a(j\Omega)|^2\,\text{dB} \tag{5-14}$$

在模拟滤波器的设计中，还有两个参数比较重要，其一为过渡带参数 l，其二为纹波参数 m。过渡带参数也称为边沿参数，是衡量滤波器过渡带宽窄和边沿陡峭程度的参数；纹波参数也称为偏离参数，是描述纹波大小和实际滤波器偏离理想滤波器程度的参数。这两个参数分别表示为

$$l = \frac{\Omega_p}{\Omega_s}, \ m = \frac{\varepsilon}{\sqrt{A^2-1}} = \frac{\sqrt{10^{\alpha_p/10}-1}}{\sqrt{10^{\alpha_s/10}-1}} \tag{5-15}$$

很明显，过渡带越窄，边沿越陡峭，l 值越趋近于 1。对于低通滤波器 $l<1$，高通滤波器 $l>1$，带通和带阻滤波器有两个 l 值。而纹波越小，m 值越小，也就要求 ε 越小、A 越大。一般来说，要求 $m \ll 1$。在设计滤波器时，为了使得设计结果更接近于理想滤波器，要求 k 值尽量接近于 1，而 m 值尽量接近于 0。

2. 模拟滤波器振幅平方函数

$H_a(j\Omega)$ 是因果系统，则有

$$H_a(j\Omega) = \int_0^\infty h_a(t)e^{-j\Omega t}dt \tag{5-16}$$

式中，$h_a(t)$ 为系统的单位冲激响应，是实函数。

$$H_a(j\Omega) = \int_0^\infty h_a(t)(\cos\Omega t - j\sin\Omega t)dt \tag{5-17}$$

$$H_a(-j\Omega) = H_a^*(j\Omega) \tag{5-18}$$

所以，模拟滤波器振幅平方函数定义为

$$A(\Omega^2) = |H_a(j\Omega)|^2 = H_a(j\Omega)H_a^*(j\Omega) \tag{5-19}$$

$$A(\Omega^2) = H_a(j\Omega)H_a(-j\Omega) = H_a(s)H_a(-s)\big|_{s=j\Omega} \tag{5-20}$$

一般定义上式中 $H_a(s)$、$H_a(j\Omega)$、$|H_a(j\Omega)|$ 分别为模拟滤波器的系统函数、频率响应和幅频特性。模拟滤波器振幅平方函数 $A(\Omega^2) = |H_a(j\Omega)|^2$ 有明确的物理意义，可由实测或计算得到。而设计模拟滤波器归根结底是要得到模拟滤波器的系统函数 $H_a(s)$，因此如何由已知的 $A(\Omega^2)$ 来计算系统函数 $H_a(s)$ 是至关重要的问题。

如果系统稳定，则有 $s = j\Omega$，$\Omega^2 = -s$，此时 $A(\Omega^2) = A(-s^2)\big|_{s=j\Omega}$。所以先在 s 平面上标出振幅平方函数的极点和零点，由上式知，$A(-s^2)$ 的极点和零点总是共轭成对出现，且对称于 s 平面的实轴和虚轴。只要用 $A(-s^2)$ 的对称极、零点的一半作为 $H_a(s)$ 的极、零点，就可得到模拟滤波器的系统函数 $H_a(s)$。为了保证 $H_a(s)$ 稳定，应选用 $A(-s^2)$ 在 s 平面的左半平面的极点作为 $H_a(s)$ 的极点。零点的分布则无此限制，只和滤波器的相位特性有关，如果要求是最小相位延迟特性，则 $H_a(s)$ 应取左半平面零点；若无特殊要求，则可将对称零点的任一半(为共轭对)取为 $H_a(s)$ 的零点。

综上所述，由振幅平方函数确定系统函数 $H_a(s)$ 的步骤如下。

由 $H_a(s)H_a(-s)\big|_{s=j\Omega} = |H_a(j\Omega)|^2$ 得到象限对称的 s 平面函数。将 $|H_a(j\Omega)|^2$ 因式分解，得到各零极点，将左半平面极点归于 $H_a(s)$。$j\Omega$ 轴上的零点或者极点都为偶次，应取一半(应为共轭对)作为 $H_a(s)$ 的零点或极点。按照 $H_a(s)$ 与 $H_a(j\Omega)$ 的低频或高频特性的对比就可以确定出增益常数。由求出的零点、极点及增益常数，则可完全确定系统函数 $H_a(s)$。

【例 5-1】 根据以下幅度平方函数 $|H_a(j\Omega)|^2 = \dfrac{16\times(25 - \Omega^2)^2}{(49 + \Omega^2)(36 + \Omega^2)}$，由 $H_a(j\Omega)$ 确定系统函数 $H_a(s)$。

解：代换分解振幅平方函数为

$$H_a(s)H_a(-s)\big|_{s=j\Omega} = |H_a(j\Omega)|^2 = \frac{16\times(25 + s^2)^2}{(49 - s^2)(36 - s^2)}$$

很明显，极点为 $s = \pm 7, \pm 6$，零点为 $s = \pm j5$。选取左半平面极点与合适零点，得系统函数为

$$H_a(s) = \frac{k_0(s^2 + 25)}{(s + 7)(s + 6)}$$

又因为 $H_a(s)\big|_{s=0} = H_a(j\Omega)\big|_{\Omega=0}$，所以 $k_0 = 4$，系统函数最终为

$$H_a(s) = \frac{4(s^2 + 25)}{(s + 7)(s + 6)}$$

基于模拟滤波器振幅平方函数，下面介绍几种模拟低通滤波器的设计方法。

5.2.2 典型模拟滤波器设计方法

1. 巴特沃思(Butterworth)滤波器设计

巴特沃思滤波器的振幅特性具有通带内最大平坦的特点，其振幅平方函数随频率增加而单调下降。巴特沃思滤波器振幅平方函数为

$$A(\Omega^2) = \left| H_a(j\Omega) \right|^2 = \frac{1}{1 + \left(\dfrac{j\Omega}{j\Omega_c} \right)^{2N}} = \frac{1}{1 + (\Omega / \Omega_c)^{2N}} \tag{5-21}$$

上式中，N 为整数，称为滤波器的阶数。N 越大，通带和阻带的近似性越好，过渡带也越陡，如图 5.4 所示。

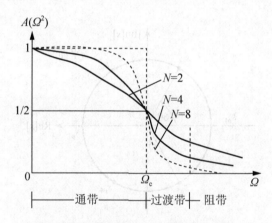

图 5.4 巴特沃思滤波器振幅平方函数

在通带，分母 $\Omega / \Omega_c < 1$，随着 N 增加，$(\Omega / \Omega_c)^{2N} \to 0$，$A(\Omega^2) \to 1$。在过渡带和阻带，$\Omega / \Omega_c > 1$，随着 N 增加，$\Omega / \Omega_c \gg 1$，$A(\Omega^2)$ 快速下降。当 $\Omega = \Omega_c$ 时，$A(\Omega_c^2) / A(0) = 1/2$，幅度衰减 $1/\sqrt{2}$，相当于 3dB 衰减点。

综上，巴特沃思滤波器的幅频特性为

$$\beta(\Omega) = -20\lg \left| H_a(j\Omega) \right| = 10\lg \left[\frac{1}{\left| H_a(j\Omega) \right|^2} \right] = 10\lg \left[1 + \left(\frac{\Omega}{\Omega_c} \right)^{2N} \right] \tag{5-22}$$

很明显，巴特沃思滤波器的阶数 N 与边沿参数 l、汶波参数 m、通带边界频率 Ω_p、阻带边界频率 Ω_s 相关；截止频率 Ω_c 与 Ω_p、Ω_s、N 相关。

阶数 N 由下式确定：

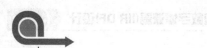

$$N \geq \frac{\lg m}{\lg l} = \frac{\lg(\varepsilon/\sqrt{A^2-1})}{\lg(\Omega_p/\Omega_s)} = \frac{\lg\left(\frac{\sqrt{10^{\alpha_p/10}-1}}{\sqrt{10^{\alpha_s/10}-1}}\right)}{\lg(\Omega_p/\Omega_s)} \quad (5\text{-}23)$$

$$\Omega_c = \frac{\Omega_p}{\varepsilon^{\frac{1}{N}}}, \quad \Omega_c = \frac{\Omega_s}{(A^2-1)^{\frac{1}{2N}}} \quad (5\text{-}24)$$

巴特沃思滤波器振幅平方函数有 $2N$ 个极点，它们均匀对称地分布在 $|s| = \Omega_c$ 的圆上。振幅平方函数的极点为

$$H_a(-s) * H_a(s) = \frac{1}{1 + \left(\frac{s}{j\Omega_c}\right)^{2N}}$$

则滤波器系统极点为

$$s_p = (-1)^{\frac{1}{2N}}(j\Omega_c)$$

【例 5-2】 $N = 3$ 阶巴特沃思滤波器振幅平方函数的极点分布如图 5.5 所示，求其系统函数。

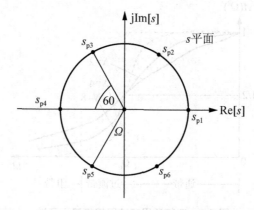

图 5.5　三阶巴特沃思滤波器振幅平方函数极点分布

解： 要保持系统的稳定性，巴特沃思滤波器的系统函数是由 s 平面左半部分的极点（s_{p3}，s_{p4}，s_{p5}）组成的，它们分别为

$$s_{p3} = \Omega_c e^{j\frac{2}{3}\pi}, \quad s_{p4} = -\Omega_c, \quad s_{p5} = \Omega_c e^{-j\frac{2}{3}\pi}$$

所以系统函数为 $H_a(s) = \dfrac{\Omega_c^3}{(s-s_{p3})(s-s_{p4})(s-s_{p5})}$

式中，Ω_c^3 是为使 $s = 0$ 时，$H_a(s) = 1$ 而得到的。如用 Ω_c 归一化 s，即 $p = s/\Omega_c$，则归一化的三阶巴特沃思滤波器为

$$H_a(s) = \frac{1}{(s/\Omega_c)^3 + 2(s/\Omega_c)^2 + 2(s/\Omega_c) + 1}$$

令 $p = s/\Omega_c$，$p_k = s_k/\Omega_c$，归一化的三阶巴特沃思滤波器的系统函数为

$$H_a^1(p) = \frac{1}{(p - p_{p3})(p - p_{p4})(p - p_{p5})}$$

结合例 5-2，巴特沃思低通滤波器的系统函数为

$$H_a(s) = \frac{\Omega_c^N}{D_N(s)} \tag{5-25}$$

式中，$D_N(s)$ 为巴特沃思多项式，其常见形式为

$$D_N(s) = \prod_{k=1}^{N} (s - s_k) = \prod_{k=1}^{N} (s - \Omega_c p_k), \quad p_k = e^{j\pi\left(\frac{1}{2} + \frac{2k-1}{2N}\right)} \tag{5-26}$$

所以巴特沃思低通滤波器的归一化系统函数为

$$H_a^1(p) = H_a(s)\big|_{s=p\Omega_c} = H_a(p\Omega_c) = \frac{1}{\displaystyle\prod_{k=0}^{N-1}(p - p_k)} = \frac{1}{D_N^1(p)} \tag{5-27}$$

巴特沃思低通滤波器去归一化式为

$$H_a(s) = H_a^1(p)\big|_{p=s/\Omega_c} \tag{5-28}$$

式(5-27)中的 $D_N^1(p)$ 可由表 5.1 查得。

表 5.1　巴特沃思滤波多项式归一化系数 $D_N^1(p)$

阶数 N	$D_N^1(p) = C_1(p)C_2(p)\ldots\ldots C_{N/2}(p)$
1	$(p+1)$
2	$(p^2 + 1.4142p + 1)$
3	$(p^2 + p + 1)(p+1)$
4	$(p^2 + 0.7654p + 1)(p^2 + 1.8478p + 1)$
5	$(p^2 + 0.618p + 1)(p^2 + 1.618p + 1)(p+1)$
6	$(p^2 + 0.5176p + 1)(p^2 + 1.4142p + 1)(p^2 + 1.9319p + 1)$
7	$(p^2 + 0.4450p + 1)(p^2 + 1.2470p + 1)(p^2 + 1.8019p + 1)(p+1)$
8	$(p^2 + 0.3902p + 1)(p^2 + 1.1111p + 1)(p^2 + 1.6629p + 1)(p^2 + 1.9616p + 1)$
9	$(p^2 + 0.3473p + 1)(p^2 + p + 1)(p^2 + 1.5321p + 1)(p^2 + 1.8794p + 1)(p+1)$

2. 切比雪夫(Chebyshev)滤波器设计

切比雪夫滤波器具有误差值在规定的频段上等纹波变化的特点。本小节主要介绍通带等纹波的切比雪夫滤波器。

巴特沃思滤波器在通带内的幅度特性是单调下降的，如果阶数 N 一定，则在靠近截止 Ω_c 处幅度下降很多，也就是为了使通带内的衰减足够小，需要的阶次 N 很高。为了克服这一缺点，可采用切比雪夫滤波器来逼近所希望的 $|H(j\Omega)|^2$。切比雪夫滤波器的振幅平方函数 $|H(j\Omega)|^2$ 在通带范围内是等纹波的，在相同的过渡带衰减要求下，切比雪夫滤波器的阶数比巴特沃思滤波器要小。

切比雪夫滤波器的振幅平方函数为

$$A(\Omega^2) = |H_a(j\Omega)|^2 = \frac{1}{1 + \varepsilon^2 V_N^2\left(\dfrac{\Omega}{\Omega_c}\right)} \tag{5-29}$$

式中，Ω_c 为通带截止频率；ε 越大纹波越大，$0 < \varepsilon < 1$。$V_N(x)$ 为 N 阶切比雪夫多项式，当 $|x| \leq 1$ 时，$|V_N(x)| \leq 1$；$|x| > 1$ 时，随着 $|x|$ 增加，$V_N(x)$ 增加，有

$$V_N(x) = \begin{cases} \cos(N\arccos x) & |x| \leq 1 \\ \cosh(N\mathrm{arcosh} x) & |x| > 1 \end{cases} \tag{5-30}$$

切比雪夫滤波器的振幅平方函数特性如图 5.6 所示。在滤波器通带内，当 $\dfrac{\Omega}{\Omega_c} \leq 1$，$|x| \leq 1$，且 $A(\Omega^2)$ 的变化范围为从 $1 \sim \dfrac{1}{1+\varepsilon^2}$；当 $\Omega > \Omega_c$ 时，$|x| > 1$，且随着 $\dfrac{\Omega}{\Omega_c}$ 增加，$A(\Omega^2)$ 趋近于 0；当 $\Omega = 0$ 时，其中 N 值为偶数时，$\left.|H_a(j\Omega)|^2\right|_{\Omega=0} = \dfrac{1}{1+\varepsilon^2}$，而当 N 为奇数时，$\left.|H_a(j\Omega)|^2\right|_{\Omega=0} = 1$。

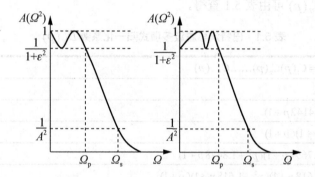

图 5.6　N 为奇数、偶数的切比雪夫滤波器的振幅平方函数特性

切比雪夫滤波器有关参数的确定方法是先根据实际需求确定通带截止频率 Ω_c，再确定 ε，通带纹波表示成

$$\delta = 10\lg\frac{|H_a(j\Omega)|^2_{\max}}{|H_a(j\Omega)|^2_{\min}} = 20\lg\frac{|H_a(j\Omega)|_{\max}}{|H_a(j\Omega)|_{\min}} = 20\lg\frac{1}{1/\sqrt{1+\varepsilon^2}} \tag{5-31}$$

所以，$\delta = 10\lg(1+\varepsilon^2)$，$\varepsilon^2 = 10^{0.1\delta} - 1$，给定通带纹波值 δ 分贝数后可求得 ε^2，再由阻带的边界条件确定阶数 N。Ω_s 和 A^2 为事先给定的边界条件，则在阻带中频率点 Ω_s 处，要求滤波器频响衰减达到 $1/A^2$ 以上。当 $\Omega = \Omega_s$ 时，$|H_a(j\Omega)|^2 \leq 1/A^2$。

由此得

$$\frac{1}{1 + \varepsilon^2 V_N^2\left(\dfrac{\Omega_s}{\Omega_c}\right)} \leq \frac{1}{A^2} \tag{5-32}$$

因此

$$\left|V_N\left(\frac{\Omega_s}{\Omega_c}\right)\right| \geq \frac{\sqrt{A^2 - 1}}{\varepsilon} \tag{5-33}$$

当$|x|>1$时，$V_N(x)=\cosh(N\operatorname{arcosh}x)$，得

$$N \geqslant \frac{\operatorname{arcosh}(\sqrt{A^2-1}/\varepsilon)}{\operatorname{arcosh}(\Omega_s/\Omega_c)} \tag{5-34}$$

因此，要求阻带边界频率处衰减越大，N 也越大。当参数 N、Ω_c、ε 给定后，查阅有关模拟滤波器手册，就可求得系统函数 $H_a(s)$。

3. 椭圆滤波器(考尔滤波器)设计

椭圆滤波器(考尔滤波器)的幅值响应在通带和阻带内都是等纹波的，当阶数和纹波要求确定时，椭圆滤波器能获得比其他滤波器更窄的过渡带宽。通带和阻带内纹波固定时，阶数越高，过渡带越窄；阶数固定，通带和阻带纹波越小，过渡带越宽。滤波器同时在通带和阻带具有任意可调衰减量。正因为具有上述特点，椭圆滤波器在工程上得到了广泛的应用，其特性曲线如图 5.7 所示。

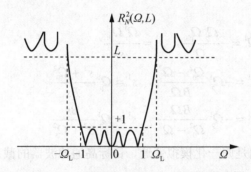

图 5.7 $N=5$ 的椭圆滤波器的特性曲线

$R_N(\Omega,L)$ 为雅可比椭圆函数，L 为表示纹波性质的参量。椭圆滤波器振幅平方函数为

$$A(\Omega^2) = |H_a(\mathrm{j}\Omega)|^2 = \frac{1}{1+\varepsilon^2 R_N^2(\Omega,L)} \tag{5-35}$$

典型的椭园滤波器(考尔滤波器)振幅平方函数如图 5.8 所示。

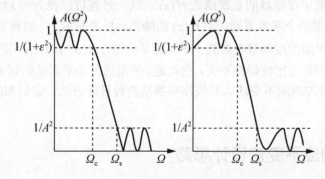

图 5.8 N 为奇数、偶数的椭圆滤波器振幅平方函数

除上述巴特沃思滤波器、切比雪夫滤波器和椭圆滤波器以外，常见的模拟滤波器还有贝塞尔滤波器。贝塞尔滤波器在通带内逼近线性相位特性，是巴特沃思滤波器、切比雪夫滤波器、椭圆滤波器滤波器所没有的。贝塞尔滤波器的过渡带较宽，在阶数 N 相同时，选

择性比巴特沃思滤波器、切比雪夫滤波器、椭圆滤波器差。结合第 9 章相关内容，用 MATLAB 可以方便设计各种类型的模拟和数字滤波器。本节讨论了三种最常用模拟低通滤波器的特性和设计方法，可按照指标要求，在设计时合理选用。经过验证可知，当阶数 N 相同，且通带最大衰减、阻带最小衰减要求相同时，按过渡带宽度由大到小排序依次是贝塞尔滤波器、巴特沃思滤波器、切比雪夫滤波器、椭圆滤波器。同样在相同指标要求下，椭圆滤波器最灵敏，所需 N 阶数最低，选择性灵敏度往往与过渡带宽窄要求相反。

4．模拟滤波器频率变换关系

前面讨论的模拟滤波器的设计主要是针对低通滤波器，其他类型如高通、带通、带阻模拟滤波器总体设计方法为：通过频率变换公式，先将目标滤波器指标 Ω 转换为相应的归一化低通原型滤波器指标 Ω^1，然后设计归一化低通原型系统函数 $H_d(s^1)$，对 $H_d(s^1)$ 进行频率变换得到目标模拟滤波器系统函数 $H_a(s) = H_d(s^1)_{s^1=F(s)}$。模拟高通、带通、带阻滤波器的频率变换关系分别为

$$\Omega^1 = -\frac{\Omega_p^1 \Omega_{ph}}{\Omega}, \quad s^1 = \frac{\Omega_p^1 \Omega_{ph}}{s} \tag{5-36}$$

$$\Omega^1 = -\Omega_p^1 \frac{\Omega_0^2 - \Omega^2}{B\Omega}, \quad s^1 = \Omega_p^1 \frac{s^2 + \Omega_0^2}{Bs} \tag{5-37}$$

$$\Omega^1 = -\Omega_p^1 \frac{B\Omega}{\Omega_0^2 - \Omega^2}, \quad s^1 = \Omega_p^1 \frac{Bs}{s^2 + \Omega_0^2} \tag{5-38}$$

式中，Ω_p^1、Ω_{ph} 分别是归一化模拟低通、目标高通滤波器的截止频率，Ω_0、B 分别是带通、带阻滤波器的中心频率和带宽。

5.3 脉冲响应不变法设计 IIR DF

经典数字滤波器的设计方法都是从模拟滤波器出发，经数学变换将模拟滤波器的系统函数 $H_a(s)$ 转换为数字滤波器的系统函数 $H(z)$。这一过程可以视为由 s 域到 z 域的映射，这种映射变换应遵循两个基本原则：①$H(z)$ 的频率响应要与 $H_a(s)$ 的频率响应在频域内基本一致，也就是 s 平面的虚轴要映射到 z 平面的单位圆 $|z| = |e^{j\omega}| = 1$ 上；②要求 $H(z)$ 的因果稳定性与 $H_a(s)$ 的因果稳定性保持不变，也就是 s 平面的左半平面映射到 z 平面的单位圆内 $|z| < 1$。本章介绍脉冲响应不变法和双线性变换法两种设计方法，它们都能完成 s 域到 z 域的映射。

5.3.1 脉冲响应不变法设计思路

脉冲响应不变法是在时域使得 $H_a(s)$ 与 $H(z)$ 取得一致。具体来说就是 $H(z)$ 的单位脉冲响应 $h(n)$ 与模拟滤波器 $H_a(s)$ 的单位冲击响应 $h_a(t)$ 取得一致，使 $h(n)$ 恰好等于 $h_a(t)$ 的采样值 $h_a(nT)$，T 为采样周期。

$$h(n) = h_a(nT) = h_a(t)|_{t=nT} \tag{5-39}$$

综上分析，脉冲响应不变法的整体思路为

$$H_a(s) \xrightarrow{s逆变换} h_a(t) \xrightarrow{采样t=nT} h_a(nT) \xlongequal{\quad} h(n) \xrightarrow{z变换} H(z)$$

先根据指标设计出模拟滤波器的系统函数 $H_a(s)$；然后做 s 逆变换，得到时域的 $h_a(t)$；对 $h_a(t)$ 进行时域采样，得到 $h_a(nT)$；令 $h(n) = h_a(nT)$，得到离散的 $h(n)$；最后对 $h(n)$ 做 z 变换，得到 $H(z)$。因此，脉冲响应不变法设计 $H(z)$ 的步骤可总结如下。

先明确数字滤波器的指标，并将其转换成模拟滤波器的指标，有

$$\omega = \Omega \cdot T = \Omega / f_s = 2\pi f / f_s \tag{5-40}$$

根据上节方法，设计参数对应的模拟滤波器 $H_a(s)$，并写成部分分式形式，有

$$H_a(s) = \sum_{i=1}^{N} \frac{A_i}{s - s_i} \tag{5-41}$$

将对应模拟滤波器 $H_a(s)$ 转换为模拟时域函数 $h_a(t)$，有

$$h_a(t) = \sum_{k=1}^{N} A_k e^{s_k t} u(t) \tag{5-42}$$

对 $h_a(t)$ 采样，得到 $h_a(nT)$，令 $h(n) = h_a(nT)$，得离散单位脉冲响应序列 $h(n)$，有

$$h(n) = h_a(nT) = \sum_{i=1}^{N} A_i e^{s_i nT} u(n) = \sum_{i=1}^{N} A_i (e^{s_i T})^n u(n) \tag{5-43}$$

最后对 $h(n)$ 取 z 变换，得到数字滤波器系统函数 $H(z)$，有

$$H(z) = \sum_{i=1}^{N} \frac{A_i}{1 - e^{s_i T} z^{-1}} \tag{5-44}$$

比较式(5-41)和式(5-44)，可以看出 s 平面上的极点 $s = s_i$，变换到 z 平面上仍然是极点 $z_i = e^{s_i t}$，而 $H_a(s)$ 与 $H(z)$ 中所对应的系数 A_i 不变。如果模拟滤波器是稳定的，则所有极点 s_i 都在 s 左半平面，而变换后 $H(z)$ 极点 $z_i = e^{s_i t}$ 也都在单位圆以内，因此滤波器系统保持稳定。很明显在具体设计中，只要确定了模拟滤波器 $H_a(s)$，就可根据式(5-41)和式(5-44)直接得到数字滤波器系统函数 $H(z)$。s 平面与 z 平面的对应关系如图5.9所示。

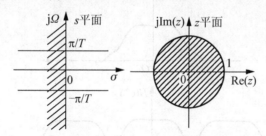

图5.9　脉冲响应不变法中的映射关系

5.3.2　脉冲响应不变法设计分析

根据上小节的分析，虽然脉冲响应不变法能保证 s 平面与 z 平面的极点位置有一一对应的代数关系，但这并不是说整个 s 平面与 z 平面就存在这种一一对应的关系，特别是滤波器的零点位置在 s 平面与 z 平面就没有一一对应关系，而是随着 $H_a(s)$ 的极点 s_i 与系数 A_i 的变化而变化。

先分析脉冲响应不变法所对应的 s 平面与 z 平面的关系。

由于

$$z = e^{sT} = e^{(\sigma + j\Omega)T} = e^{\sigma T} e^{j\Omega T} = re^{j\omega} \tag{5-45}$$

所以有

$$r = e^{\sigma T}, \quad \omega = \Omega T \tag{5-46}$$

分析上式，可知 s 平面与 z 平面的映射关系。从整体上看，s 平面的左半平面对应 z 平面的单位圆内，s 平面的虚轴对应 z 平面单位圆上。具体来看 s 平面与 z 平面是多对一的关系：s 平面上每一条宽为 $2\pi/T$ 的横带部分，都将重复地映射到 z 平面的整个全部平面上；每个 $2\pi/T$ 横带的左半部分映射到 z 平面单位圆以内，每一横带的右半部分映射到 z 平面单位圆以外，$2\pi/T$ 长的虚轴映射到单位圆上一圈。

因为 $h(n) = h_a(nT) = h_a(t)|_{t=nT}$，$\omega = \Omega T$，根据时域采样定理可知，时域采样对应频域的周期延拓，即

$$H(e^{j\Omega T}) = \frac{1}{T} \sum_{k=-\infty}^{\infty} H_a\left[j\left(\Omega - \frac{2\pi k}{T} \right) \right] \tag{5-47}$$

$$H(e^{j\omega}) = \frac{1}{T} \sum_{m=-\infty}^{\infty} H_a\left(j\Omega - j\frac{2\pi k}{T} \right) = \frac{1}{T} \sum_{m=-\infty}^{\infty} H_a\left(j\frac{\omega - 2\pi k}{T} \right) \tag{5-48}$$

根据奈奎斯特采样定理，如果模拟滤波器的频响带限于折叠频率 $\Omega_s/2$ 以上，则有

$$H_a(j\Omega) = 0, \quad \Omega \geqslant \frac{\pi}{T} \tag{5-49}$$

这样数字滤波器的频响才能不失真，与模拟滤波器的频响在周期内一致，则有

$$H(e^{j\omega}) = \frac{1}{T} H_a\left(j\frac{\omega}{T} \right), \quad |\omega| \leqslant \pi \tag{5-50}$$

其频响曲线如图 5.10 所示。

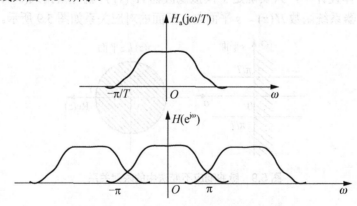

图 5.10 脉冲响应不变法中的频谱混叠

【例 5-3】 已知模拟滤波器的系统函数 $H_a(s) = \dfrac{6}{(s+1)(s+3)}$，求对应的数字滤波器的系统函数 $H(z)$ 以及 $H_a(s)$ 与 $H(z)$ 分别对应的频率响应。

解：将模拟滤波器的系统函数分解为

$$H_a(s) = \frac{6}{(s+1)(s+3)} = 3\left(\frac{1}{s+1} - \frac{1}{s+3}\right)$$

利用模拟滤波器的系统 $H_a(s)$ 与 $H(z)$ 的对应关系，有

$$H_a(s) = \sum_{i=1}^{N} \frac{A_i}{s - s_i}, \quad H(z) = \sum_{i=1}^{N} \frac{A_i}{1 - e^{s_i T} z^{-1}}$$

$$H(z) = 3\left(\frac{1}{1 - z^{-1}e^{-T}} - \frac{1}{1 - z^{-1}e^{-3T}}\right) = \frac{3z^{-1}(e^{-T} - e^{-3T})}{1 - z^{-1}(e^{-T} + e^{-3T}) + e^{-4T}z^{-2}}$$

模拟滤波器的频率响应为

$$H_a(j\Omega) = H(s)\big|_{s=j\Omega} = \frac{6}{(j\Omega+1)(j\Omega+3)} = \frac{6}{(3 - \Omega^2) + j4\Omega}$$

数字滤波器的频率响应为

$$H(e^{j\omega}) = H(z)\big|_{z=e^{j\omega}} = \frac{3(e^{-T} - e^{-3T})e^{-j\omega}}{1 - (e^{-T} + e^{-3T})e^{-j\omega} + e^{-4T}e^{-j2\omega}}$$

模拟滤波器与数字滤波器的幅频响应如图 5.11 所示。

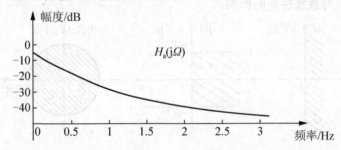

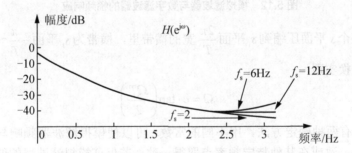

图 5.11　模拟滤波器与数字滤波器的幅频响应

　　显然 $H(e^{j\omega})$ 与时域采样频率 f_s 相关，f_s 越大，混叠失真越小，当 f_s 足够大时，混叠失真可忽略不计。$H(e^{j\omega})$ 是 $H(j\Omega)$ 的周期延拓，延拓间隔是 f_s。所以 $H(j\Omega)$ 必须是带宽有限的，如果是非带宽有限的，则无论采样 f_s 再高，都会造成频谱混叠失真。在单位脉冲响应能模仿模拟滤波器的场合，一般使用脉冲响应不变法。例如线性相位贝塞尔低通滤波器，通过脉冲响应不变法得到的仍是线性相位低通数字滤波器。但脉冲响应不变法的缺陷还是很明显的，其直接设计目标只能是低通滤波器、带通滤波器，不能是高通、带阻滤波器。如果设计高通、带阻滤波器，要么采用双线性变换法，要么采用频率变换的方法。这些方法在后面都有介绍。

5.4 双线性变换法设计 IIR DF

5.4.1 双线性变换法设计思路

脉冲响应不变法的主要缺点是只能设计低通、带通滤波器，不能设计高通、带阻滤波器，容易产生混叠失真。其主要原因是在脉冲响应不变法中，s 平面到 z 平面的映射 $z = e^{sT}$ 是多对一的关系。如何消除此问题，是本节双线性变换法讨论的内容。

双线性变换法将 s 平面到 z 平面的映射分为两步。首先将整个 s 平面压缩到 s_1 平面 $2\pi/T$ 宽的横带里；然后通过标准映射关系 $z = e^{sT}$，将 s_1 平面 $2\pi/T$ 宽的横带映射到整个 z 平面上去，由此建立起从 s 平面到 z 平面的一对一的映射关系，消除脉冲响应不变法的多对一关系，也就从根本上避免了频谱混叠现象。当然也要注意变换中 s 平面到 s_1 平面的非线性压缩问题，关注其对系统性能的影响。

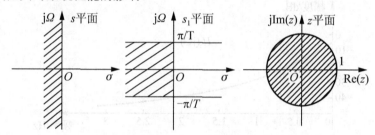

图 5.12　模拟滤波器与数字滤波器的幅频响应

很明显，整个 s 平面压缩到 s_1 平面 $\dfrac{2\pi}{T}$ 宽的横带里，横带为 s_1 平面 $-\dfrac{\pi}{T} \sim \dfrac{\pi}{T}$ 一段，可通过以下的正切变换实现

$$\Omega = c \cdot \tan\left(\frac{\Omega T}{2}\right) \tag{5-51}$$

其中常数 c 有两种确定方法。用不同的常数 c 可以使模拟滤波器频响与数字滤波器频响在低频时取得一致或在其他特定频率点取得一致。若保证模拟滤波器的低频特性逼近数字滤波器的低频特性，则两者在低频范围有确切的对应关系为

$$\Omega = c \cdot \tan\left(\frac{\omega}{2}\right) \tag{5-52}$$

又因为 Ω 和 ω 都很小，则上式可近似等于

$$\Omega \approx c\omega/2 \tag{5-53}$$

又根据数字频率 ω 与模拟频率 Ω 的关系，$\omega = \Omega / f_s = \Omega T$，则有

$$\Omega = c\frac{\Omega T}{2} \tag{5-54}$$

因此常数 c 为

$$c = 2/T \tag{5-55}$$

此外，若要保证滤波器的某一特定频率，如截止频率 $\omega_c = \Omega_c T$，与模拟滤波器的某频

率 Ω_1 严格对应，要求

$$\Omega_c = c \cdot \tan(\omega_c/2) = c \cdot \tan(\Omega_c T/2) \tag{5-56}$$

$$c = \Omega_c/\tan(\Omega_c T/2) = \Omega_c \cot(\omega_c/2) \tag{5-57}$$

很明显，当截止频率 Ω_c 为低频分量时，$c \approx \Omega_c/(\Omega_c T/2) = 2/T$。综上分析，通常低频时常数 $c = 2/T$。

在以上的对应关系中，当 Ω 由 $-\infty \to 0 \to \infty$ 时，Ω_1 由 $-\dfrac{\pi}{T} \to 0 \to \dfrac{\pi}{T}$，即完成了 s 平面压缩到 s_1 平面 $2\pi/T$ 宽的横带里，则得到 s 平面压缩到 s_1 的映射关系为

$$s = c \cdot \operatorname{th}\left(\frac{s_1 T}{2}\right) = c\frac{1 - e^{-s_1 T}}{1 + e^{-s_1 T}} \tag{5-58}$$

再将 s_1 平面通过标准变换关系映射到 z 平面，即令

$$z = e^{s_1 T} \tag{5-59}$$

最后得到 s 平面与 z 平面的单值映射关系为

$$s = c\frac{1 - z^{-1}}{1 + z^{-1}}, \quad z = \frac{1 + cs}{1 - cs} \tag{5-60}$$

其频率对应曲线如图 5.13 和图 5.14 所示。

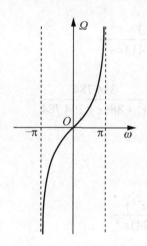

图 5.13 Ω 和 ω 的正切关系

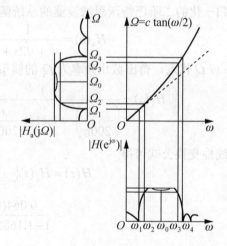

图 5.14 双线性变换法的频率非线性畸变

5.4.2 双线性变换法设计分析

双线性变换法从理论上避免了混叠的出现，这是其区别于脉冲响应不变法的主要优点。稳定的模拟滤波器系统函数经过双线性变换后，所得到的数字滤波器也是稳定的。双线性变换法的主要缺点是 Ω 与 ω 非线性的关系，即 $\Omega = c\tan(\omega/2)$。这导致数字滤波器的幅频响应相对于模拟滤波器的幅频响应在高频处有畸变。

一个线性相位的模拟滤波器经双线性变换后，所得数字滤波器就不再有线性相位特性。虽然双线性变换法有这样的缺点，但其仍是使用得最广泛的一种设计方法。因为大多数滤波器都具有分段固定的频响特性，如低通、高通、带通和带阻等。

这些典型的滤波器经过双线性变换法后，虽然频率响应发生了非线性变化，但其幅频特性仍然保持基本要求。双线性变换法的畸变现象可以通过预畸来加以校正，也就是将模拟滤波器的临界频率在变换前就加以调节，这样可以相对抵消双线性变换法中出现的非线性畸变。

综上分析，双线性变换法的设计可分为以下几个步骤。

(1) 确定数字低通滤波器技术指标包括，系统截止频率 ω_c、通带边界频率 ω_p、阻带边界频率 ω_s、通带衰减 α_p、阻带衰减 α_s。

(2) 将数字低通指标变换成模拟低通指标 $\Omega = c\tan(\omega/2)$，$c = 2/T$。

(3) 根据这些模拟滤波器的参数指标设计模拟滤波器 $H_a(s)$。

(4) 作双线性变换，得到所需的数字滤波器的系统函数与频率响应关系分别为

$$H(z) = H_a(s)\big|_{s=\frac{2}{T}\frac{1-z^{-1}}{1+z^{-1}}}$$

$$H(e^{j\omega}) = H_a(j\Omega)\big|_{\Omega=\frac{2}{T}\tan\frac{\omega}{2}} = H_a\left(j\frac{2}{T}\tan\frac{\omega}{2}\right)$$

【例 5-4】基于二阶巴特沃思滤波器，用双线性变换法设计低通数字滤波器，已知 3dB 截止频率为 100Hz，系统采样频率为 1kHz。

解： 归一化的二阶巴特沃思滤波器的系统函数为

$$H_a(s) = \frac{1}{s^2 + \sqrt{2}s + 1} = \frac{1}{s^2 + 1.414s + 1}$$

将 $s = s/\Omega_c$ 代入，得出截止频率为 Ω_c 的模拟原型为

$$H_a(s) = \frac{1}{\left(\dfrac{s}{200\pi}\right)^2 + 1.414\left(\dfrac{s}{200\pi}\right) + 1} = \frac{394\,784}{s^2 + 889s + 394\,784}$$

由双线性变换公式可得

$$H(z) = H_a(s)\big|_{s=\frac{2}{T}\frac{1-z^{-1}}{1+z^{-1}}}$$

$$= \frac{0.064(1 + 2z^{-1} + z^{-2})}{1 - 1.1683z^{-1} + 0.4241z^{-2}}$$

5.5 其他类型数字滤波器设计

模拟滤波器有很多非常经典的设计方法，如巴特沃思滤波器、切比雪夫滤波器、椭圆滤波器等，每种模拟滤波器设计都有许多规范标准、计算公式和思路，同时也有大量归一化的设计表格和曲线，为滤波器的参数分析和设计计算提供了便利。因此在数字滤波器的设计中，往往要依靠模拟滤波器的设计结果，经变换把模拟滤波器的系统函数 $H_a(s)$ 转换为数字滤波器 $H(z)$。具体的变换方法在前面几节共讨论了两种：脉冲响应不变法和双线性变换法。本节将讨论其他类型数字滤波器的设计，包括低通、带通、高通、带阻滤波器。

具体的设计思路分两种：一是将典型模拟低通滤波器在 s 域变换成相应的其他低通、高通、带通、带阻模拟滤波器，然后再将所需模拟滤波器用双线性变换法或脉冲响应不变

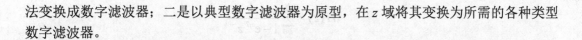
法变换成数字滤波器；二是以典型数字滤波器为原型，在 z 域将其变换为所需的各种类型数字滤波器。

5.5.1　基于模拟滤波器变换设计数字滤波器

因为脉冲响应不变法只能设计带宽有限的滤波器，所以用模拟滤波器低通原型设计各种数字滤波器的基本方法是双线性变换法。经模拟滤波器原型设计各类数字滤波器的步骤为：①确定数字滤波器的性能要求，确定各频率参数 ω；②由对应变换关系将 ω 映射成模拟 Ω，得出模拟低通滤波器频率参数；③根据模拟频率参数，设计模拟低通滤波器 $H_a(s)$；④最后，把 $H_a(s)$ 变换成所需的数字滤波器系统函数 $H(z)$。

1. 用模拟低通滤波器设计数字低通滤波器

5.2 节讨论了模拟低通滤波器的设计方法以及用模拟低通滤波器设计数字低通滤波器的方法，分别有各自的频率变换关系和系统变换关系。脉冲响应不变法的相位对应性较好，双线性变换法相对简单。脉冲响应不变法的对应关系为

$$\omega = \Omega T，\quad H_a(s) = \sum_{i=1}^{N} \frac{A_i}{s - s_i}，\quad H(z) = \sum_{i=1}^{N} \frac{A_i}{1 - e^{s_i T} z^{-1}} \tag{5-61}$$

双线性变换法的对应关系为

$$\Omega = c \cdot \tan\left(\frac{\omega}{2}\right)，\quad s = c\frac{1 - z^{-1}}{1 + z^{-1}}，\quad c = 2/T \tag{5-62}$$

【例 5-5】　设计一个三阶巴特沃思低通滤波器，其 3dB 截止频率 $f_c = 2\text{kHz}$，采样频率 $f_s = 8\text{kHz}$，分别用脉冲响应不变法和双线性变换法求解。

解：(1)　脉冲响应不变法。

三阶巴特沃思滤波器的传递函数为

$$H_a^1(s) = \frac{1}{1 + 2s + 2s^2 + s^3}$$

$\Omega_c = 2\pi f_c$，以 s/Ω_c 代替 s，得

$$H_a(s) = \frac{1}{1 + 2(s/\Omega_c) + 2(s/\Omega_c)^2 + (s/\Omega_c)^3}$$

将 $H_a(s)$ 写成部分分式结构为

$$H_a(s) = \sum_{i=1}^{N} \frac{A_i}{s - s_i}$$

$$= \frac{\Omega_c}{s + \Omega_c} + \frac{-\Omega_c/\sqrt{3}e^{j\pi/6}}{s + \Omega_c(1 - j\sqrt{3})/2} + \frac{-\Omega_c/\sqrt{3}e^{-j\pi/6}}{s + \Omega_c(1 + j\sqrt{3})/2}$$

对照前面学过的脉冲响应不变法中的部分分式形式，有

$$A_1 = \Omega_c，\quad s_1 = -\Omega_c，\quad A_2 = -\Omega_c/\sqrt{3}e^{j\pi/6}，\quad s_2 = -\Omega_c(1 - j\sqrt{3})/2，$$

$$A_3 = -\Omega_c/\sqrt{3}e^{-j\pi/6}，\quad s_3 = -\Omega_c(1 + j\sqrt{3})/2$$

将上列系数代入数字滤波器系统函数得

$$H(z) = \sum_{i=1}^{N} \frac{A_i}{1 - e^{s_i T} z^{-1}}$$

将 $\Omega_c = 2\pi f_c = 2\pi f_c T = \omega_c / T = 0.5\pi$ 代入，计算得

$$H(z) = \frac{\omega_c / T}{1 - e^{-\omega_c} z^{-1}} + \frac{-(\omega_c / \sqrt{3}T)e^{j\pi/6}}{1 - e^{-\omega_c(1 - j\sqrt{3}/2)} z^{-1}} + \frac{-(\omega_c / \sqrt{3}T)e^{-j\pi/6}}{1 - e^{-\omega_c(1 + j\sqrt{3})/2} z^{-1}}$$

$$= \frac{1}{T}\left(\frac{1.57}{1 - 0.21z^{-1}} + \frac{-1.57 + 0.55z^{-1}}{1 - 0.19z^{-1} + 0.21z^{-2}} \right)$$

很明显，$H(z)$ 与采样周期 T 有关，T 越小，$H(z)$ 的数字增益越大，这是工程上不希望看到的。为解决该问题只需对 $H(z)$ 稍作修正，即乘以周期 T，使 $H(z)$ 只与 $\omega_c = \Omega_c \cdot T = 2\pi f_c / f_s$ 相关，而与采样频率 f_s 无直接关系，故有

$$H(z) = \frac{1.57}{1 - 0.21z^{-1}} + \frac{-1.57 + 0.55z^{-1}}{1 - 0.19z^{-1} + 0.21z^{-2}}$$

(2) 双线性变换法。

确定数字域临界频率 $\omega_c = 2\pi f_c T = 0.5\pi$，$\Omega_c = \dfrac{2}{T}\tan\left(\dfrac{\omega_c}{2}\right) = \dfrac{2}{T}$

$$H_a(s) = \frac{1}{1 + 2(s / \frac{2}{T}) + 2(s / \frac{2}{T})^2 + (s / \frac{2}{T})^3}$$

$$H(z) = H_a(s)\Big|_{s = \frac{2}{T}\frac{1 - z^{-1}}{1 + z^{-1}}} = \frac{1}{1 + 2\left(\frac{1 - z^{-1}}{1 + z^{-1}}\right) + 2\left(\frac{1 - z^{-1}}{1 + z^{-1}}\right)^2 + \left(\frac{1 - z^{-1}}{1 + z^{-1}}\right)^3}$$

$$= \frac{1}{2}\frac{(1 + z^{-1})^3}{3 + z^{-2}}$$

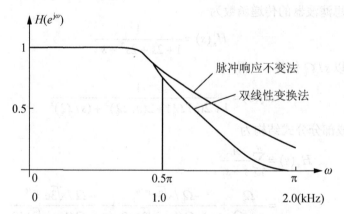

图 5.15 脉冲响应不变法与双线性变换法频响比较

双线性变换法由于频率的非线性变换，使截止区的衰减快，最后在 $\omega = \pi$ 处形成零点，使过渡带变窄，对频率的选择性改善。而脉冲响应不变法无传输零点，存在频谱混叠的可能性。图 5.15 给出了两种方法频响曲线图

2. 用模拟低通滤波器设计数字高通滤波器

基于模拟低通滤波器设计高通、带通、带阻数字滤波器时有两种思路：其一是先设计一个相应的高通、带通或带阻模拟滤波器，然后通过脉冲响应不变法或双线性变换法变换为数字滤波器；其二是整合上面的两步变换关系，直接利用模拟低通滤波器，通过特定频率变换关系，一步完成各种数字滤波器的设计。两种方法总思路相同，但第二种方法设计计算简单，这里主要讨论第二种整合后的方法。

脉冲响应不变法对于高通、带阻等非带宽有限滤波器都不能直接采用，除非加前级保护滤波器，或在第一种方法中应用；双线性变换法可以设计各种类型滤波器。这里主要讨论基于双线性变换法的高通滤波器设计。

在高通模拟滤波器的设计中，低通至高通的变换就是 s 变量的倒数，这一关系同样可应用于双线性变换法，只要将变换式中的 s 代之以 $1/s$，就可得到数字高通滤波器，其系统变换关系为

$$s = \frac{T}{2} \frac{1+z^{-1}}{1-z^{-1}} \tag{5-63}$$

由于倒数关系不改变模拟滤波器的稳定性，也就不会改变双线性变换法后数字滤波器的稳定性能，且 s 域虚轴仍映射在 z 域单位圆上，只是方向颠倒了。将 $z = e^{j\omega}$ 和 $s = j\Omega$ 带入上式，得

$$s = \frac{T}{2} \frac{1+e^{-j\omega}}{1-e^{-j\omega}} = -\frac{T}{2} j\cot\left(\frac{\omega}{2}\right) = j\Omega$$

$$\Omega = -\frac{T}{2} \cot\left(\frac{\omega}{2}\right) \tag{5-64}$$

【例 5-6】 设计一个三阶切比雪夫高通滤波器，其中 $f_s = 10\text{kHz}$，$T = 100\mu\text{s}$，截止频率 $f_1 > 2.5\text{kHz}$，不考虑 $f_s/2 = 5\text{kHz}$ 以上的频率，通带内损耗不大于 1dB。

解： 首先确定数字域截止频率 $\omega_1 = 2\pi f_1 T = 0.5\pi$，则

$$\Omega_1 = \frac{T}{2} \cot\left(\frac{\omega_1}{2}\right) = \frac{T}{2}$$

切比雪夫低通原型的模函数为

$$\left|H_a(j\Omega)\right|^2 = \frac{1}{1 + \varepsilon^2 V_N^2(\Omega/\Omega_1)}$$

$V_N(\bullet)$ 为 N 阶切比雪夫多项式，通带损耗 $\delta = 1\text{dB}$ 时，$\varepsilon = \sqrt{10^{0.1\delta} - 1} = 0.5089$

$N=3$ 时，传递函数为

$$H_a(s) = \frac{0.4913\Omega_1^3}{0.4913\Omega_1^3 + 1.238\Omega_1^2 s + 0.9883\Omega_1 s^2 + s^3}$$

将 Ω_1 和 s 用 $T/2$ 归一化，$\tilde{\Omega}_1 = \frac{\Omega_1}{T/2} = 1$，$\tilde{s} = \frac{s}{T/2}$，则

$$H_a(\tilde{s}) = \frac{0.4913}{0.4913 + 1.238\tilde{s} + 0.9883\tilde{s}^2 + \tilde{s}^3}$$

$$H(z) = H_a(\tilde{s})\Big|_{\tilde{s} = \frac{1+z^{-1}}{1-z^{-1}}} = 0.13 \cdot \frac{1 - 3z^{-1} + 3z^{-2} - z^{-3}}{1 + 0.34z^{-1} + 0.63z^{-2} + 0.2z^{-3}}$$

很明显，数字高通滤波器与模拟高通滤波器是不同的，ω 的频带不是无穷的，数字频域存在由采样频率决定的频率上限，系统频谱在通频带上是以 2π 为周期的，通常讨论的数字频域仅是 $\omega = 0 \sim \pi$。

3. 用模拟低通滤波器设计数字带通滤波器

基于模拟低通滤波器设计数字带通滤波器也是采用上述类似方法，带通滤波器和低通滤波器都是带宽有限的系统。如果数字带通滤波器的中心频率为 ω_0，则带通变换的目的是将模拟低通滤波器的 $\Omega = 0$ 变换对应 $\pm\omega_0$（因为数字滤波器的周期映像），则需有

$$\Omega: -\infty \to 0 \to \infty \underset{\Omega 与 \omega 的映像关系}{\Longleftrightarrow} \omega: \begin{cases} 0 \to \omega_0 \to \pi \\ -\pi \to -\omega_0 \to 0 \end{cases}$$

其变换关系曲线如图 5.16 所示。

也就是将 s 平面的原点映射到 z 平面的 $z = e^{\pm j\omega_0}$，而将 s 平面的 $s = \pm j\infty$ 点映射到 z 平面的 $z = \pm 1$，满足这一要求的映射关系变换为

$$s = \frac{(z - e^{j\omega_0})(z - e^{-j\omega_0})}{(z-1)(z+1)} = \frac{z^2 - 2z\cos\omega_0 + 1}{z^2 - 1} \tag{5-65}$$

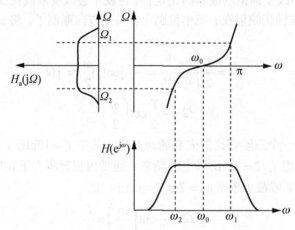

图 5.16 模拟低通滤波器到数字带通滤波器的变换

将 $z = e^{j\omega}$ 和 $s = j\Omega$ 代入上式，得

$$s = \frac{e^{j2\omega} - 2e^{j\omega}\cos\omega_0 + 1}{e^{j2\omega} - 1} = \frac{(e^{j\omega} + e^{-j\omega}) - 2\cos\omega_0}{e^{j\omega} - e^{-j\omega}} = j\frac{\cos\omega_0 - \cos\omega}{\sin\omega} = j\Omega$$

$$\Omega = \frac{\cos\omega_0 - \cos\omega}{\sin\omega} \tag{5-66}$$

下面对上述变换进行稳定性分析。设 $z = r \geqslant 0$，则

$$s = \frac{r^2 - 2r\cos\omega_0 + 1}{r^2 - 1} \tag{5-67}$$

显然，上式总是实数，因此是映射在 s 平面实轴上，则

$$\sigma = \frac{r^2 + 1 - 2r\cos\omega_0}{r^2 - 1} = \frac{(r-1)^2 + 2r(1 - \cos\omega_0)}{r^2 - 1} \tag{5-68}$$

$$(r^2 - 1) + 2r(1 - \cos\omega_0) \geqslant 0 \tag{5-69}$$

分子为非负数，式(5-68)的正负取决于分母，则当 $r<1$ 时 $\sigma<0$，当 $r>1$ 时 $\sigma>0$。综上分析，s 平面左半平面映射到 z 平面单位圆内，而 s 平面右半平面映射到 z 平面单位圆外，显然这种变换关系不改变系统的稳定性。

在设计带通滤波器时，先要将数字滤波器的上下边带截止频率 ω_1 和 ω_2 转换为中心频率 ω_0 及模拟低通截止频率 Ω_c。将 ω_1 和 ω_2 代入式(5-62)，则

$$\Omega_c = \Omega_1 = \frac{\cos\omega_0 - \cos\omega_1}{\sin\omega_1}, \quad \Omega_2 = \frac{\cos\omega_0 - \cos\omega_2}{\sin\omega_2} = -\Omega_1 \tag{5-70}$$

【例 5-7】 设计一个巴特沃思带通滤波器，中心频率是 100kHz，其带宽是 20kHz，采样频率 $f_s = 400\text{kHz}$，在120kHz处衰减大于10dB。

解： 很明显，带通滤波器的上下截止频率 $f_1 = 90\text{Hz}$，$f_2 = 110\text{Hz}$。其对应的数字角频率为 $\omega_1 = 2\pi f_1/f_s = 0.55\pi$，$\omega_2 = 2\pi f_2/f_s = 0.45\pi$，$\omega_3 = 2\pi f_3/f_s = 0.6\pi$，$\omega_0 = 2\pi f_0/f_s = 0.5\pi$。

又因为 $\Omega = \dfrac{\cos\omega_0 - \cos\omega}{\sin\omega}$，则模拟低通滤波器的通带阻带截止频率 Ω_c、Ω_s 分别为

$$\Omega_c = 0.16, \quad \Omega_s = 0.32$$

经分析可知，要满足指标必须选用二阶以上巴特沃思滤波器。
三阶归一化的系统函数为

$$H_a^1(s) = \frac{1}{1 + 2s + 2s^2 + s^3}$$

以 s/Ω_c 代替 s，得

$$H_a(s) = \frac{1}{1 + 2(s/\Omega_c) + 2(s/\Omega_c)^2 + (s/\Omega_c)^3}$$

又

$$s = \frac{z^2 - 2z\cos\omega_0 + 1}{z^2 - 1} = \frac{z^2 + 1}{z^2 - 1}$$

则将其代入 $H_a(s)$ 得

$$H(z) = H_a(s)\big|_{s = \frac{z^2+1}{z^2-1}}$$

4. 用模拟低通滤波器设计数字带阻滤波器

正如高通变换与低通变换的对应关系一样，带阻滤波器的变换关系也是带通滤波器变换关系的倒数，则

$$s = \frac{z^2 - 1}{z^2 - 2z\cos\omega_0 + 1} \tag{5-71}$$

$$\Omega = \frac{\sin\omega}{\cos\omega - \cos\omega_0}, \quad \Omega_c = \frac{\sin\omega_1}{\cos\omega_1 - \cos\omega_0} \tag{5-72}$$

模拟低通滤波器到数字带阻滤波器频率变换曲线如图 5.17 所示。

5. 模拟低通滤波器到各类数字滤波器的变换关系

综上分析，通过模拟低通滤波器设计各类数字滤波器可以直接通过代换得到。这样只要知道数字滤波器的设计指标，将其代换为模拟滤波器指标并得到模拟滤波器原型，就可以直接方便地得到所要的数字滤波器。

由模拟滤波器到各类数字滤波器的变换关系总结如表 5.2 所列。

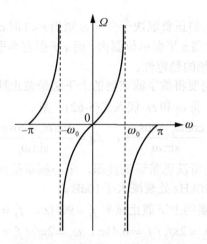

图 5.17　模拟低通滤波器到数字带阻滤波器的频率关系

表 5.2　模拟低通滤波器与各类数字滤波器的变换关系

要变换的数字滤波器	系统函数变换关系 $H(z) = H_a(s)\big|_{s=F(z)}$	Ω 与 ω 频率变换关系
模拟低通——数字低通	$s = \dfrac{2}{T}\dfrac{1-z^{-1}}{1+z^{-1}}$	$\Omega = \dfrac{2}{T}\tan\left(\dfrac{\omega}{2}\right)$
模拟低通——数字高通	$s = \dfrac{T}{2}\dfrac{1+z^{-1}}{1-z^{-1}}$	$\Omega = -\dfrac{T}{2}\cot\left(\dfrac{\omega}{2}\right)$
模拟低通——数字带通	$s = \dfrac{z^2 - 2z\cos\omega_0 + 1}{z^2 - 1}$	$\Omega = \dfrac{\cos\omega_0 - \cos\omega}{\sin\omega}$
模拟低通——数字带阻	$s = \dfrac{z^2 - 1}{z^2 - 2z\cos\omega_0 + 1}$	$\Omega = \dfrac{\sin\omega}{\cos\omega - \cos\omega_0}$

5.5.2　基于数字滤波器变换设计数字滤波器

　　上一节讨论了由模拟低通滤波器原型经频率变换来直接设计各类数字滤波器的方法。这种频率变换的设计方法同样也可直接在数字域中进行。总之，可以从数字低通滤波器出发(当然此数字滤波器也可由模拟滤波器变换得来)，在 z 域直接变换得到各类数字滤波器。

　　因为都是在 z 域变换，则数字低通滤波器系统函数标记为 $H_d(z_1)$，所在平面为 z_1 平面；所设计的各类目标数字滤波器系统标记为 $H(z)$，所在平面为 z 平面，那么变换关系可写为

$$H(z) = H_d(z_1)\big|_{z_1^{-1} = g(z^{-1})} \tag{5-73}$$

　　因此，寻找合适的函数 $z_1^{-1} = g(z^{-1})$ 成了 z 域变换的关键。$g(z^{-1})$ 必须满足变换关系是 z^{-1} 的有理函数。为保证系统的因果稳定性要求，z_1 平面单位圆内部必须对应 z 平面单位圆内部。因为在 z 域变换只需改变相位，故 $g(z^{-1})$ 必须是全通函数。

　　令 $z_1 = e^{j\theta}$，$z = e^{j\omega}$，代入 $z_1^{-1} = g(z^{-1})$，且要求 z_1 平面单位圆必须对应 z 平面单位圆，得

$$e^{-j\theta} = g(e^{-j\omega}) = \left|g(e^{-j\omega})\right| e^{j\varphi(\omega)} \tag{5-74}$$

且 $|g(\mathrm{e}^{-\mathrm{j}\omega})|=1$，其中 $\varphi(\omega)$ 是 $g(\mathrm{e}^{-\mathrm{j}\omega})$ 的相频特性，即函数 $g(\mathrm{e}^{-\mathrm{j}\omega})$ 为全通函数。全通函数可以表示为

$$g(z^{-1}) = \pm\prod_{i=1}^{N}\frac{z^{-1}-\alpha_i^*}{1-\alpha_i z^{-1}} \tag{5-75}$$

很明显，α_i 为 $g(z^{-1})$ 的极点，可为实数或共轭复数，但必须在单位圆以内即 $|\alpha_i|<1$，这样才能保证变换前后系统的稳定性不变；$g(z^{-1})$ 的所有零点都是其极点的共轭倒数 $1/\alpha_i^*$；N 是全通滤波器阶数；当 ω 由 $0\to\pi$ 变化时，相位函数 $\varphi(\omega)$ 的变化量为 $N\pi$；不同的变换只需选择合适的阶数 N 和极点 α_i。

1. 用数字低通滤波器设计数字低通滤波器

由数字低通滤波器到数字低通滤波器的变换如图 5.18 所示，$H_d(\mathrm{e}^{\mathrm{j}\theta})$ 和 $H(\mathrm{e}^{\mathrm{j}\omega})$ 都是低通滤波器，所不同的是截止频率不同，因此当 $\omega=0\sim\pi$ 时，对应 $\theta=0\sim\pi$。根据全通函数相位 $\varphi(\omega)$ 变化量为 $N\pi$ 的性质，可确定全通函数的阶数 $N=1$，这样的映射函数为

$$z_1^{-1} = g(z^{-1}) = \frac{z^{-1}-\alpha}{1-\alpha z^{-1}} \tag{5-76}$$

其中 α 是实数，且必须满足 $g(\pm1)=\pm1$，且 $|\alpha|<1$。将 $z=\mathrm{e}^{\mathrm{j}\omega}$ 及 $z_1=\mathrm{e}^{\mathrm{j}\theta}$ 代入式(5-76)可得到频率变换关系。

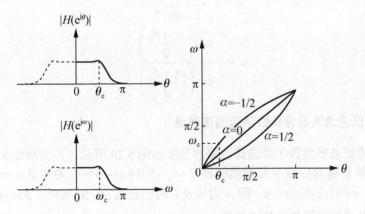

图 5.18　数字低通滤波器到数字低通滤波器的变换关系

则 $\mathrm{e}^{-\mathrm{j}\theta}$ 与 $\mathrm{e}^{-\mathrm{j}\omega}$ 的变换关系为

$$\mathrm{e}^{-\mathrm{j}\theta} = \frac{\mathrm{e}^{-\mathrm{j}\omega}-\alpha}{1-\alpha\mathrm{e}^{-\mathrm{j}\omega}} \tag{5-77}$$

ω、θ 的关系为

$$\omega = \arctan\left[\frac{(1-\alpha^2)\sin\theta}{2\alpha+(1+\alpha^2)\cos\theta}\right] \tag{5-78}$$

很明显，当 $\alpha=0$ 时，$\omega_c=\theta_c$，$z_1=z$，$\omega\sim\theta$ 呈线性关系，其余为非线性；当 $\alpha>0$ 时，$\omega_c<\theta_c$，带宽变窄；当 $\alpha<0$ 时，$\omega_c>\theta_c$，带宽变宽。选择合适的 α，可使 θ_c 变换为 ω_c，则有

$$\alpha = \frac{\sin\left(\dfrac{\theta_{c} - \omega_{c}}{2}\right)}{\sin\left(\dfrac{\theta_{c} + \omega_{c}}{2}\right)} \tag{5-79}$$

2. 用数字低通滤波器设计数字高通滤波器

由数字低通滤波器到数字高通滤波器的变换如图 5.19 所示，就是把低通到低通变换的 z 换成 $-z$，即在单位圆上旋转 π，变换关系为：$\omega = 0 \sim \pi \to \theta = -\pi \sim 0$，$\omega_{c} \to -\theta_{c}$。

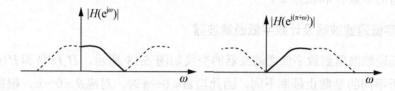

图 5.19　数字低通滤波器到数字高通滤波器的变换关系

其变换关系数为

$$z_{1}^{-1} = g(z^{-1}) = \frac{-z^{-1} - \alpha}{1 + \alpha z^{-1}} = -\frac{z^{-1} + \alpha}{1 + \alpha z^{-1}} \tag{5-80}$$

$$e^{-j\theta} = -\frac{e^{-j\omega} + \alpha}{1 + \alpha e^{-j\omega}} \tag{5-81}$$

$$\alpha = -\frac{\cos\left(\dfrac{\omega_{c} + \theta_{c}}{2}\right)}{\cos\left(\dfrac{\omega_{c} - \theta_{c}}{2}\right)} \tag{5-82}$$

3. 用数字低通滤波器设计数字带通滤波器

由数字低通滤波器到数字带通滤波器的变换如图 5.20 所示，其变换要求如下：数字带通滤波器中心频率 ω_{0} 对应数字低通滤波器 $\theta = 0$；同样 $\omega = 0 \sim \omega_{0}$ 对应 $\theta = -\pi \sim 0$，即 ω_{2} 对应 $-\theta_{c}$；$\omega = \omega_{0} \sim \pi$ 对应 $\theta = 0 \sim \pi$，即 ω_{1} 对应 θ_{c}；很明显当 $\omega = 0 \sim \pi$ 时，$\theta = -\pi \sim \pi$，$N = 2$。综上分析可得低通到带通的变换关系为

$$z_{1}^{-1} = g(z^{-1}) = -\frac{z^{-2} + r_{1}z^{-1} + r_{2}}{r_{2}z^{-2} + r_{1}z^{-1} + 1} \tag{5-83}$$

$$e^{-j\theta} = -\frac{e^{-j2\omega} + r_{1}e^{-j\omega} + r_{2}}{r_{2}e^{-j2\omega} + r_{1}e^{-j\omega} + 1} \tag{5-84}$$

确定 r_{1}、r_{2}，把变换关系 $\omega_{1} \to \theta_{c}$，$\omega_{2} \to -\theta_{c}$ 代入上式求解，得

$$\begin{cases} e^{-j\theta_{c}} = -\dfrac{e^{-j2\omega_{1}} + r_{1}e^{-j\omega_{1}} + r_{2}}{r_{2}e^{-j2\omega_{1}} + r_{1}e^{-j\omega_{1}} + 1} \\[3mm] e^{j\theta_{c}} = -\dfrac{e^{-j2\omega_{2}} + r_{1}e^{-j\omega_{2}} + r_{2}}{r_{2}e^{-j2\omega_{2}} + r_{1}e^{-j\omega_{2}} + 1} \end{cases} \tag{5-85}$$

$$r_1 = -\frac{2\alpha\beta}{\beta+1}, \quad r_2 = \frac{\beta-1}{\beta+1} \tag{5-86}$$

$$\alpha = \frac{\cos\left(\dfrac{\omega_2 + \omega_1}{2}\right)}{\cos\left(\dfrac{\omega_2 - \omega_1}{2}\right)}, \quad \beta = \cot\left(\frac{\omega_2 - \omega_1}{2}\right)\tan\frac{\theta_c}{2} \tag{5-87}$$

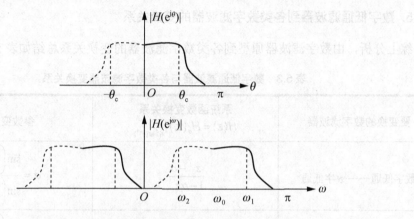

图 5.20　数字低通滤波器到数字带通滤波器的变换关系

4. 用数字低通滤波器设计数字带阻滤波器

由数字低通滤波器到数字带阻滤波器的变换如图 5.21 所示，其变换要求如下：数字带阻滤波器中心频率 ω_0 对应数字低通滤波器 $\theta = \pm\pi$；同样 $\omega = \omega_0 \sim 0$ 对应 $\theta = \pi \sim 0$，即 ω_2 对应 θ_c；很明显，当 $\omega = 0 \sim \pi$ 时，$\theta = -\pi \sim \pi$，$N = 2$。综上分析可得低通到带阻的变换关系为

$$z_1^{-1} = g(z^{-1}) = \frac{z^{-2} + r_1 z^{-1} + r_2}{r_2 z^{-2} + r_1 z^{-1} + 1} \tag{5-88}$$

$$e^{-j\theta} = -\frac{e^{-2j\omega} + r_1 e^{-j\omega} + r_2}{r_2 e^{-j2\omega} + r_1 e^{-j\omega} + 1} \tag{5-89}$$

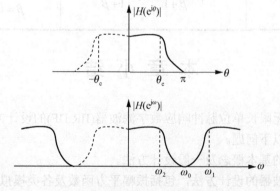

图 5.21　数字低通滤波器到数字带阻滤波器的变换关系

确定 r_1、r_2，把变换关系 $\omega_1 \to -\theta_c$，$\omega_2 \to \theta_c$ 代入上式得

$$r_1 = \frac{-2\alpha}{\beta+1}, \quad r_2 = \frac{1-\beta}{1+\beta} \tag{5-90}$$

$$\alpha = \frac{\cos\left(\dfrac{\omega_2 + \omega_1}{2}\right)}{\cos\left(\dfrac{\omega_2 - \omega_1}{2}\right)}, \quad \beta = \tan\left(\frac{\omega_2 - \omega_1}{2}\right)\tan\frac{\theta_c}{2} \tag{5-91}$$

5. 数字低通滤波器到各类数字滤波器的变换关系

综上分析，由数字滤波器原型到各类数字滤波器的变换关系总结如表 5.3 所示。

表 5.3 数字低通滤波器与各类数字滤波器变换关系

要变换的数字滤波器	系统函数变换关系 $H(z) = H_d(z_1)\big|_{z_1^{-1}=g(z^{-1})}$	参数变换关系
数字低通——数字低通	$\dfrac{z^{-1} - \alpha}{1 - \alpha z^{-1}}$	$\alpha = \dfrac{\sin\left(\dfrac{\theta_c - \omega_c}{2}\right)}{\sin\left(\dfrac{\theta_c + \omega_c}{2}\right)}$
数字低通——数字高通	$-\dfrac{z^{-1} + \alpha}{1 + \alpha z^{-1}}$	$\alpha = \dfrac{\cos\left(\dfrac{\theta_c + \omega_c}{2}\right)}{\cos\left(\dfrac{\omega_c - \theta_c}{2}\right)}$
数字低通——数字带通	$\dfrac{z^{-2} + r_1 z^{-1} + r_2}{r_2 z^{-2} + r_1 z^{-1} + 1}$ $r_1 = -\dfrac{2\alpha\beta}{\beta+1}, \quad r_2 = \dfrac{\beta-1}{\beta+1}$	$\alpha = \dfrac{\cos\left(\dfrac{\omega_2 + \omega_1}{2}\right)}{\cos\left(\dfrac{\omega_2 - \omega_1}{2}\right)}$ $\beta = \cot\left(\dfrac{\omega_2 - \omega_1}{2}\right)\tan\dfrac{\theta_c}{2}$
数字低通——数字带阻	$\dfrac{z^{-2} + r_1 z^{-1} + r_2}{r_2 z^{-2} + r_1 z^{-1} + 1}$ $r_1 = \dfrac{-2\alpha}{\beta+1}, \quad r_2 = \dfrac{1-\beta}{1+\beta}$	$\alpha = \dfrac{\cos\left(\dfrac{\omega_2 + \omega_1}{2}\right)}{\cos\left(\dfrac{\omega_2 - \omega_1}{2}\right)}$ $\beta = \tan\left(\dfrac{\omega_2 - \omega_1}{2}\right)\tan\dfrac{\theta_c}{2}$

本 章 小 结

本章主要讲述了无限长单位脉冲响应数字滤波器(IIR DF)的设计方法，是全书的重点之一。主要分析讨论了以下问题。

(1) 数字滤波器的基本概念及一般设计方法。

(2) 典型模拟滤波器的设计方法，包括振幅平方函数及各类模拟滤波器的特点。

(3) 重点分析介绍了脉冲响应不变法和双线性变换法的基本思想和设计方法。

(4) 其他各类数字滤波器的设计方法，主要是通过频率变换的方法进行设计，包括模

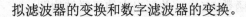

拟滤波器的变换和数字滤波器的变换。

习　题

1. 数字滤波器的技术指标有什么？分别表示什么意思？

2. 根据模拟滤波器振幅平方函数的不同，可把模拟滤波器分成几种类型？它们的特性有什么异同？

3. 简述脉冲响应不变法的设计思路和优缺点。

4. 简述双线性变换法的设计思路和优缺点。

5. 已知模拟滤波器有低通、高通、带通、带阻等类型，而实际应用中的数字滤波器有低通、高通、带通、带阻等类型。问设计各类型数字滤波器可以有哪些方法。试画出这些方法的结构表示图并注明其变换方法。

6. 用脉冲响应不变法及双线性变换法将模拟传递函数 $H_a(s) = \dfrac{3}{(s+1)(s+3)}$ 转变为数字传递函数 $H(z)$，采样周期 $T = 0.5$。

7. 用脉冲响应不变法及双线性变换法将模拟传递函数 $H_a(s) = \dfrac{3}{s^2 + s + 1}$ 转变为数字传递函数 $H(z)$，采样周期 $T = 2$。

8. 用脉冲响应不变法将以下 $H_a(s)$ 转变为 $H(z)$，采样周期为 T，m 为任意正整数。

(1) $H_a(s) = \dfrac{A}{(s+s_0)^2}$

(2) $H_a(s) = \dfrac{A}{(s+s_0)^m}$

9. 用脉冲响应不变法及阶跃不变法将模拟传递函数 $H_a(s) = \dfrac{s+a}{(s+a)^2 + b^2}$ 转变为数字传递函数 $H(z)$，采样周期为 T。

10. 设有一模拟滤波器 $H_a(s) = \dfrac{1}{s^2 + s + 1}$，采样周期 $T = 2$，用双线性变换法将其转换为数字系统函数 $H(z)$。

11. 若设计一个数字低通滤波器 $H(z)$ 的截止频率 $\omega_c = 0.2\pi$，整个系统相当于一个模拟低通滤波器。若采样频率 $f_s = 1\text{kHz}$，这时等效的模拟低通滤波器截止频率 f_c 是多少？若 $f_s = 5\text{kHz}$，$f_s = 200\text{Hz}$，而 $H(z)$ 不变，这时等效的模拟低通滤波器截止频率 f_c 是多少？

12. 设采样频率 $f_s = 5\text{kHz}$，用脉冲响应不变法设计一个三阶巴特沃思数字低通滤波器，截止频率 $f_c = 1\text{kHz}$，并画出该滤波器的并联结构。

13. 用双线性变换法设计一个三阶巴特沃思数字高通滤波器，截止频率为 1.5kHz。

14. 用双线性变换法设计一个三阶巴特沃思数字带通滤波器，采样频率 $f_s = 720\text{Hz}$，上下边带截止频率 $f_1 = 60\text{Hz}$，$f_2 = 300\text{Hz}$。

15. 用双线性变换法设计一个数字滤波器，在频率低于 $\omega = 0.2\pi$ 的范围内，低通幅度特性为常数，并且不低于 0.75dB；在频率 $\omega = 0.4018\pi$ 和 π 之间，阻带衰减至少为 20dB。

试求满足这些条件的最低阶巴特沃思滤波器的系统函数 $H(z)$，并画出它的级联结构图。

16. 用双线性变换法设计二阶巴特沃思数字低通滤波器。已知3dB截止频率为100Hz，系统采样频率为1kHz。

17. 图5.22所示为一个数字滤波器的频率响应。试分别用脉冲响应不变法和双线性变换法求原型模拟滤波器频率响应。

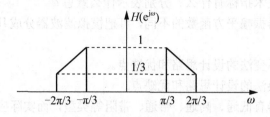

图5.22 习题17图

18. 用双线性变换法设计巴特沃思数字高通滤波器，要求通带边界频率为0.8rad，通带最大衰减为3dB，阻带边界频率为0.5rad，阻带最小衰减为18dB。

19. 设计巴特沃思数字带通滤波器，要求通带范围为 $0.25\pi \leqslant \omega \leqslant 0.45\pi$，通带最大衰减为3dB，阻带范围为 $0 \leqslant \omega \leqslant 0.15\pi$ 和 $0.55\pi \leqslant \omega \leqslant \pi$，阻带最小衰减为15dB。

20. 设计一个工作于采样频率100kHz的巴特沃思数字低通滤波器，要求通带边界频率为4kHz，通带最大衰减为0.5dB，阻带边界频率为20kHz，阻带最小衰减为45dB。调用 MATLAB 工具箱函数 buttord 和 butter 进行设计,并显示数字滤波器系统函数 $H(z)$ 的系数，绘制损耗函数和相频特性曲线。这种设计对应于脉冲响应不变法还是双线性变换法？

21. 设计一个工作于采样频率100kHz的切比雪夫Ⅰ型数字低通滤波器，要求通带边界频率为4kHz，通带最大衰减为0.5dB，阻带边界频率为20kHz，阻带最小衰减为45dB。调用 MATLAB 工具箱函数 cheblord 和 cheby1 进行设计,并显示数字滤波器系统函数 $H(z)$ 的系数，绘制损耗函数和相频特性曲线。

22. 设计一个椭圆数字高通滤波器，其采样频率为2500Hz，要求通带边界频率为325kHz，通带最大衰减为1.2dB，阻带边界频率为225kHz，阻带最小衰减为25dB。调用 MATLAB 工具箱函数 ellipord 和 ellip 进行设计,并显示数字滤波器系统函数 $H(z)$ 的系数，绘制损耗函数和相频特性曲线。

23. 设计一个工作于采样频率1MHz的椭圆数字带通滤波器，要求通带边界频率为560Hz和780Hz，通带最大衰减为0.5dB，阻带边界频率为400Hz和1000Hz，阻带最小衰减为50dB。调用 MATLAB 工具箱函数 ellipord 和 ellip 进行设计,并显示数字滤波器系统函数 $H(z)$ 的系数，绘制损耗函数和相频特性曲线。

第6章 有限长单位脉冲响应数字滤波器(FIR DF)设计

教学目标

通过本章的学习,要理解 FIR 数字滤波器的基本概念,掌握线性相位 FIR 数字滤波器的条件(其单位脉冲响应的特点);掌握窗函数法设计 FIR 滤波器的方法(窗形状的选择,长度的计算);掌握频率采样法设计 FIR 滤波器的方法;了解窗函数法和频率采样法设计 FIR 滤波器的特点;了解 IIR 和 FIR 数字滤波器各自的特点及区别。

本章先讨论了线性相位 FIR 数字滤波器的条件和特点,分别介绍了利用窗函数法和频率采样法设计 FIR 滤波器的方法,然后讨论了最优化设计法,最后比较了 IIR 和 FIR 数字滤波器的特点。

6.1 线性相位 FIR DF

IIR DF 的滤波功能主要体现在幅频特性,其相位特性是非线性的。有限长单位脉冲响应数字滤波器(Finite Impulse Response Digital Filter,FIR DF)的特点主要体现在它很容易获得严格的线性相位,避免处理的信号产生相位失真。线性相位特性可以广泛应用于现代数字通信和信号处理中,因为:有用信息往往是在信号相位中而不是在幅度上;极点全部在原点,系统永远稳定;对任何一个非因果的有限长序列,可通过一定延时,将序列转化为因果序列,由此获得恒定的因果性;系统无反馈运算,所以运算误差小。

FIR DF 滤波器的设计方法分两大类:第一类是经典设计法,从时域或频域逼近理想滤波器,包括窗函数法、频率采样法等;第二类是基于计算机的最优设计法,此种方法具有仿真和设计的一致性。

FIR DF 的时域差分方程为

$$y(n) = \sum_{i=0}^{N-1} a_i x(n-i) \tag{6-1}$$

FIR DF 的 z 域系统函数为

$$H(z) = \sum_{n=0}^{N-1} h(n) z^{-n} \tag{6-2}$$

FIR DF 的频域系统函数为

$$H(\mathrm{e}^{\mathrm{j}\omega}) = \sum_{n=0}^{N-1} h(n) \mathrm{e}^{-\mathrm{j}\omega n} = H_g(\omega) \mathrm{e}^{\mathrm{j}\theta(\omega)} \tag{6-3}$$

如果系统是线性时不变的,则时域可用卷积形式表示为

$$y(n) = \sum_{i=0}^{N-1} h(i)x(n-i) \qquad (6\text{-}4)$$

应注意 FIR DF 系统的各类表达方式与 IIR DF 系统表达式的区别，从整体上看，FIR DF 无反馈，系统函数无分母，系统无极点，一直保持稳定。

6.1.1　FIR DF 线性相位特性

如果 FIR DF 的单位脉冲响应 $h(n)$ 为实数，且 $h(n)$ 是偶对称或奇对称的，则 FIR DF 具有严格的线性相位特性。

1. 当 $h(n)$ 为偶对称 $h(n) = h(N-1-n)$，具有第一类线性相位

将对称关系代入 FIR DF 的系统函数，得

$$H(z) = \sum_{n=0}^{n-1} h(n)z^{-n} = \sum_{n=0}^{N-1} h(N-1-n)z^{-n} \qquad (6\text{-}5)$$

令 $m = N-1-n$ ，则

$$H(z) = \sum_{m=0}^{N-1} h(m)z^{-(N-1-m)} = z^{-(N-1)}\sum_{m=0}^{N-1} h(m)z^{m} = z^{-(N-1)}H(z^{-1})$$

$$H(z) = \frac{1}{2}[H(z) + z^{-(N-1)}H(z^{-1})]$$

$$= \frac{1}{2}\sum_{n=0}^{N-1} h(n)[z^{-n} + z^{-(N-1)}z^{n}]$$

$$= z^{-\left(\frac{N-1}{2}\right)}\sum_{n=0}^{N-1} h(n)\left[\frac{z^{-\left(n-\frac{N-1}{2}\right)} + z^{\left(n-\frac{N-1}{2}\right)}}{2}\right]$$

令 $z = e^{j\omega}$ ， $H(e^{j\omega}) = H(\omega)e^{j\varphi(\omega)}$ ，则

$$H(e^{j\omega}) = e^{-j\omega\left(\frac{N-1}{2}\right)}\sum_{n=0}^{N-1} h(n)\cos\left[\omega\left(n - \frac{N-1}{2}\right)\right] \qquad (6\text{-}6)$$

$$H(\omega) = \sum_{n=0}^{N-1} h(n)\cos\left[\omega\left(n - \frac{N-1}{2}\right)\right] \qquad (6\text{-}7)$$

$$\varphi(\omega) = -\omega\left(\frac{N-1}{2}\right) \qquad (6\text{-}8)$$

$H(\omega)$ 称为幅度函数，可正可负，区别于幅频响应函数 $|H(e^{j\omega})|$。相位函数 $\varphi(\omega)$ 随频率线性变化，具有严格的线性相位，起始初相位为 0。

2. 当 $h(n)$ 为奇对称 $h(n) = -h(N-1-n)$，具有第二类线性相位

将对称关系代入 FIR DF 的系统函数，得

$$H(z) = \sum_{n=0}^{n-1} h(n)z^{-n} = \sum_{n=0}^{N-1} -h(N-1-n)z^{-n} \qquad (6\text{-}9)$$

令 $z = e^{j\omega}$ ， $H(e^{j\omega}) = H(\omega)e^{j\varphi(\omega)}$ ，则

$$H(\mathrm{e}^{\mathrm{j}\omega}) = \mathrm{e}^{-\mathrm{j}\left[\omega\left(\frac{N-1}{2}\right)+\frac{\pi}{2}\right]} \sum_{n=0}^{N-1} h(n) \sin\left[\omega\left(n-\frac{N-1}{2}\right)\right] \qquad (6\text{-}10)$$

$$H(\omega) = \sum_{n=0}^{N-1} h(n) \sin\left[\omega\left(n-\frac{N-1}{2}\right)\right] \qquad (6\text{-}11)$$

$$\varphi(\omega) = -\omega\left(\frac{N-1}{2}\right) - \frac{\pi}{2} \qquad (6\text{-}12)$$

相位函数 $\varphi(\omega)$ 随频率线性变化，具有严格的线性相位，起始初相位为 $-\dfrac{\pi}{2}$。

第一类和第二类线性相位情况的群时延均为

$$\tau(\omega) = \frac{\mathrm{d}\varphi(\omega)}{\mathrm{d}\omega} = -\frac{N-1}{2} \qquad (6\text{-}13)$$

6.1.2　线性相位 FIR DF 幅度特性 $H(\omega)$

1. 当 $h(n)$ 为偶对称且 N 为奇数时的 $H(\omega)$

将 $h(n) = h(N-1-n)$ 代入 $H(\omega) = \sum\limits_{n=0}^{N-1} h(n)\cos\left[\omega\left(n-\dfrac{N-1}{2}\right)\right]$，得

$$H(\omega) = h\left(\frac{N-1}{2}\right) + \sum_{m=1}^{(N-3)/2} 2h\left(\frac{N-1}{2} - m\right)\cos\omega m$$

令 $n = \dfrac{N-1}{2} - m$，则 $H(\omega)$ 可写成

$$H(\omega) = h\left(\frac{N-1}{2}\right) + \sum_{n=1}^{(N-1)/2} 2h\left(\frac{N-1}{2} - n\right)\cos n\omega \qquad (6\text{-}14)$$

$$H(\omega) = \sum_{n=0}^{(N-1)/2} a(n)\cos n\omega \qquad (6\text{-}15)$$

$$a(0) = h\left(\frac{N-1}{2}\right), \quad a(n) = 2h\left(\frac{N-1}{2} - n\right) \quad n = 1, 2, \cdots, \frac{N-1}{2} \qquad (6\text{-}16)$$

显然，$\cos m\omega$ 对 $\omega = 0, \pi, 2\pi$ 偶对称，因此 $H(\omega)$ 对这些频率也呈偶对称。因此系统的对称性要求同于数字频域本身的周期性，故而在此种条件下可设计各型滤波器。

2. 当 $h(n)$ 为偶对称且 N 为偶数时的 $H(\omega)$

将 $h(n) = h(N-1-n)$ 代入时 $H(\omega) = \sum\limits_{n=0}^{N-1} h(n)\cos\left[\omega\left(n-\dfrac{N-1}{2}\right)\right]$，得

$$H(\omega) = \sum_{n=0}^{\frac{N}{2}-1} 2h(n)\cos\left[\omega\left(n-\frac{N-1}{2}\right)\right]$$

$$= \sum_{n-\frac{N}{2}}^{N-1} 2h(n)\cos\left[\omega\left(n-\frac{N-1}{2}\right)\right]$$

令 $n = \dfrac{N}{2} - m$，则

$$H(\omega) = \sum_{m=1}^{N/2} 2h\left(\frac{N}{2} - m\right)\cos\left[\omega\left(m - \frac{1}{2}\right)\right]$$

也可写成

$$H(\omega) = \sum_{n=1}^{N/2} 2h\left(\frac{N}{2} - n\right)\cos\left[\omega\left(n - \frac{1}{2}\right)\right] = \sum_{n=1}^{N/2} b(n)\cos\left[\omega\left(n - \frac{1}{2}\right)\right] \tag{6-17}$$

$$b(n) = 2h\left(\frac{N-1}{2} - n\right) \qquad n = 1, 2, \cdots, \frac{N}{2} \tag{6-18}$$

显然，由于 $\cos\left[\omega\left(n - \dfrac{1}{2}\right)\right]$ 对 $\omega = \pi$ 奇对称，所以 $H(\omega)$ 对 $\omega = \pi$ 也为奇对称；当 $\omega = \pi$ 时，$\cos\left[\omega\left(n - \dfrac{1}{2}\right)\right] = 0$，所以 $H(\pi) = 0$，$z = -1$ 是 $H(z)$ 的零点。综上分析，当 $h(n)$ 为偶对称且 N 为偶数时，不能设计高通、带阻滤波器(因为这些滤波器 $\omega = \pi$ 时，$H(\omega) \neq 0$)。

3. 当 $h(n)$ 为奇对称且 N 为奇数时的 $H(\omega)$

将 $h(n) = -h(N-1-n)$ 代入 $H(\omega) = \displaystyle\sum_{n=0}^{N-1} h(n)\sin\left[\omega\left(n - \dfrac{N-1}{2}\right)\right]$，很明显，中间项 $h[(N-1)/2] = 0$，$H(\omega)$ 求和式中两两项合并，并令 $n = m + (N-1)/2$，得

$$H(\omega) = \sum_{n=\frac{N+1}{2}}^{N-1} 2h(n)\sin\left[\omega\left(n - \frac{N-1}{2}\right)\right]$$

$$= \sum_{m=1}^{(N-1)/2} 2h\left(\frac{N-1}{2} + m\right)\sin m\omega$$

$$H(\omega) = \sum_{n=1}^{(N-1)/2} 2h\left(\frac{N-1}{2} + n\right)\sin n\omega = \sum_{n=1}^{\frac{N-1}{2}} c(n)\sin n\omega \tag{6-19}$$

$$c(n) = 2h\left(\frac{N-1}{2} + n\right) \qquad n = 1, 2, \cdots, \frac{N-1}{2} \tag{6-20}$$

很明显，$\sin n\omega$ 关于 $\omega = 0, \pi, 2\pi$ 奇对称，$H(\omega)$ 也对这些点奇对称；当 $\omega = 0, \pi, 2\pi$ 时，$\sin n\omega = 0$，所以 $H(\omega) = 0$，即 $z = \pm1$ 是 $H(z)$ 的零点。综上分析，当 $h(n)$ 为奇对称且 N 为奇数时，不能设计 $H(0) \neq 0$ 和 $H(\pi) \neq 0$ 的滤波器，即不能用作低通、高通、带阻滤波器，只能设计带通滤波器。

4. 当 $h(n)$ 为奇对称且 N 为偶数时的 $H(\omega)$

将 $h(n) = -h(N-1-n)$ 代入 $H(\omega) = \displaystyle\sum_{n=0}^{N-1} h(n)\sin\left[\omega\left(n - \dfrac{N-1}{2}\right)\right]$，很明显，中间项不存在，$H(\omega)$ 求和式中两两项合并，并令 $n = N/2 - m$，得

$$H(\omega) = \sum_{n=N/2}^{N-1} 2h(n)\sin\left[\omega\left(n - \frac{N-1}{2}\right)\right]$$

$$= \sum_{n=1}^{N/2} 2h\left(\frac{N}{2} - 1 + m\right)\sin\left[\omega\left(m - \frac{1}{2}\right)\right]$$

$$H(\omega) = \sum_{n=1}^{N/2} 2h\left(\frac{N}{2} - 1 + n\right)\sin\left[\omega\left(n - \frac{1}{2}\right)\right] = \sum_{n=1}^{N/2} d(n)\sin\left[\omega\left(n - \frac{1}{2}\right)\right] \tag{6-21}$$

$$d(n) = 2h\left(\frac{N}{2} - 1 + n\right) \qquad n = 1, 2, \cdots, \frac{N}{2} \tag{6-22}$$

很明显，$\sin\left[\omega\left(n - \frac{1}{2}\right)\right]$ 关于 $\omega = 0, 2\pi$ 奇对称，$H(\omega)$ 也对这些点奇对称；当 $\omega = 0, 2\pi$ 时，$\sin\left[\omega\left(n - \frac{1}{2}\right)\right]=0$，所以 $H(\omega) = 0$，即 $z = 1$ 是 $H(z)$ 的零点。综上分析，当 $h(n)$ 为奇对称且 N 为偶数时，不能设计 $H(0) \neq 0$ 和 $H(2\pi) \neq 0$ 的滤波器，即不能设计低通、带阻滤波器，只能设计高通、带通滤波器。

5. 各类线性相位情况对应的 FIR DF 类型

线性相位情况不同，所能设计的滤波器种类是不同的，这在滤波器设计中是必须首先考虑的问题。第一类线性相位，$h(n)$ 偶对称，$\varphi(\omega) = -\omega\left(\frac{N-1}{2}\right)$；第二类线性相位，$h(n)$ 奇对称，$\varphi(\omega) = -\omega\left(\frac{N-1}{2}\right) - \frac{\pi}{2}$。具体情况共分四种，见表6.1：情况1，$h(n)$ 偶对称且 N 为奇数；情况2，$h(n)$ 偶对称且 N 为偶数；情况3，$h(n)$ 奇对称且 N 为奇数点；情况4，$h(n)$ 奇对称且 N 为偶数。

表 6.1　各类线性相位情况对应的 FIR DF 类型

各类线性相位分类情况	低通滤波器	高通滤波器	带通滤波器	带阻滤波器
情况1：$h(n)$ 偶对称且 N 为奇数	△	△	△	△
情况2：$h(n)$ 偶对称且 N 为偶数	△	○	△	○
情况3：$h(n)$ 奇对称且 N 为奇数	○	○	△	○
情况4：$h(n)$ 奇对称且 N 为偶数	○	△	△	△

注：能设计的滤波器种类用 △ 表示，不能设计的用 ○ 表示。

综上分析，四种 FIR DF 的相位特性只取决于 $h(n)$ 的对称性和 N 的奇偶性，而与 $h(n)$ 的具体值无关，其幅度特性 $H(\omega)$ 取决于 $h(n)$ 的对称性。因此，设计 FIR DF 时，在保证 $h(n)$ 对称性及 N 点数选取合适的情况下，只需完成幅度特性 $H(\omega)$ 的逼近即可。另外也要结合考虑相位特性 $\varphi(\omega)$，一般选频滤波器选用情况1和情况2，而微分器及 90° 相移器选用情况3和情况4。

6.1.3 线性相位 FIR DF 零点特性

线性相位 FIR DF 的单位脉冲响应 $h(n)$ 应具有对称性，即 $h(n) = \pm h(N-1-n)$。将其代入系统函数 $H(z) = \sum\limits_{n=0}^{N-1} h(n)z^{-n}$，则有

$$H(z) = \pm z^{-(N-1)} \sum_{n=0}^{N-1} h(n)(z^{-1})^{-n} = \pm z^{-(N-1)} H(z^{-1}) \tag{6-23}$$

如图 6.1 所示，若 z_i 是系统 $H(z)$ 的零点，z_i^{-1} 也是系统 $H(z)$ 的零点。$h(n)$ 一般是实数，则系统 $H(z)$ 的零点共轭成对出现，因此 z_i^* 及 $(z_i^*)^{-1}$ 也必是零点。综上分析，线性相位滤波器的零点是四个一组同时出现，呈共轭倒数对的形式，当然零点可能出现重合。

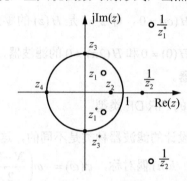

图 6.1　线性相位 FIR DF 零点分布情况

具体分析零点分布，共有四种可能情况：零点既不在单位圆上，也不在实轴上，有四个一组的共轭倒数对 z_i、z_i^{-1}、z_i^*、$(z_i^*)^{-1}$；零点在单位圆上，但不在实轴上，倒数对重合，有一对共轭零点 z_i、z_i^*；零点不在单位圆上，但在实轴上，共轭对重合，有一对互为倒数的零点 z_i、z_i^{-1}；零点既在单位圆上，又在实轴上，共轭和倒数都重合，所以零点四合一，出现的位置只有两种可能 $z_i = \pm 1$。

结合上小节中对幅度函数 $H(\omega)$ 的分析可知：对于 FIR DF 线性相位的情况 2，$h(n)$ 为偶对称且 N 为奇数，$H(\pi) = 0$，$z_i = -1$ 是零点，零点既在单位圆上又在实轴上；对于 FIR DF 线性相位的情况 3，$h(n)$ 为奇对称且 N 为奇数，$H(0) = 0$ 和 $H(\pi) = 0$，$z_i = \pm 1$ 都是 $H(z)$ 的单根；对于 FIR DF 线性相位的情况 4，$h(n)$ 为奇对称且 N 为偶数，$H(0) = 0$，所以 $z_i = 1$ 是 $H(z)$ 的单根；在情况 3 和情况 4 时，$h(n)$ 都是奇对称，$H(0) = 0$。FIR DF 线性相位滤波器应用广泛，在工程设计时应根据滤波器参数需要选择合适的线性相位类型，遵守其相位特性的约束条件。

6.2　窗函数法设计 FIR DF

如果理想滤波器系统的频率响应为 $H_d(e^{j\omega})$，目标滤波器系统的频率响应为

$H(\mathrm{e}^{\mathrm{j}\omega}) = \sum\limits_{n=0}^{N-1} h(n)\mathrm{e}^{-\mathrm{j}n\omega}$，那么 FIR DF 的设计就是用 $H(\mathrm{e}^{\mathrm{j}\omega})$ 逼近 $H_d(\mathrm{e}^{\mathrm{j}\omega})$。这种系统逼近的设计方法有两种，一种是从时域逼近的窗函数设计法，另一种是从频域逼近的频率采样设计法。 需要注意两种设计方法各有特点，适用情况稍有不同。

6.2.1　窗函数法设计思路

时域的窗函数设计法是从系统的单位脉冲响应 $h(n)$ 去逼近理想滤波器的单位脉冲响应 $h_d(n)$。理想滤波器的频率响应为

$$H_d(\mathrm{e}^{\mathrm{j}\omega}) = \begin{cases} \mathrm{e}^{-\mathrm{j}\omega\alpha} & |\omega| \leqslant \omega_c \\ 0 & \omega_c < |\omega| \leqslant \pi \end{cases} \qquad (6\text{-}24)$$

$h_d(n)$ 由 $H_d(\mathrm{e}^{\mathrm{j}\omega})$ 的 IDTFT 得到

$$h_d(n) = \frac{1}{2\pi}\int_{-\pi}^{\pi} H_d(\mathrm{e}^{\mathrm{j}\omega})\mathrm{e}^{\mathrm{j}\omega t}\mathrm{d}\omega = \frac{1}{2\pi}\int_{-\omega_c}^{\omega_c} \mathrm{e}^{-\mathrm{j}\omega\tau}\mathrm{e}^{\mathrm{j}\omega n}\mathrm{d}\omega = \frac{\sin[\omega_c(n-\tau)]}{\pi(n-\tau)} \qquad (6\text{-}25)$$

很明显，理想滤波器的单位脉冲响应 $h_d(n)$ 是无限长序列，且是非因果的。而 FIR DF 是有限长的，即用一个有限长序列 $h(n)$ 去逼近无限长序列 $h_d(n)$。给 $h_d(n)$ 加时域窗 $w(n)$ 截短得到 $h(n)$ 为

$$h(n) = w(n)h_d(n) \qquad (6\text{-}26)$$

最后由 $h(n)$ 变换得到系统函数 $H(z)$ 和频率响应 $H(\mathrm{e}^{\mathrm{j}\omega})$，完成设计。

6.2.2　窗函数法设计分析

为了分析方便，窗函数就使用矩形窗 $R_N(n)$，为了改善设计滤波器的特性，后面再分析其他类型的窗函数。如果理想 $h_d(n)$ 以 α 为中心，且其为偶对称无限长非因果序列。截取 $h_d(n)$ 共 N 点，作为 $h(n)$，$n=0 \sim N-1$，为了保证所得的 FIR DF 是因果系统，延时 $\alpha = (N-1)/2$，则 $h(n)$ 为

$$h(n) = h_d(n)W_R(n) = \begin{cases} h_d(n) & 0 \leqslant n \leqslant N-1 \\ 0 & \text{其他} \end{cases}，\text{其中 } W_R(n) = R_N(n) \qquad (6\text{-}27)$$

时域截短相乘，对应频域卷积，则 $H(\mathrm{e}^{\mathrm{j}\omega})$ 为

$$H(\mathrm{e}^{\mathrm{j}\omega}) = H_d(\mathrm{e}^{\mathrm{j}\omega}) * W_R(\mathrm{e}^{\mathrm{j}\omega}) \qquad (6\text{-}28)$$

设 $W(\mathrm{e}^{\mathrm{j}\omega})$ 为该窗口函数的频谱，则有

$$W(\mathrm{e}^{\mathrm{j}\omega}) = \sum\limits_{n=-\infty}^{\infty} w_R(n)\mathrm{e}^{-\mathrm{j}\omega t} = \sum\limits_{n=0}^{N-1} \mathrm{e}^{-\mathrm{j}\omega n} = \frac{1-\mathrm{e}^{-\mathrm{j}N\omega}}{1-\mathrm{e}^{-\mathrm{j}\omega}} = \mathrm{e}^{-\mathrm{j}\omega\left(\frac{N-1}{2}\right)}\frac{\sin(\omega N/2)}{\sin(\omega/2)} \qquad (6\text{-}29)$$

用幅度函数和相位函数表示，则有

$$W(\mathrm{e}^{\mathrm{j}\omega}) = W_R(\omega)\mathrm{e}^{-\mathrm{j}\omega\alpha} \qquad (6\text{-}30)$$

其线性相位部分 $\mathrm{e}^{-\mathrm{j}\omega\alpha}$ 表示延时一半长度 $\alpha = (N-1)/2$，对频响起作用的是它的幅度函数，如图 6.2 所示。

将理想频响 $H_d(\mathrm{e}^{\mathrm{j}\omega})$ 写成幅度函数和相位函数的形式为

$$H_d(e^{j\omega}) = H_d(\omega)e^{-j\omega\alpha} \tag{6-31}$$

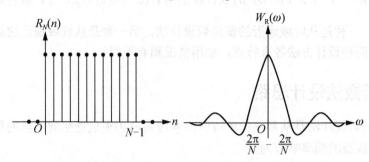

图 6.2　矩形窗函数及其幅度函数

其中幅度函数 $H_d(\omega)$ 为

$$H_d(\omega) = \begin{cases} 1 & |\omega| \leqslant \omega_c \\ 0 & \omega_c \leqslant |\omega| \leqslant \pi \end{cases} \tag{6-32}$$

时域截短相乘，对应频域卷积，则 $H(e^{j\omega})$ 为

$$\begin{aligned} H(e^{j\omega}) &= H_d(e^{j\omega}) * W_R(e^{j\omega}) = \frac{1}{2\pi}\int_{-\pi}^{\pi} H_d(e^{j\theta})W_R[e^{j(\omega-\theta)}]d\theta \\ &= \frac{1}{2\pi}\int_{-\pi}^{\pi} H_d(\theta)e^{-j\theta\alpha}W_R(\omega-\theta)e^{-j(\omega-\theta)\alpha}d\theta \\ &= e^{-j\omega\alpha}\left[\frac{1}{2\pi}\int_{-\pi}^{\pi} H_d(\theta)W_R(\omega-\theta)d\theta\right] \\ &= H(\omega)e^{-j\omega\alpha} \end{aligned}$$

则 FIR DF 幅度函数 $H(\omega)$ 为

$$H(\omega) = \frac{1}{2\pi}\int_{-\pi}^{\pi} H_d(\theta)W_R(\omega-\theta)d\theta \tag{6-33}$$

综上分析，FIR DF 幅度函数 $H(\omega)$ 为理想滤波器幅度函数与窗函数幅度函数的卷积，图 6.3 和图 6.4 所示为频域卷积的动态过程和结果，注意观察窗函数对系统幅度函数的影响，特别是主瓣对过渡带的影响以及旁瓣对纹波的影响。

在窗函数设计法中，理想滤波器的幅度特性与矩形窗的幅度特性卷积，加窗对理想频响的影响描述如下。

理想滤波器的过渡带为零，实际滤波器的过渡带受主瓣影响，宽度近似为窗函数主瓣宽度，其宽度为 $\Delta B = 4\pi/N$，主瓣宽度与 N 成反比；在 $\omega = \omega_c$ 处，$H(\omega)$ 下降一半，即 6dB；理想滤波器的通带、阻带的幅值分别为 1 和 0，$H(\omega)$ 在通带、阻带均有纹波，纹波由窗函数的旁瓣引起，旁瓣相对值越大，纹波越大，与 N 无关；当 $\omega = \omega_c \mp (2\pi/N)$ 时，分别出现正、负肩峰，肩峰值的大小决定了滤波器通带的平稳程度和阻带的衰减，对滤波器的性能有很大的影响；矩形窗函数的幅度特性为

$$W_R(\omega) = \frac{\sin(\omega N/2)}{\sin(\omega/2)} \approx N\frac{\sin(N\omega/2)}{N\omega/2} = N\frac{\sin m}{m} \tag{6-34}$$

其中 $m = N\omega/2$，所以以窗函数长度 N 的改变，不影响主瓣与旁瓣的比例关系，过渡带宽度虽然发生了变化，但最大肩峰始终为 8.95%。这种肩峰不随 N 的改变而改变，只与窗函数

类型有关的现象称为吉布斯(Gibbs)效应。

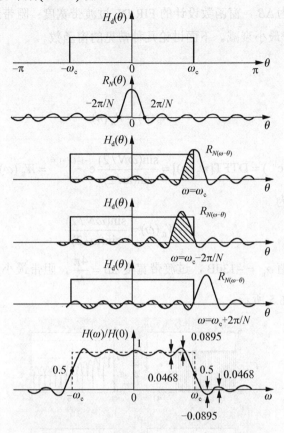

图 6.3　基于矩形窗的 FIR DF 设计过程

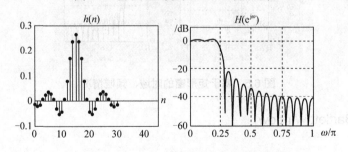

图 6.4　基于矩形窗的 FIR DF 设计结果

6.2.3　典型窗函数性能分析

结合 6.2.2 节分析可知，要改进滤波器性能指标，必须调整窗函数的形状，窗函数应改善的方向为：窗函数频谱主瓣宽度要窄，以获得比较窄的过渡带；相对于主瓣幅值，旁瓣要尽可能小，能量尽量集中在主瓣中，这样就可减小肩峰和纹波，提高阻带衰减及通带平稳程度。由于主瓣和旁瓣具有一定的联动性，所以实际上上述两点不能兼得，设计中总是以增加主瓣宽度来获取对旁瓣的抑制。

窗函数的旁瓣峰值 α_{m}，窗函数的幅频函数 $|W(\omega)|$ 的最大旁瓣最大值相对主瓣最大值衰减；过渡带宽度记为 ΔB，窗函数设计的 FIR DF 过渡带宽度；阻带最小衰减 α_{s}，窗函数设计的 FIR DF 的阻带最小衰减。下面讨论几种常见的窗函数。

1. 矩形窗

矩形窗定义为

$$w_{\text{R}}(n) = R_N(n)$$

矩形窗频谱为

$$W_{\text{R}}(\text{e}^{\text{j}\omega}) = \text{DTFT}[w_{\text{R}}(n)] = \frac{\sin(\omega N / 2)}{\sin(\omega / 2)} \text{e}^{-\text{j}\frac{1}{2}(N-1)\omega} = W_{\text{R}}(\omega)\text{e}^{-\text{j}\omega\tau} \tag{6-35}$$

矩形窗幅度函数为

$$W_{\text{R}}(\omega) = \frac{\sin(\omega N / 2)}{\sin(\omega / 2)} \tag{6-36}$$

矩形窗的旁瓣峰值 $\alpha_{\text{m}} = -13\text{dB}$，过渡带宽度 $\Delta B = \dfrac{4\pi}{N}$，阻带最小衰减 $\alpha_{\text{s}} = -21\text{dB}$。

矩形窗特性如图 6.5 所示。

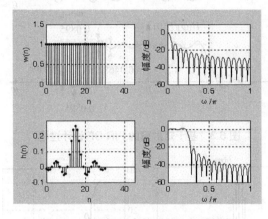

图 6.5 基于矩形窗的时域、频域情况

2. 三角窗(Bartlett Window)

三角定义为

$$w(n) = \begin{cases} \dfrac{2n}{N-1} & 0 \leqslant n \leqslant \dfrac{1}{2}(N-1) \\ 2 - \dfrac{2n}{N-1} & \dfrac{1}{2}(N-1) < n \leqslant N-1 \end{cases} \tag{6-37}$$

三角窗频谱与幅度函数分别为

$$W(\text{e}^{\text{j}\omega}) = \frac{2}{N}\left[\frac{\sin(\omega N / 4)}{\sin(\omega / 2)}\right]^2 \text{e}^{-\text{j}\omega(N-1)/2} \tag{6-38}$$

$$W(\omega) = \frac{2}{N}\left[\frac{\sin(\omega N / 4)}{\sin(\omega / 2)}\right]^2 \tag{6-39}$$

三角窗旁瓣峰值 $\alpha_{\mathrm{m}} = -25\mathrm{dB}$ ，过渡带宽度 $\Delta B = \dfrac{8\pi}{N}$ ，阻带最小衰减 $\alpha_{\mathrm{s}} = -25\mathrm{dB}$ 。

三角窗特性如图 6.6 所示。

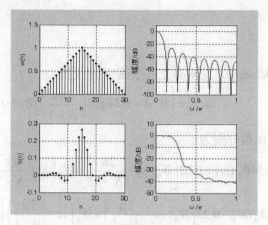

图 6.6　基于三角窗的时域、频域情况

3. 汉宁窗

汉宁窗(Hanning Window，又称升余弦窗)定义为

$$w(n) = \frac{1}{2}\left[1 - \cos\left(\frac{2\pi n}{N-1}\right)\right]R_N(n) \tag{6-40}$$

汉宁窗频谱与幅度函数分别为：

$$W(\mathrm{e}^{j\omega}) = \left\{0.5W_{\mathrm{R}}(\omega) + 0.25\left[W_{\mathrm{R}}\left(\omega - \frac{2\pi}{N-1}\right) + W_{\mathrm{R}}\left(\omega + \frac{2\pi}{N-1}\right)\right]\right\}\mathrm{e}^{-j\left(\frac{N-1}{2}\right)\omega} \tag{6-41}$$

$$W(\omega) = 0.5W_{\mathrm{R}}(\omega) + 0.25\left[W_{\mathrm{R}}\left(\omega - \frac{2\pi}{N-1}\right) + W_{\mathrm{R}}\left(\omega + \frac{2\pi}{N-1}\right)\right] \tag{6-42}$$

汉宁窗特性，如图 6.7 所示。

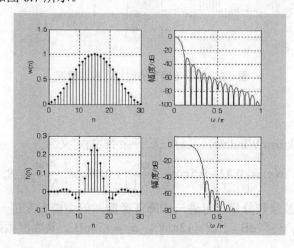

图 6.7　基于汉宁窗的时域、频域情况

很明显，汉宁窗三部分矩形窗频谱相加，使旁瓣互相抵消，能量集中在主瓣，旁瓣大大减小，主瓣宽度增加 1 倍。其旁瓣峰值 $\alpha_m = -31\text{dB}$，过渡带宽度 $\Delta B = \dfrac{8\pi}{N}$，阻带最小衰减 $\alpha_s = -25\text{dB}$。

4. 哈明窗

哈明窗(Hamming Window，又称修正升余弦窗)定义为

$$w(n) = \left[0.54 - 0.46\cos\left(\frac{2\pi n}{N-1}\right) \right] R_N(n) \tag{6-43}$$

哈明窗频谱与幅度函数分别为

$$W(e^{j\omega}) = \left\{ 0.54W_R(\omega) + 0.23\left[W_R\left(\omega - \frac{2\pi}{N-1}\right) + W_R\left(\omega + \frac{2\pi}{N-1}\right) \right] \right\} e^{-j\omega(N-1)/2} \tag{6-44}$$

$$W(\omega) = 0.54W_R(\omega) + 0.23\left[W_R\left(\omega - \frac{2\pi}{N-1}\right) + W_R\left(\omega + \frac{2\pi}{N-1}\right) \right] \tag{6-45}$$

哈明窗是对汉宁窗的修正，在主瓣宽度相同下，旁瓣进一步减小，可使 99.96% 的能量集中在主瓣。其旁瓣峰值 $\alpha_m = -41\text{dB}$，过渡带 $\Delta B = 8\pi/N$，阻带最小衰减 $\alpha_s = -53\text{dB}$。

哈明窗特性如图 6.8 所示。

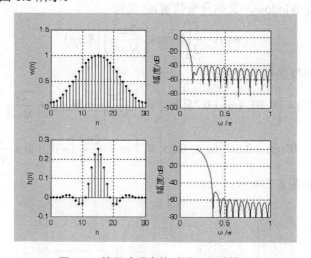

图 6.8　基于哈明窗的时域、频域情况

5. 布莱克曼窗

布莱克曼窗(Blackman Window，又称三阶升余弦)定义为

$$w(n) = \left[0.42 - 0.5\cos\left(\frac{2\pi n}{N-1}\right) + 0.08\cos\left(\frac{4\pi n}{N-1}\right) \right] R_N(n) \tag{6-46}$$

增加一个二次谐波余弦分量，可进一步降低旁瓣，但主瓣宽度进一步增加，增加 N 可减少过渡带。参数 $\alpha_m = -57\text{dB}$，$\Delta B = 12\pi/N$，$\alpha_s = -74\text{dB}$。其幅度函数为

$$W(\omega) = 0.42W_{\mathrm{R}}(\omega) + 0.25\left[W_{\mathrm{R}}\left(\omega - \frac{2\pi}{N-1}\right) + W_{\mathrm{R}}\left(\omega + \frac{2\pi}{N-1}\right)\right] +$$

$$0.04\left[W_{\mathrm{R}}\left(\omega - \frac{4\pi}{N-1}\right) + W_{\mathrm{R}}\left(\omega + \frac{4\pi}{N-1}\right)\right] \tag{6-47}$$

布莱克曼窗特性如图 6.9 所示。

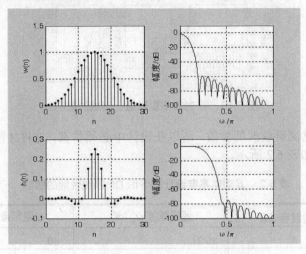

图 6.9　基于布莱克曼窗的时域、频域情况

6. 凯塞窗

以上几种窗函数主瓣与旁瓣的比例是固定的，都是以增加主瓣宽度为代价来降低旁瓣。凯塞窗(Kaiser Window，又称参数可调窗)则可通过参数设置，选择主瓣宽度和旁瓣衰减。

凯塞窗定义为

$$w(n) = \frac{I_0\left(\beta\sqrt{1-[1-2n/(N-1)]^2}\right)}{I_0(\beta)} \qquad 0 \leqslant n \leqslant N-1 \tag{6-48}$$

参数 β 的选择决定主瓣宽度与旁瓣衰减。β 越大，$w(n)$ 窗越窄，其频谱的主瓣变宽，旁瓣变小。一般取 $4 < \beta < 9$，$\beta = 5.44$ 接近哈明窗，$\beta = 8.5$ 接近布莱克曼窗，$\beta = 0$ 为矩形窗。式(6-48)中的 $I_0(x)$ 是零阶贝塞尔函数，有

$$I_0(x) = 1 + \sum_{k=1}^{\infty}\left[\frac{(x/2)^k}{k!}\right]^2 \tag{6-49}$$

$$\beta = \begin{cases} 0.1102(\alpha_{\mathrm{s}} - 8.7) & \alpha_{\mathrm{s}} \geqslant 50\mathrm{dB} \\ 0.5842(\alpha_{\mathrm{s}} - 21)^{0.4} + 0.07886(\alpha_{\mathrm{s}} - 21) & 21\mathrm{dB} < \alpha_{\mathrm{s}} < 50\mathrm{dB} \\ 0 & \alpha_{\mathrm{s}} \leqslant 21\mathrm{dB} \end{cases} \tag{6-50}$$

$$N \approx \frac{\alpha_{\mathrm{s}} - 8}{2.285\Delta B} \qquad \Delta B = |\omega_{\mathrm{s}} - \omega_{\mathrm{p}}| \tag{6-51}$$

凯塞窗特性如图 6.10 所示。

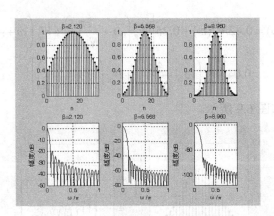

图 6.10　β 对凯塞窗时域、频域的影响

　　凯塞窗没有独立调整纹波的参数，所以在设计中必须仿真，这样才能达到预期的结果。β 对凯塞窗的影响如表 6.2 所示。

表 6.2　β 对凯塞窗设计的 FIR DF 系统性能的影响

β	过渡带 ΔB	通带纹波 α_w /dB	阻带最小衰减 α_s /dB
2.120	$3.00\pi / N$	±0.27	−30
3.384	$4.46\pi / N$	±0.086 47	−40
4.538	$5.86\pi / N$	±0.027 4	−50
5.658	$7.24\pi / N$	±0.008 68	−60
6.764	$8.64\pi / N$	±0.002 75	−70
7.865	$10.0\pi / N$	±0.000 868	−80
8.960	$11.4\pi / N$	±0.000 275	−90
10.056	$12.8\pi / N$	±0.000 087	−100

7. 典型窗函数性能比较

　　常见的典型窗函数各有特点，其基本参数如表 6.3 所示。

表 6.3　典型窗函数的基本参数

窗函数类型	主瓣宽度	过渡带精确值 ΔB	旁瓣峰值衰减 α_m /dB	阻带最小衰减 α_s /dB
矩形窗	$4\pi / N$	$1.8\pi / N$	−13	−21
三角窗	$8\pi / N$	$6.1\pi / N$	−25	−25
汉宁窗	$8\pi / N$	$6.2\pi / N$	−31	−44
哈明窗	$8\pi / N$	$6.6\pi / N$	−41	−53
布莱克曼	$12\pi / N$	$11\pi / N$	−57	−74
凯塞窗 $\beta = 8.96$	$12\pi / N$	$11.4\pi / N$	−59	−90

　　很明显，用矩形窗设计的 FIR DF 过渡带最窄，但阻带最小衰减也最小，仅-21dB；除凯塞窗外，布莱克曼窗设计的阻带最小衰减最大，达-74dB，但过渡带最宽，约为矩形窗

的 3 倍。矩形窗只具有理论意义，工程上常用的窗函数是汉宁窗、哈明窗和凯塞窗。窗函数法简单实用，有确定公式提供设计计算，性能参数都有表格可查，设计计算简单；缺点是当设计目标 $H_d(e^{j\omega})$ 较为复杂时，$h_d(n)$ 不容易由 IDFT 求得，另外边界频率因为加窗影响而不便于控制。

6.2.4　窗函数设计法应用举例

用窗函数设计 FIR DF 的一般步骤为：先根据阻带衰减选择窗函数种类，根据过渡带宽度选择窗函数的长度 N；确定希望逼近的理想滤波器频率响应 $H_d(e^{j\omega})$，包括低通、高通、带通、带阻滤波器，理想滤波器的截止频率 $\omega_c = (\omega_p + \omega_s)/2$，其中 ω_p 和 ω_s 分别为目标滤波器通带和阻带边界频率；然后计算 $h_d(n) = \dfrac{1}{2\pi}\displaystyle\int_{-\pi}^{\pi} H_d(e^{j\omega})e^{j\omega n}d\omega$；再计算 $h(n) = h_d(n)w(n)$；最后可以确定系统函数 $H(z)$ 和系统频响 $H(e^{j\omega})$。

【例 6-1】　基于窗函数法设计线性高通 FIR DF，要求通带边界频率 $\omega_p = 0.55\pi$，通带最大衰减 $\alpha_p = 1\mathrm{dB}$，阻带边界频率 $\omega_s = 0.3\pi$，阻带最小衰减 $\alpha_s = 50\mathrm{dB}$。

解：

(1)　选择窗函数类型，并计算窗函数长度。

哈明窗的阻带最小衰减是 –53dB，汉宁窗的衰减是 –44dB，因为阻带最小衰减要求 $\alpha_s = 50\mathrm{dB}$，所以必须选择哈明窗。

又要求 $\Delta B = \omega_p - \omega_s = \pi/4$，而哈明窗 $\Delta B = 6.6\pi/N$，则 $N = 26.4$。高通滤波器要求 N 是奇数，则取 $N = 27$。

所以哈明窗为

$$w(n) = \left[0.54 - 0.46\cos\left(\frac{2\pi n}{N-1}\right)\right]R_N(n) = \left[0.54 - 0.46\cos\left(\frac{\pi n}{13}\right)\right]R_{27}(n)$$

(2)　确定理想滤波器频响，得

$$H_d(e^{j\omega}) = \begin{cases} e^{-j\omega\tau} & \omega_c < |\omega| \leqslant \pi \\ 0 & |\omega| \leqslant \omega_c \end{cases}$$

式中，$\tau = (N-1)/2 = 13$；$\omega_c = (\omega_p + \omega_s)/2 = 0.425\pi$。

(3)　计算理想滤波器单位脉冲响应，得

$$
\begin{aligned}
h_d(n) &= \frac{1}{2\pi}\int_{-\pi}^{\pi} H_d(e^{j\omega})e^{j\omega n}d\omega \\
&= \frac{1}{2\pi}\left(\int_{-\pi}^{-\omega_c} e^{-j\omega\tau}e^{j\omega n}d\omega + \int_{\omega_c}^{\pi} e^{-j\omega\tau}e^{j\omega n}d\omega\right) \\
&= \frac{\sin\pi(n-\tau)}{\pi(n-\tau)} - \frac{\sin\omega_c(n-\tau)}{\pi(n-\tau)} \\
h_d(n) &= \delta(n-13) - \frac{\sin[17\pi(n-13)/20]}{\pi(n-13)}
\end{aligned}
$$

(4) 计算目标滤波器单位脉冲响应，得

$$h(n) = h_d(n)w(n)$$

$$= \left[\delta(n-13) - \frac{\sin[17\pi(n-13)/20]}{\pi(n-13)} \right] \left[0.54 - 0.46\cos\left(\frac{\pi n}{13}\right) \right] R_{27}(n)$$

(5) 确定系统函数 $H(z)$ 和系统频响 $H(e^{j\omega})$，得

$$H(z) = \mathrm{ZT}[h(n)] = \mathrm{ZT}\left\{ \left[\delta(n-13) - \frac{\sin[17\pi(n-13)/20]}{\pi(n-13)} \right] \left[0.54 - 0.46\cos\left(\frac{\pi n}{13}\right) \right] R_{27}(n) \right\}$$

$$H(e^{j\omega}) = \mathrm{DTFT}[h(n)]$$

$$= \mathrm{DTFT}\left\{ \left[\delta(n-13) - \frac{\sin[17\pi(n-13)/20]}{\pi(n-13)} \right] \left[0.54 - 0.46\cos\left(\frac{\pi n}{13}\right) \right] R_{27}(n) \right\}$$

【例 6-2】 设计一个 FIR 低通滤波器，低通边界频率 $\omega_p = 0.3\pi$，阻带边界频率 $\omega_s = 0.5\pi$，阻带衰减 α_s 不小于50dB。先用凯塞窗设计完成，然后回答在满足要求的情况下，还可选用哪种类型窗函数，并计算参数。

解：(1) 计算凯塞窗参数及窗函数长度。

$$\omega_c = \frac{\omega_p + \omega_s}{2} = \frac{0.3\pi + 0.5\pi}{2} = 0.4\pi$$

$$\beta = 0.112(\alpha_s - 8.7) = 0.112(50 - 8.7) = 4.55$$

$$\Delta B = \omega_s - \omega_p = 0.2\pi$$

$$N = \frac{\alpha_s - 8}{2.285 \times \Delta B} = \frac{50 - 8}{2.285 \times 0.2\pi} \approx 30$$

$$w(n) = \frac{I_0\left(\beta\sqrt{1 - [1 - 2n/(N-1)]^2}\right)}{I_0(\beta)} \qquad 0 \leqslant n \leqslant N-1$$

(2) 确定理想滤波器频响，得

$$H_d(e^{j\omega}) = \begin{cases} e^{-j\omega\tau} & |\omega| \leqslant \omega_c \\ 0 & \omega_c < |\omega| \leqslant \pi \end{cases}$$

式中，$\tau = N/2 = 15$，$\omega_c = (\omega_p + \omega_s)/2 = 2\pi/5$。

(3) 计算理想滤波器单位脉冲响应，得

$$h_d(n) = \frac{1}{2\pi}\int_{-\omega_c}^{\omega_c} e^{-j\omega\tau}e^{j\omega n}d\omega$$

$$= \begin{cases} \dfrac{\sin[\omega_c(n-\tau)]}{\pi(n-\tau)} & n \neq \tau \\ \omega_c/\pi & n = \tau \end{cases}$$

(4) 计算目标滤波器单位脉冲响应，得

$$h(n) = h_d(n)w(n)$$

(5) 确定系统函数 $H(z)$ 和系统频响 $H(e^{j\omega})$，得

$$H(z) = \mathrm{ZT}[h(n)], \quad H(e^{j\omega}) = \mathrm{DTFT}[h(n)]$$

(6)　其他类型窗函数。

哈明窗的阻带最小衰减是 -53dB，汉宁窗的衰减是 -44dB，因为阻带最小衰减要求 $\alpha_s = -50\text{dB}$，故必须选择哈明窗。

又因为要求 $\Delta B = \omega_s - \omega_p = \pi/5$，而哈明窗 $\Delta B = 6.6\pi/N$，则 $N = 33$。低通滤波器要求 N 是奇数偶数都可以，则取 $N = 33$。

所以哈明窗为

$$w(n) = \left[0.54 - 0.46\cos\left(\frac{2\pi n}{N-1}\right)\right]R_N(n) = \left[0.54 - 0.46\cos\left(\frac{\pi n}{16}\right)\right]R_{33}(n)$$

6.3　频率采样法设计 FIR DF

6.2 节所述窗函数设计法是从时域去逼近理想滤波器系统的频率响应 $H_d(\mathrm{e}^{\mathrm{j}\omega})$，而频率采样设计法是从频域去逼近 $H_d(\mathrm{e}^{\mathrm{j}\omega})$。窗函数法适合表达式较简单的情况，设计结果必须通过仿真验证。频率采样法由于直接在频域设计，故其频率特性可实现任意情况，尤其是一些特殊形式的滤波器。因此，工程上采用频率采样法设计更直接、明确。

6.3.1　频率采样法设计思路

确定理想滤波器原型 $H_d(\mathrm{e}^{\mathrm{j}\omega})$，对其频域采样，使得目标滤波器在确定值等于理想滤波器的采样结果。这样设计目标数字滤波器的频率特性在某些离散频率点的值准确地等于理想滤波器在这些频率点处的值，离散点之间的频率特性也有较好逼近。故其设计思路为

$$H_d(\mathrm{e}^{\mathrm{j}\omega}) \xrightarrow{\text{频域采样}} H_d\left(\mathrm{e}^{\mathrm{j}\frac{2\pi k}{N}}\right) = H_d(k) = H(k) \xrightarrow{\text{IDFT}} h(n) \xrightarrow[\text{ZT}]{\text{DTFT}} \begin{cases} H(\mathrm{e}^{\mathrm{j}\omega}) \\ H(z) \end{cases}$$

对理想滤波器 $H_d(\mathrm{e}^{\mathrm{j}\omega})$ 在 $[0, 2\pi)$ 上等间隔采样 N 点，得

$$H(k) = H_d(k) = H_d \mathrm{e}^{\mathrm{j}\omega}\Big|_{\omega = \frac{2k\pi}{N}} \qquad k = 0, 1, \cdots, N-1 \tag{6-52}$$

对 $H(k)$ 做 IDFT 得到 $h(n)$ 为

$$h(n) = \frac{1}{N}\sum_{k=0}^{N-1} H(k)\mathrm{e}^{\mathrm{j}2\pi kn/N} \qquad n = 0, 1, \cdots, N-1 \tag{6-53}$$

对 $h(n)$ 做 ZT 得到 $H(z)$ 为

$$H(z) = \sum_{n=0}^{N-1} h(n)z^{-n} \tag{6-54}$$

由频域内插公式可直接得到 $H(z)$ 和 $H(\mathrm{e}^{\mathrm{j}\omega})$ 为

$$H(z) = \frac{1-z^{-N}}{N}\sum_{k=0}^{N-1} \frac{H(k)}{1 - \mathrm{e}^{\mathrm{j}\frac{2\pi}{N}k}z^{-1}} \tag{6-55}$$

$$H(\mathrm{e}^{\mathrm{j}\omega}) = \frac{1 - \mathrm{e}^{-\mathrm{j}\omega N}}{N}\sum_{k=0}^{N-1} \frac{H(k)}{1 - \mathrm{e}^{\mathrm{j}\frac{2\pi}{N}k}\mathrm{e}^{-\mathrm{j}\omega}} \tag{6-56}$$

6.3.2 频率采样法设计分析

1. 频率采样法约束条件

因为 FIR DF 多是线性相位系统，所以其采样值 $H(k)$ 要满足一定的线性相位约束条件。如 6.1 节分析可知，具有线性相位的 FIR DF，其单位采样脉冲响应 $h(n)$ 是实序列，且满足 $h(n) = \pm h(N-1-n)$，因此频域采样值 $H(k)$ 必须满足一定的约束条件，则有

$$H(k) = H_d(e^{j\omega})\bigg|_{\omega=\frac{2\pi}{N}k} = H_d(\omega)e^{j\varphi(\omega)}\bigg|_{\omega=\frac{2\pi}{N}k} = A(k)e^{j\theta(k)} \tag{6-57}$$

$$A(k) = H_d(\omega)\bigg|_{\omega=\frac{2\pi}{N}k} = H_d\left(\frac{2\pi}{N}k\right) \quad k = 0, 1, \cdots, N-1 \tag{6-58}$$

若 FIR DF 是第一类线性相位滤波器，$h(n)$ 偶对称，$h(n) = h(N-1-n)$，则相位函数 $\theta(k)$ 为

$$\theta(k) = -\omega\frac{N-1}{2}\bigg|_{\omega=\frac{2\pi}{N}k} = -\frac{N-1}{N}\pi k \quad k = 0, 1, \cdots, N-1 \tag{6-59}$$

当 N 分别是奇数和偶数时，幅度函数分别为

$$A(k) = \pm A(N-k) \tag{6-60}$$

同样，若 FIR DF 是第二类线性相位滤波器，$h(n)$ 奇对称，$h(n) = -h(N-1-n)$，则相位函数 $\theta(k)$ 为

$$\theta(k) = -\frac{\pi}{2} - \omega\frac{N-1}{2}\bigg|_{\omega=\frac{2\pi}{N}k} = -\frac{\pi}{2} - \frac{N-1}{N}\pi k \quad k = 0, 1, \cdots, N-1 \tag{6-61}$$

当 N 分别是奇数和偶数时，幅度函数分别为

$$A(k) = \mp A(N-k) \tag{6-62}$$

2. 频率采样法设计误差及改进

由前面分析，频率采样法最后是由 $\theta(k)$ 和 $A(k)$ 得到 $H(k)$ 和 $H(e^{j\omega})$。下面讨论上述设计过程得到的 $H(e^{j\omega})$ 与 $H(k)$ 的逼近关系情况是否存在误差，以及若存在误差应当如何改进。

由内插公式表示 $H(e^{j\omega})$ 为

$$\begin{aligned} H(e^{j\omega}) &= \frac{1-e^{-j\omega N}}{N}\sum_{k=0}^{N-1}\frac{H(k)}{1-e^{j\frac{2\pi}{N}k}e^{-j\omega}} \\ &= \frac{1}{N}\sum_{k=0}^{N-1}\frac{H(k)\sin(\omega N/2)}{\sin[(\omega-2\pi k/N)/2]}e^{-j\left(\frac{N-1}{2}\omega+\frac{k\pi}{N}\right)} \\ &= \sum_{k=0}^{N-1}H(k)\varphi_k(e^{j\omega}) \end{aligned}$$

$\varphi_k(e^{j\omega})$ 为内插函数，有

$$\varphi_k(\mathrm{e}^{j\omega}) = \frac{1}{N} \frac{\sin(\omega N/2)}{\sin[(\omega - 2\pi k/N)/2]} \mathrm{e}^{-j\left(\frac{N-1}{2}\omega + \frac{k\pi}{N}\right)} \tag{6-63}$$

又因 $\omega = \dfrac{2\pi}{N}i$ ，$i = 0, 1, \cdots, N-1$ ，则

$$\varphi_k\left(\mathrm{e}^{j\frac{2\pi}{N}i}\right) = \begin{cases} 1 & k = i \\ 0 & k \neq i \end{cases} \quad i = 0, 1, \cdots, N-1 \tag{6-64}$$

由此可见，系统频响 $H(\mathrm{e}^{j\omega})$ 在每个采样点 $H(k)$ 上严格与理想系统 $H_\mathrm{d}(k)$ 一致。而采样点之间的值由 $H(k)$ 与内插函数复合计算得到，有一定逼近误差。误差大小与理想频响形状及采样点数有关，如图 6.11、图 6.12 所示。理想滤波器过渡带平滑，则逼近误差小；过渡带陡峭，则逼近误差大。在理想频响的阶跃点形成过渡带，过渡带宽度近似为 $2\pi/N$ ，同时产生肩峰和纹波；随着采样点 N 的增加，逼近误差总体减小，但通带最大衰减和阻带最小衰减没有明显改善。

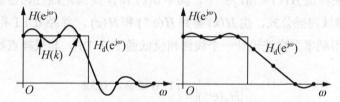

图 6.11　过渡带选择对系统频响的影响

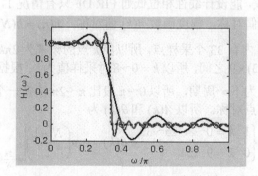

图 6.12　频域采样点数对系统频响的影响

综上分析可知，要改进频率采样法的逼近误差，应设置合适的过渡带，使得在过渡带上有更多采样点，避免不连续点，以增加过渡带为代价换取纹波的减小；另外可增加采样点数，减少系统整体误差，但间断点附近的误差仍很大。

过渡带上采样点个数 m 与滤波器阻带最小衰减 a_s 的经验关系如表 6.4 所示。

表 6.4　过渡带上采样点个数 m 与滤波器阻带最小衰减 α_s 的经验关系

过渡带采样点数 m	0	1	2	3
阻带最小衰减 α_s	15dB	44～54dB	65～75dB	85～95dB

这样，N 的选择就可以结合过渡带上采样点数 m 及过渡带宽度 ΔB 综合考虑，经验公式如下：

$$(m+1)2\pi/N \leq \Delta B \Rightarrow N \geq (m+1)2\pi/\Delta B \tag{6-65}$$

另外，也可以使用计算机仿真来选择参数，以达到最佳设计结果，避免繁琐的推导计算。综上所述，频率采样法直接从频域进行设计，设计过程中，物理概念清楚直观，特别是对于频率响应只有少数几个非零采样值的窄带选频滤波器特别有效；但由于通带和阻带取值固定，过渡带采样点的位置都必须在 $2\pi/N$ 的整数倍点上，所以在有确定的截止频率时，此法很不方便。虽然只要 N 足够大，理论上可以达到任何频率，但系统复杂性也因此增加。

6.3.3 频率采样法应用举例

根据 6.3.2 节分析可知，频率采样法的设计步骤为：确定滤波器参数，选择过渡带采样点数 m；计算过渡带宽度 ΔB；计算滤波器长度 N；确定理想频响 $H_d(e^{j\omega})$；计算 $A(k)$ 和 $\theta(k)$，确定频域采样值 $H(k) = A(k)e^{j\theta(k)}$，其中 $\theta(k)$ 和 N 要满足线性相位条件和滤波器类型的约束；根据频域内插公式，由 $H(k)$ 得到 $H(e^{j\omega})$ 和 $H(z)$，并经 IDFT 得到 $h(n)$。

【例 6-3】 用频率采样法设计一个线性相位低通 FIR DF，其采样点数 $N = 33$，理想特性为

$$\left| H_d(e^{j\omega}) \right| = \begin{cases} 1 & 0 \leq \omega \leq 0.5\pi \\ 0 & 0.5\pi \leq \omega \leq \pi \end{cases}$$

解：因 $N = 33$ 为奇数，能设计线性相位低通 FIR DF 只有情况 1，属于第一类线性相位。幅频特性 $\left| H(e^{j\omega}) \right|$ 基于 π 偶对称，幅度函数 $A(k)$ 偶对称，$h(n) = h(N-1-n)$。

根据要求，在 $0 \sim 2\pi$ 内有 33 个采样点，所以第 k 点的频率为 $2\pi k/33$；而截止频率 0.5π 介于 $(2\pi/33) \times 8$ 和 $(2\pi/33) \times 9$ 之间，所以 $k = 0 \sim 8$ 时采样值为 1；根据对称性，$k = 25 \sim 32$ 时采样值也为 1，因 $k = 33$ 为下一周期，所以 $0 \sim \pi$ 段比 $\pi \sim 2\pi$ 段多一个点，即第 0 点与第 33 点对称，第 8 点与第 25 点对称。所以 $A(k)$ 和 $\theta(k)$ 为

$$A(k) = \begin{cases} 1 & k = 0 \sim 8,\ 25 \sim 32 \\ 0 & k = 9 \sim 24 \end{cases}, \quad \theta(k) = -\omega\left(\frac{N-1}{2}\right)\Bigg|_{\omega = \frac{2\pi}{N}k} = -\frac{32}{33}k\pi$$

将 $H(k) = A(k)e^{j\theta(k)}$ 代入内插公式，得 $H(e^{j\omega})$ 为

$$H(e^{j\omega}) = \frac{1}{N} \sum_{k=0}^{N-1} \frac{H_k \sin(\omega N/2)}{\sin[(\omega - 2\pi k/N)/2]} e^{-j\frac{32\pi k}{N}} e^{-j\left(16\omega + \frac{k\pi}{N}\right)}$$

$$= \frac{1}{33} \left\{ \sum_{k=0}^{32} \frac{H_k \sin\left[33\left(\frac{\omega}{2} - \frac{k\pi}{33}\right)\right]}{\sin[(\omega - 2\pi k/33)/2]} \right\} e^{-j16\omega}$$

很明显，当 $8 < k < 25$ 时，$A(k) = 0$。而 k 为其他点时，$A(k) = 1$，则有

$$\sum_{k=25}^{32} \frac{H_k \sin\left[33\left(\frac{\omega}{2} - \frac{k\pi}{32}\right)\right]}{\sin[(\omega - 2\pi k/33)]} = \sum_{n=1}^{8} \frac{\sin\left[33\left(\frac{\omega}{2} - \frac{(33-n)\pi}{33}\right)\right]}{\sin\left[\frac{\omega}{2} - \pi(33-n)/33\right]} = \sum_{k=1}^{8} \frac{\sin\left[33\left(\frac{\omega}{2} + \frac{k\pi}{33}\right)\right]}{\sin\left(\frac{\omega}{2} + \frac{k\pi}{33}\right)}$$

所以：$H(e^{j\omega}) = \dfrac{1}{33}\left\{\dfrac{\sin\left(\dfrac{33}{2}\omega\right)}{\sin\left(\dfrac{\omega}{2}\right)} + \sum_{k=1}^{8}\left[\dfrac{\sin\left[33\left(\dfrac{\omega}{2}-\dfrac{k\pi}{33}\right)\right]}{\sin\left(\dfrac{\omega}{2}-\dfrac{k\pi}{33}\right)} + \dfrac{\sin\left[33\left(\dfrac{\omega}{2}+\dfrac{k\pi}{33}\right)\right]}{\sin\left(\dfrac{\omega}{2}+\dfrac{k\pi}{33}\right)}\right]\right\}e^{-j16\omega}$

6.4　FIR DF 最优化设计法

6.2 节和 6.3 节介绍了 FIR DF 的两种设计方法——窗函数设计法和频率采样设计法，这两种方法分别从时域和频域逼近理想滤波器，设计方法较简单，但也有一些缺陷。比如：滤波器边界频率不易准确控制，只能事前估计，事后仿真验证；窗函数法使得通带和阻带等纹波，频率采样法只能先控制阻带纹波，两种方法都不能分别方便地控制通带、阻带纹波；在要达到相同的设计指标，总是需要比较高的 N。本节介绍的最优化设计法，就是讨论如何使得逼近误差较小，采用计算机仿真的设计方法。

6.4.1　最优化设计法基本准则

最优准则的确定是最优化设计法的前提，最优准则的优劣决定了设计的滤波器指标。在 FIR DF 最优化设计中，常用的准则有最小均方误差准则和最大误差最小化准则。

1. 均方误差最小化准则

定义 $E(e^{j\omega})$ 表示逼近误差，则

$$E(e^{j\omega}) = H_d(e^{j\omega}) - H(e^{j\omega}) \tag{6-66}$$

那么均方误差为

$$\varepsilon^2 = \frac{1}{2\pi}\int_{-\pi}^{\pi}|H_d(e^{j\omega}) - H(e^{j\omega})|^2\,\mathrm{d}\omega = \frac{1}{2\pi}\int_{-\pi}^{\pi}|E(e^{j\omega})|^2\,\mathrm{d}\omega \tag{6-67}$$

上式为从频域约定的均方误差，均方误差最小准则就是选择一组合适的采样值，以使均方误差 ε^2 最小，这一方法注重的是在整个 $-\pi\sim\pi$ 频率区间内总误差之和最小，但不能保证局部频率点误差最小，部分频点可能有较大误差。而对于窗函数法的 FIR DF 设计，则用时域有限长的 $h(n)$ 逼近理想的 $h_d(n)$，所以其逼近误差定义为

$$\varepsilon^2 = \sum_{-\infty}^{\infty}|h_d(n) - h(n)|^2 \tag{6-68}$$

如果 $h(n)$ 是矩形窗，则

$$h(n) = \begin{cases} h_d(n) & 0 \leqslant n \leqslant N-1 \\ 0 & \text{其他} \end{cases} \tag{6-69}$$

$$\varepsilon^2 = \sum_{n=-\infty}^{-1}|h_0(n) - h(n)|^2 + \sum_{n=N}^{\infty}|h_d(n) - h(n)|^2 \tag{6-70}$$

很明显，这是一个最小均方误差。用矩形窗设计的 FIR DF 是一个最小均方误差的 FIR DF 设计。根据前面讨论，矩形窗的优点是过渡带陡峭，缺点是局部点误差大，纹波和肩峰都很大。

2. 最大误差最小化准则

最大误差最小化准则，也叫做最佳一致逼近准则、切比雪夫等纹波准则，可表示为

$$\max \left| E(e^{j\omega}) \right| = \min \qquad \omega \in F \tag{6-71}$$

其中，F 是根据要求预先设定的频率范围，可以是通带、阻带或过渡带附近。它通过改变频域或时域的采样值，使系统频响总体误差在一定范围内的最大逼近误差达到最小。

在频率采样最优化设计中，是从已知的长度 N 和规定的一组频率采样值以及一组可变的过渡带采样点出发，在设计中只是通过改变过渡带的一个或几个采样值来调整滤波器特性。如果所有频率采样值都可调整，那么从理论上来说，滤波器的性能显然可能进一步提高。

6.4.2 典型最优化设计法简介

FIR DF 有两种设计方案：方案一，滤波器的逼近误差在频域上均匀分布；方案二，滤波器的逼近误差不是均匀分布的，只在某个频率点误差较大而其他点较小。方案二中为使每个频率点上的误差都满足给定的指标，滤波器显然只需在有最大误差的频率点上满足指标即可。很明显，非均匀误差的滤波器阶数一般比均匀误差滤波器高。而滤波器阶数条件相同时，在此准则下误差均匀分布的滤波器，总体误差较小。综上分析，在最大误差最小化准则下，逼近误差均匀分布的滤波器能用较少的阶数达到最优化设计。因此，逼近误差均匀分布的滤波器也称为等纹波滤波器，本节主要讨论使用"最大误差最小化准则"的等纹波滤波器最优化设计方法。

1. 非线性取值法

为了讨论方便，假设 FIR DF 是零相位的，且单位脉冲响应的长度为奇数，$N = 2M + 1$，则有

$$H(e^{j\omega}) = \sum_{n=-M}^{M} h(n)e^{-jn\omega} \tag{6-72}$$

FIR DF 的线性相位特性要求 $h(n)$ 具有对称性，则有

$$H(e^{j\omega}) = h(0) + \sum_{n=1}^{M} 2h(n)\cos n\omega \tag{6-73}$$

如图 6.13 所示的数字低通滤波器，通带 $0 \leqslant |\omega| \leqslant \omega_p$ 内，通带值以最大误差 δ_1 逼近 1；在阻带 $\omega_s \leqslant |\omega| \leqslant \pi$ 内，以最大误差 δ_2 逼近 0。要使目标滤波器单位脉冲响应同时满足预先确定的所有参数 M、δ_1、δ_2、ω_p、ω_s 是不容易的，一般可以先确定 M、δ_1、δ_2，而截止频率 ω_p、ω_s 随滤波器整体变化；也可以先确定 M、ω_p、ω_s，而纹波参数 δ_1、δ_2 随滤波器结果变化。

在频率范围 $0 \leqslant \omega \leqslant \pi$，极大值和极小值的个数是等纹波逼近的重要参数。将 $H(e^{j\omega})$ 分解为 $\cos\omega$ 级数，观察极值个数与脉冲响应长度的依赖关系。将 $\cos n\omega$ 分解为 $\cos\omega$ 的各次幂之和，例如 $\cos 2\omega = 2\cos^2\omega - 1$，则有

$$H(e^{j\omega}) = \sum_{k=0}^{M} a_k (\cos\omega)^k \tag{6-74}$$

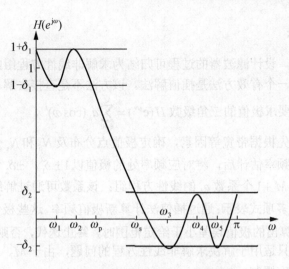

图 6.13　等波动逼近的低通滤波器

因为 a_k 是 $h(n)$ 有关系数，则可求 a_k 待定 $h(n)$。$H(e^{j\omega})$ 是 M 阶三角级数，所以在区间 $0 < \omega < \pi$ 内最多可以有 $M-1$ 个局部极值。求极值，$H(e^{j\omega})$ 对 ω 求导，则有

$$H'(e^{j\omega}) = -\sin\omega \sum_{k=0}^{M} k a_k (\cos\omega)^{k-1} \tag{6-75}$$

很明显，$H'(e^{j\omega})\big|_{\omega=0 \atop \omega=\pi} = 0$，导数为零的点必为极值点，所以 $H(e^{j\omega})$ 在 $\omega = 0, \pi$ 两点上取得极大值和极小值，因此在区间 $0 \leqslant \omega \leqslant \pi$ 内最多有 $M+1$ 个极值。通带和阻带的极值个数分别为 N_p、N_s。可以固定参数 M、δ_1、δ_2，允许 ω_p、ω_s 随系统改变，ω_p、ω_s 由式(6-76)定义：

$$H(e^{j\omega_p}) = 1 - \delta_1 \qquad H(e^{j\omega_s}) = \delta_2 \tag{6-76}$$

为了保证等纹波特性，则在通带内的极值点上应有值 $1 \pm \delta_1$，即

$$H(e^{j\omega_k}) = 1 \pm \delta_1 \tag{6-77}$$

在阻带内的极值点上应有值 $\pm\delta_2$，即

$$H(e^{j\omega_k}) = \pm\delta_2 \tag{6-78}$$

对应极值点的导数为 0，即

$$H'(e^{j\omega_k}) = 0 \tag{6-79}$$

由此得到 $2M$ 个方程，要求的未知量为 $M+1$ 个系数 $a_0 \sim a_M$ 及极值频率 $\omega_1 \sim \omega_{2M-1}$ 共 $2M$ 个，正好有确定解。这些方程中有三角函数 $\cos\omega_i$，是非线性方程，难以得到解析解，只能采用数值方法迭代求解。由于用数值方法解非线性方程有困难，所以这种方法仅适用于 M 值较低的场合(数量级约为 30)。另外，对于给定的 M、δ_1、δ_2 值，只能选择 $N_p = 1 \sim M$ 共 M 种不同的 N_p，所以与频率采样法类似，截止频率的选择也只有 M 种，灵活性较差。很明显，δ_1、δ_2 是确定值，不会在设计中极小化；滤波器的边界频率无法在设计中直接确定。

2. 非线性插值法

由上述分析可知，设计滤波器的过程可归结为求解非线性方程组的过程，根据数值分析，求解此方程组的一个有效方法是插值解法。该方法不是直接去解非线性方程组，而是用迭代方法产生具有要求极值的三角级数 $H(\mathrm{e}^{j\omega}) = \sum_{k=0}^{M} a_k (\cos\omega)^k$。

求解过程为：首先根据带宽等因素，确定极值点分布及 N_p 和 N_s 个数；然后估计出现极值的频率；当极值频率估计后，将对应频率处的极值以 $1\pm\delta_1$，$\pm\delta_2$ 代入上面的三角多项式，就可得到一关于 $M+1$ 个系数 a_k 的线性方程组；该系数可通过解线性方程组求得，从而求得 $H(\mathrm{e}^{j\omega})$ 的三角多项式表示；通过插值法计算新极值频率，这些极值必超出 $1\pm\delta_1$ 和 $\pm\delta_2$ 范围；当二次迭代计算出的极值误差小于给定范围时，终止迭代，否则继续重复迭代计算。

很明显，该方法只适用于解决求解非线性方程的问题，由于 M、δ_1、δ_2 是固定的，所以 ω_p、ω_s 的选择仍然有限制。

3. 非线性交替法

非线性交替法，又称瑞麦兹(Remez)交替算法。上述两种方法的缺点是通带截止频率 ω_p 和阻带截止频率 ω_s 不能精确控制。为了在固定 M 时能控制 ω_p、ω_s，必须使 δ_1、δ_2 变化。实际上也就是固定了 M、δ_1、δ_2，求出三角多项式的系数 a_k 使 δ_1、δ_2 达到最小。这一逼近问题也就是经典的切比雪夫逼近。

定义逼近误差函数为

$$E(\omega) = A(\omega)[H_d(\mathrm{e}^{j\omega}) - H(\mathrm{e}^{j\omega})] \tag{6-80}$$

$E(\omega)$ 为在滤波器的通带和阻带内计算的误差值，$A(\omega)$ 是权函数。如果希望在固定 M、ω_p、ω_s 的情况下逼近一个低通滤波器，这时 $H_d(\mathrm{e}^{j\omega})$ 为

$$H_d(\mathrm{e}^{j\omega}) = \begin{cases} 1 & 0 \leqslant \omega \leqslant \omega_p \\ 0 & \omega_s \leqslant \omega \leqslant \pi \end{cases} \tag{6-81}$$

$$A(\omega) = \begin{cases} \dfrac{1}{k} & 0 \leqslant \omega \leqslant \omega_p \\ 1 & \omega_s \leqslant \omega \leqslant \pi \end{cases} \tag{6-82}$$

这样，选择 $A(\omega)$ 后，就规定了通带和阻带逼近误差间的相对大小关系，及 $k = \delta_1/\delta_2$，这种情况下，要求

$$\max|E(\omega)| \longrightarrow \min \tag{6-83}$$

将 $k = \delta_1/\delta_2$ 代入 $E(\omega)$，要求 δ_2 为最小值，重新选择 $A(\omega)$，使 δ_1 为最小值。数值分析的交替定理可用于求解切比雪夫逼近问题。

交替定理也称最佳逼近定理，令 G 表示区间 $0 \leqslant \omega \leqslant \pi$ 任意子集，为了使 $H(\mathrm{e}^{j\omega})$ 在 G 上唯一最佳地逼近于 $H_d(\mathrm{e}^{j\omega})$，其充分必要条件是误差函数 $E(\omega)$ 在 G 上至少应有 $M+2$ 次交替，即 $E(\omega_i) = -E(\omega_{i-1}) = \max[|E(\omega)|]$。

闭子集 G 包括区间 $0 \leqslant \omega \leqslant \omega_p$ 和 $\omega_s \leqslant \omega \leqslant \pi$。因为滤波器频响 $H_d(\mathrm{e}^{j\omega})$ 是逐段确定的，所以对应于误差函数 $E(\omega)$ 各峰值点的频率 ω_i 同样也对应于 $H_d(\mathrm{e}^{j\omega})$。根据前面分析，

$H(e^{j\omega})$ 在区间 $0 \leqslant \omega \leqslant \pi$ 内至多有 $M-1$ 个极值,此外,根据通带和阻带的定义,令 $H(e^{j\omega})$ 的约束条件为 $H(e^{j\omega_p}) = 1 - \delta_1$,$H(e^{j\omega_s}) = \delta_2$,再加上 $\omega = 0$、π 处的极值,误差曲线最多有 $M+1$ 个极值频率交替,满足定理。

与前面两种方法不同,非线性交替法先固定 k、M、δ_1、ω_p、ω_s,而 δ_2 作为参变量。首先由交替定理计算出误差函数 $E(\omega)$ 的 $M+2$ 个极值频率 ω_i,这些频率还必须位于 $0 \leqslant \omega \leqslant \omega_p$ 和 $\omega_s \leqslant \omega \leqslant \pi$ 区间内。由于 ω_p、ω_s 固定,因而 ω_p、ω_s 必为极值频率之一。如果有 $\omega_p = \omega_m$ $(0 < m < M+1)$,则应有 $\omega_s = \omega_{m+1}$。如果这些估算频率为误差极值频率,则根据误差函数公式写出峰值误差表达式,设峰值误差为 δ,因为在每个极值频率有相同的峰值误差,将每个极值频率代入误差函数可以写出 $M+2$ 个方程,为

$$W(\omega_i)\left[H_d(e^{j\omega}) - h(0) - \sum_{n=1}^{M} 2h(n)\cos(\omega_i n)\right] = -(-1)^i \delta \qquad i = 0, 1, \cdots, M+1 \quad (6\text{-}84)$$

求解这个方程组,共有 $M+2$ 个未知数,$M+1$ 个系数 $h(n)$ 和 δ。瑞麦兹算法提供了求解切比雪夫逼近问题的有效方法。由瑞麦兹算法有如下推导。

在频率子集 G 上均匀等间隔地选取 $M+2$ 个极值点频率 $\omega_0, \omega_1, \cdots, \omega_{M+1}$ 作为初值计算 δ,有

$$\delta = \frac{\displaystyle\sum_{k=0}^{M+1} \alpha_k H_d(\omega_k)}{\displaystyle\sum_{k=0}^{M+1} (-1)^k \alpha_k / W(\omega_k)} \quad (6\text{-}85)$$

$$\alpha_k = (-1)^k \prod_{i=0, i \neq k}^{M+1} \frac{1}{(\cos\omega_i - \cos\omega_k)} \quad (6\text{-}86)$$

由 $\omega_0, \omega_1, \cdots, \omega_{M+1}$ 求 $H(\omega)$ 和 $E(\omega)$,利用拉格朗日插值公式得

$$H(\omega) = \frac{\displaystyle\sum_{k=0}^{M+1} \left[\frac{\alpha_k}{\cos\omega - \cos\omega_k}\right] H(\omega_k)}{\displaystyle\sum_{k=0}^{M+1} \frac{\alpha_k}{\cos\omega - \cos\omega_k}} \quad (6\text{-}87)$$

$$H(\omega_k) = H_d(\omega_k) - (-1)^k \frac{\delta}{W(\omega_k)} \qquad k = 0, 1, \cdots, M \quad (6\text{-}88)$$

由 $E(\omega) = W(\omega)[H_d(\omega) - H(\omega)]$,如在频带 G 上对所有频率都有 $|E(\omega)| \leqslant \delta$,则 δ 为所求,极值点频率为 $\omega_0, \omega_1, \cdots, \omega_{M+1}$。

对上次确定的极值点频率 $\omega_0, \omega_1, \cdots, \omega_{M+1}$ 中的每一点,在其附近邻域检查是否存在 $|E(\omega)| > \delta$,如存在则需要在此频率点附近找出新的局部极值点,并以新极值点代替原极值点。这样 $M+2$ 个极值点检查之后,确定一组新极值点频率,重复前边步骤,求出 δ、$H(\omega)$、$E(\omega)$,完成一次迭代运算。重复上述步骤,直到 δ 的值达到参数设计目标,此时 δ 的值即为 δ 最小值。由最终一组极值点频率求出 $H(\omega)$,反变换得到 $h(n)$,完成设计。瑞麦兹交替算法的优点是 ω_p、ω_s 可准确设定,总体逼近误差均匀分布;在相同指标下,此种方法设计的 FIR DF 相对前边方法所需阶数较低。

本节讨论的主要是最优化设计法的思想,在实际的滤波器设计中可直接采用计算机仿真设计方法,特别是采用 MATLAB 软件可直接调用相关函数命令进行设计,可以参考本

书第 9 章的有关内容。

6.5　IIR DF 与 FIR DF 综合比较

第 5 章和本章对 IIR DF 与 FIR DF 做了详细介绍，我们在重点掌握它们各自设计方法的同时，还需要对比两种滤波器的特点。

IIR DF 与 FIR DF 的性能特点归纳如表 6.5 所示。

表 6.5　IIR DF 与 FIR DF 性能特点比较

	FIR DF 的性能特点	IIR DF 的性能特点
设计方法	一般无解析设计公式，设计过程较复杂，通常要借助计算机仿真完成	利用模拟滤波器的设计公式，设计步骤确定，计算简单
设计结果	可得到各种幅频特性和线性相位	只能得到幅频特性，相频特性不确定
系统阶数	相同参数指标下，系统阶数较高	相同参数指标下，系统阶数较低
稳定性	极点全部在原点，无稳定性问题	系统存在极点，有稳定性问题
因果性	总是满足，非因果有限序列可延时为因果序列	可能会出现系统非因果的问题
结构特点	非递归，只有前向通道，无反馈回路	递归系统有反馈回路
运算误差	一般无反馈，总体运算误差小	运算中的误差可能会迭加放大
快速算法	可用 FFT 算法，减少运算量	无快速运算方法

在选择滤波器时，除了要考虑上述因素外，还应综合考虑。当滤波器不需要考虑相位问题，只需考虑信号幅度关系时，应尽量选择 IIR DF，其性价比较高，设计简单实用；如果滤波器需要线性相位时，则一般选择 FIR DF，因为 IIR DF 实现线性相位很困难，需要相位校正，而 FIR DF 则可方便实现线性相位，不增加系统的复杂性。

本 章 小 结

本章主要讲述了有限长单位脉冲响应数字滤波器(FIR DF)的设计方法，是全书的重点之一。主要分析讨论了以下问题。

(1)　FIR DF 线性相位特性及各类线性相位能设计的滤波器类型。

(2)　窗函数设计法，包括各种窗函数的类型及各自特点。

(3)　频率采样设计法的思路以及改善滤波器特性的方案。

(4)　FIR DF 的最优化设计方法，特别是最优化准则及应用。

(5)　结合前面所述内容，比较了 IIR DF 和 FIR DF 的性能特点。

习　题

1. 什么是 FIR 滤波器，可采用什么方法实现？

2. 线性相位 FIR 滤波器的幅度特性分为几种？每种的特点是什么？

3. 窗函数法设计 FIR 的步骤是什么？

4. 加窗对理想频响的影响体现在什么地方？

5. 频率采样法设计 FIR 的思想是什么？

6. 用矩形窗设计一个线性相位正交变换网络

$$H_{\mathrm{r}}(\mathrm{e}^{\mathrm{j}\omega}) = -\mathrm{j}\mathrm{e}^{-\mathrm{j}\omega\alpha},\ 0 \leqslant \omega \leqslant \pi$$

(1)　求 $h(n)$ 的表达式。

(2)　N 取奇数好还是偶数好，还是一样好？为什么？

(3)　若用凯塞窗设计，求 $h(n)$ 的表达式。

7. 设计一个低通滤波器，其模拟频响的幅度函数为

$$|H_{\mathrm{AL}}(\mathrm{j}\omega)| = \begin{cases} 1 & 0 \leqslant f \leqslant 500\mathrm{Hz} \\ 0 & \text{其他} \end{cases}$$

用窗口设计法设计数字滤波器，数据长度为 10ms，采样频率 $f_{\mathrm{s}} = 2\mathrm{kHz}$，阻带衰减分别为 20dB 和 40dB，计算出相应的模拟和数字滤波器过渡带宽。

8. 用矩形窗设计一个 FIR 线性相位低通数字滤波器，已知 $\omega_{\mathrm{c}} = 0.5\pi$，$N=21$。试求出 $h(n)$。

9. 用汉宁窗设计一个线性相位高通滤波器，要求

$$H_{\mathrm{d}}(\mathrm{e}^{\mathrm{j}\omega}) = \begin{cases} \mathrm{e}^{-\mathrm{j}(\omega-\pi)\alpha} & \pi - \omega_{\mathrm{c}} \leqslant \omega \leqslant \pi \\ 0 & 0 \leqslant \omega \leqslant \pi - \omega_{\mathrm{c}} \end{cases}$$

试求出 $h(n)$ 的表达式，确定 α 与 N 的关系。

10. 用频率采样法设计一线性相位低通滤波器，$N=15$，幅度采样值为

$$H_k = \begin{cases} 1 & k=0 \\ 0.5 & k=1,14 \\ 0 & \text{其他} \end{cases}$$

(1)　设计采样值的相位 $\theta(k)$，并求 $h(n)$ 及 $H(\mathrm{e}^{\mathrm{j}\omega})$ 的表达式。

(2)　用横截型及采样型两种结构实现这一滤波器，画出结构图。

(3)　比较两种结构所用的乘法和加法的数目的多少。

11. 用频率采样法设计一线性相位低通滤波器，$N=33$，$\omega_{\mathrm{c}} = \pi/2$，边沿上设一点过渡带 $|H(k)| = 0.39$，试求各点采样值的幅值 $H(k)$ 及相位 θ_k。

12. 用频率采样法设计一线性相位高通滤波器，截止频率 $\omega_{\mathrm{p}} = 3\pi/4$，边沿上设一点过渡带 $|H(k)| = 0.39$，求：

(1)　$N=33$ 时的采样值 $H(k)$；

(2)　$N=34$ 时的采样值 $H(k)$。

13. 理想滤波器 $\omega = 0 \sim 2\pi$ 的频率特性如图 6.14 所示。

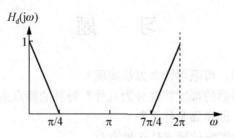

图 6.14　习题 13 图

(1) 用 8 点频率采样设计方法求出其系统函数，并绘出结构图。

(2) 用 16 点频率采样设计方法求出其系统函数，并绘出结构图。

14. 理想滤波器 $\omega=0\sim2\pi$ 的频率特性如图 6.15 所示。

(1) 用 8 点频率采样设计方法求出其系统函数，并绘出结构图。

(2) 用 16 点频率采样设计方法求出其系统函数，并绘出结构图。

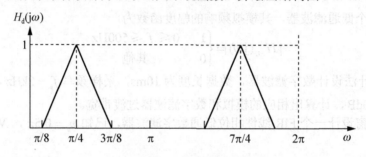

图 6.15　习题 14 图

15. 理想滤波器 $\omega=0\sim2\pi$ 的频率特性如图 6.16 所示。

(1) 用 8 点频率采样设计方法求出其系统函数，并绘出结构图。

(2) 用 16 点频率采样设计方法求出其系统函数，并绘出结构图。

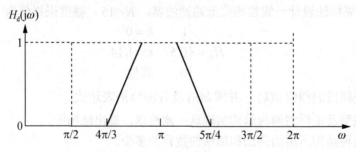

图 6.16　习题 15 图

16. 设计一个整系数低通数字滤波器，要求截止频率 $f_p=60\text{Hz}$，采样频率 $f_s=1200\text{Hz}$，通带最大衰减为 3dB，阻带最小衰减为 40dB。

17. 设计一个整系数高通 FIR DF，要求截止频率 $f_p=480\text{Hz}$，采样频率 $f_s=1200\text{Hz}$，通带最大衰减为 3dB，阻带最小衰减为 35dB。

18. 对下面每一种滤波器指标，选择满足 FIR DF 设计要求的窗函数类型和长度。

(1) 阻带衰减 20dB，过渡带宽度 1 kHz，采样频率 12 kHz。

(2)　阻带衰减 50dB，过渡带宽度 2kHz，采样频率 5kHz。

(3)　阻带衰减 50dB，过渡带宽度 500Hz，采样频率 5kHz。

19.　设 $h(n)$ 表示一个低通 FIR DF 的单位脉冲响应，$h_1(n) = (-1)^n h(n)$，$h_2(n) = h(n)\cos(\omega_0 n)$，$0 < \omega_0 < \pi$。试证明 $h_1(n)$ 是一个高通滤波器，而 $h_2(n)$ 是一个带通滤波器。

20.　调用 MATLAB 工具箱函数 fir1 设计线性相位低通 FIR DF。要求希望逼近的理想低通滤波器通带截止频率 $\omega_c = \pi/4\text{rad}$，滤波器长度 $N=21$，分别用汉宁窗、汉明窗、布莱克曼窗和凯塞窗进行设计，绘制每种窗函数设计的单位脉冲响应 $h(n)$ 及其幅频特性曲线，并进行比较。

21.　调用 MATLAB 工具箱函数 remezord 和 remez 设计线性相位低通 FIR DF，实现对模拟信号的采样序列 $x(n)$ 的数字低通滤波器。要求采样频率为 16kHz，通带截止频率为 4.5kHz，通带最小衰减为 1dB，阻带最小衰减为 75dB，阻带截止频率为 6kHz。

22.　调用 MATLAB 工具箱函数 remezord 和 remez 设计线性相位高通 FIR DF，实现对模拟信号的采样序列 $x(n)$ 的数字高通滤波器。要求采样频率为 16kHz，通带截止频率为 5.5kHz，通带最小衰减为 1dB，过渡带宽度小于或等于 3.5kHz，阻带最小衰减为 75dB。

23.　调用 MATLAB 工具箱函数 fir1 设计线性相位低通 FIR DF。要求通带截止频率为 2Hz，阻带截止频率为 4Hz，通带最大衰减为 0.1dB，阻带最小衰减为 40dB，采样频率为 20Hz。分别用汉宁窗、汉明窗、布莱克曼窗和凯塞窗进行设计，显示所设计的单位脉冲响应 $h(n)$ 的数据，画出损耗函数曲线和相频特性曲线，并对每种窗函数的设计结果进行比较。

24.　调用 MATLAB 工具箱函数 fir1 设计线性相位高通 FIR DF。要求通带截止频率为 0.6π，阻带截止频率为 0.45π，通带最大衰减为 0.2dB，阻带最小衰减为 45dB。分别用汉宁窗、汉明窗、布莱克曼窗和凯塞窗进行设计，显示所设计的单位脉冲响应 $h(n)$ 的数据，并画出损耗函数曲线和相频特性曲线，请对每种窗函数的设计结果进行比较。

25.　调用 MATLAB 工具箱函数 fir1 设计线性相位带通 FIR DF。要求通带截止频率为 0.55π 和 0.7π，阻带截止频率为 0.45π 和 0.8π，通带最大衰减为 0.15dB，阻带最小衰减为 40dB。分别用汉宁窗、汉明窗、布莱克曼窗和凯塞窗进行设计，显示所设计的单位脉冲响应 $h(n)$ 的数据，画出损耗函数曲线和相频特性曲线，并对每种窗函数的设计结果进行比较。

第7章 数字系统的网络结构

教学目标

通过本章的学习，要理解信号流图的含义和基本表示方法；掌握 IIR、FIR 系统的直接型、级联型、并联型等基本网络结构；了解频率采样型、格型网络结构的基本原理；了解网络结构与数字信号处理软件实现之间的关系。

前面章节主要介绍了数字信号处理基本理论、数字系统的性能分析方法、数字系统的基本工具(如快速算法)以及 IIR、FIR 系统的设计方法。这些讨论都是从纯数学的角度进行分析，没有涉及数字系统实现环节中使用的硬件设备的限制，也没有提出计算过程如何进行。但从数字系统实现的角度来看，必须考虑数字处理设备的性能和处理信号的过程影响问题。本章是从数字信号处理系统的实现角度出发，提出实现过程中经常关心的系统结构形式，并介绍结构与软件实现的联系。

7.1 引　　言

在前面章节设计 IIR 滤波器时，我们的设计目标是设计一个系统函数；即

$$H(z) = \frac{\sum_{i=0}^{N} a_i z^{-i}}{1 - \sum_{i=1}^{N} b_i z^{-i}} \tag{7-1}$$

在设计 FIR 滤波器时，我们的设计目标之一是设计一个单位冲击响应序列(也可以是 $H(z)$)，即

$$h(n)=(h(0),\ h(1),\ h(2),\ \cdots,\ h(N-1)\ ) \tag{7-2}$$

当完成了式(7-1)或式(7-2)以后，我们就可以说完成了一个滤波器的设计工作。实际上它仅仅是一个数学上的系统，而式(7-1)、式(7-2)代表的系统要用来处理相关的数字信号，达到预期的目标，还有大量针对系统实现方面的工作要做。

一个数字系统的实现，主要包括两个重要方面：硬件部分和软件部分。

硬件部分是数字系统的基础平台，在这个平台上实现模拟与数字信号之间的转换，各种数字信号的运算、存储、输入/输出等工作。软件部分通过下面的差分方程式(7-3)完成式(7-1)、式(7-2)代表的具体运算工作。

$$y(n)=a_0x(n)+a_1x(n-1)+a_2x(n-2)+\cdots+a_Nx(n-N)$$
$$+b_1y(n-1)+b_2y(n-2)+\cdots+b_Ny(n-N) \tag{7-3}$$

对于同一个系统函数 $H(z)$，可以有不同的实现方法，例如一个系统的系统函数为

$$H(z) = \frac{1}{1-1.7z^{-1}+0.72z^{-2}} \tag{7-4}$$

它可以用式(7-5)的差分运算来实现。

$$y(n)= x(n) +1.7y(n-1)-0.72y(n-2) \tag{7-5}$$

同时式(7-4)可以进行下面的变换。

$$\begin{aligned}
H(z) &= \frac{1}{1-1.7z^{-1}+0.72z^{-2}} \\
&= \frac{1}{(1-0.9z^{-1})(1-0.8z^{-1})} \\
&= H_1(z)H_2(z)
\end{aligned}$$

$$H_1(z)= \frac{1}{(1-0.9z^{-1})} \tag{7-6}$$

$$H_2(z)= \frac{1}{(1-0.8z^{-1})} \tag{7-7}$$

它表明式(7-4)的系统可以用式(7-6)、式(7-7)两个系统的级联来实现。引进中间变量 $w(n)$ 为

$$w(n)= x(n) +0.9w(n-1) \tag{7-8}$$

$$y(n)= w(n) +0.8y(n-1) \tag{7-9}$$

通过式(7-8)、式(7-9)两次差分运算，可以达到同式(7-5)的差分运算同样的效果。因此，对于理论上的数字系统 $H(z)$，在具体的软件实现过程中还有选择一个用什么样的差分方程来实现的问题。

本章先介绍系统的不同网络结构，通过网络结构图可以清楚地看出不同结构对应的不同的实现方法，其实现时对系统性能的影响也会不同。

7.2 信号流图与数字信号处理的结构图

7.2.1 信号流图的概念

图 7.1 所示是一个信号处理示意图，它表示信号 $x(n)$ 经过放大 a_0 倍以后到输出端，同时信号 $x(n)$ 经过延时一个时间周期后经过放大 a_1 倍以后到输出端，两个到输出端的信号相加后形成输出信号 $y(n)$。延时单元 z^{-1} 的输出是 $x(n-1)$。该信号处理示意图的功能可以用差分方程式(7-10)表示。

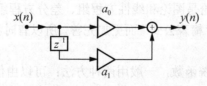

图 7.1 信号处理示意图

$$y(n)=a_0x(n)+a_1x(n-1) \tag{7-10}$$

上述例子表明，数字信号处理的实现过程中可以用一种类似于图 7.1 所示的过程来表

示。同时也可以看出，一个数字处理系统一般只要用到如下三种基本操作单元。

(1) 乘法运算单元，如上例中的 $a_0x(n)$、$a_1x(n-1)$。

(2) 延时处理单元，如上例中的 $x(n)$ 延时成 $x(n-1)$。

(3) 求和运算单元，如上例中的 $a_0x(n)+a_1x(n-1)$。

7.2.2　信号流图的表示方法

为了简便起见，我们将图 7.1 中的各种元素进行简化，图 7.2 表示这种简化处理的方法及含义。

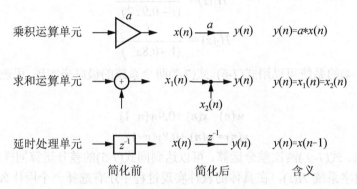

图 7.2　信号流图基本图形及含义

这样，图 7.1 所示的信号处理过程可以用图 7.3 来表示了。

这种用带有信号流向的基本流图符号组成的图叫做信号流图，各个单元上方的系数叫做增益，这个系数不标时默认增益为 1。它是自动控制、电子电气工程等学科中常用的图形，可以用图论中的理论进行分析，在数字信号处理理论中，它与系统函数相对应。

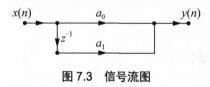

图 7.3　信号流图

7.2.3　信号流图、系统函数、梅森公式

如前所述，信号流图和系统函数都是电子电气、自动控制等学科常用来表示系统的图形和数学表示法，它们的理论是图论和线性方程组、差分方程组的关系。这种关系在 1953 年由梅森(S.J.Mason)提出的"梅森公式"而更加完善，所以有时我们把信号流图也称为"梅森图"。

由信号流图可以求解系统函数，一般用两种方法：可以由信号流图写出差分方程组，解出该差分方程组就可以得到系统函数；也可以利用梅森公式求出系统函数。下面简单介绍如何由信号流图求解系统函数的梅森公式，详细了解可以参考卢开澄编著的《图论及其应用》和吴镇扬编著的《数字信号处理》。

在图论中，把流图看成是由许多节点和定向支路连成的网络，如图 7.4 所示。下面是对这种流图中常用的名词的解释。

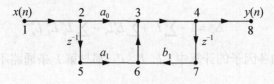

图 7.4 流图示例

(1) 节点：是用来表达信号状态的相关点，如图 7.4 中的 1, 2, …, 8 都是节点。

(2) 有向支路：是节点与节点之间的有向连线，其方向在图上用箭头表示。

(3) 输入支路：一条有向支路，其方向指向一个节点，该定向支路就是该节点的输入支路，一个节点可以有多个输入支路，也可以没有输入支路。

(4) 输出支路：一条有向支路，其方向离开一个节点，该定向支路就是该节点的输出支路，一个节点可以有多个输出支路，也可以没有输出支路。

(5) 输入节点：只有输出支路的节点叫做输入节点，如图 7.4 中的 1 是输入节点。

(6) 输出节点：只有输入支路的节点叫做输出节点，如图 7.4 中的 8 是输出节点。

(7) 混合节点：既有输入支路，又有输出节点的节点叫做混合节点，如图 7.4 中的 2、3、4 等节点是混合节点。

(8) 通路：从输入节点到输出节点，沿着同一方向有向支路连接起来的一组路径叫做通路。如图 7.4 中的 1-2-3-4-8 和 1-2-5-6-3-4-8 都是通路。

(9) 回路：从一个起始节点，沿着同一方向的一组有向支路的连接，可以回到起始节点，这组有向支路的连接整体叫做回路。如图 7.4 中的 3-4-7-6-3 是回路，而 2-5-6-3-2 不是回路。

(10) 互不接触回路：当流图中有多个回路时，如果两个回路没有公共的支路或节点，那么这两个回路称为互不接触回路。

(11) 通路增益：一条通路上所有有向支路的增益的乘积叫做通路增益，图 7.4 中的 1-2-3-4-8 通路的增益为 $1 \cdot a_0 \cdot 1 \cdot 1 = a_0$。

(12) 回路增益：一条回路上所有有向支路的增益的乘积叫做回路增益，图 7.4 中的 3-4-7-6-3 回路的增益为 $1 \cdot z^{-1} \cdot b_1 \cdot 1 \cdot 1 = b_1 z^{-1}$

一个信号流图，如果输入、输出序列分别是 $x(n)$、$y(n)$，序列对应的 z 变换分别是 $X(z)$、$Y(z)$，那么对应的系统函数为

$$H(z) = \frac{Y(z)}{X(z)} = \frac{1}{\Delta} \sum_k T_k \Delta_k \qquad (7\text{-}11)$$

式中，Δ 是信号流图的特征式，有

$$\Delta = 1 - \sum_i L_i + \sum_{i,j} L_i' L_i' - \sum_{i,j,k} L_i'' L_j'' L_k'' + \cdots$$

式中，$\sum\limits_i L_i$ 为所有不同回路的增益的和；$\sum\limits_{i,j} L_i' L_i'$ 为各两个互不接触回路增益的乘积的和；$\sum\limits_{i,j,k} L_i'' L_j'' L_k''$ 为三个互不接触回路增益的乘积的和。

如果一个信号流图中还有更多的回路，那么就安排更多的互不接触回路增益的乘积的和。

式(7-11)中 T_k 是从输入节点到输出节点的第 k 条通路的增益。Δ_k 是不接触第 k 条通路的特征余子式，有

$$\Delta_k = 1 - \sum_i L_i + \sum_{i,j} L'_i L'_i - \sum_{i,j,k} L''_i L''_j L''_k$$

在 Δ_k 特征余子式的各因子的计算中，l_i、l'_{ii}、l'' 都与第 k 条通路不接触，其计算的方法与计算特征式 Δ 时相同。

【例 7-1】 利用梅森公式计算图 7.4 代表的系统函数。

解： (1) 特征式 Δ 的计算。

因为系统中只有一条回路，所以 Δ 计算时没有两项以上回路乘积的项。这时，$L_1 = b_1 z^{-1}$，$\Delta = 1 - L_1 = 1 - b_1 z^{-1}$。

(2) 特征余子式 Δ_k 的计算。

本系统有两条通路，第一条通路为 1-2-3-4-8，第二条通路为 1-2-5-6-3-4-8。所以有两个特征余子式 Δ_1、Δ_2。

先来计算第一条通路的特征余子式 Δ_1。

与第一条通路不接触的图形见图 7.5 中的实线部分，从中可以看出没有回路。

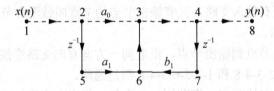

图 7.5　特征余子式 Δ_1 计算图

所以，$\Delta_1 = 1 - 0 = 1$。

再来计算第二条通路的特征余子式 Δ_2。

与第二条通路不接触的图形见图 7.6 中的实线部分，从中可以看出没有回路。

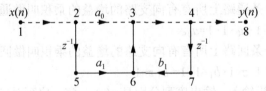

图 7.6　特征余子式 Δ_2 计算图

所以，$\Delta_2 = 1 - 0 = 1$。

(3) 通路增益的计算。

第一条通路的增益为 $T_1 = a_0$

第二条通路的增益为 $T_2 = a_1 z^{-1}$

(4) 综合得

$$\sum_k T_k \Delta_k = T_1 \Delta_1 + T_2 \Delta_2$$
$$= a_0 + a_1 z^{-1}$$

整个信号流图的系统函数为

$$H(z) = \frac{Y(z)}{X(z)} = \frac{1}{\Delta}\sum_k T_k \Delta_k = \frac{a_0 + a_1 z^{-1}}{1 - b_1 z^{-1}}$$

7.2.4　信号流图的转置及转置定理、结构图

1. 信号流图的转置的概念

在一个单输入系统中，将各有向支路的方向转到原方向相反的方向，将原来是输入节点的改为输出节点，原来是输出节点的改为输入节点，这种处理完成了对原信号流图的转置。图 7.7 所示就是图 7.4 的转置，其中图 7.7(a)是转置前的原图；图 7.7(b)只改变了有向支路的方向；图 7.7(c)按照，习惯信号输入还是用 $x(n)$ 表示，输出用 $y(n)$ 表示，图 7.7(d)按照习惯，图的左侧放信号输入部分，图的右侧放信号的输出部分。

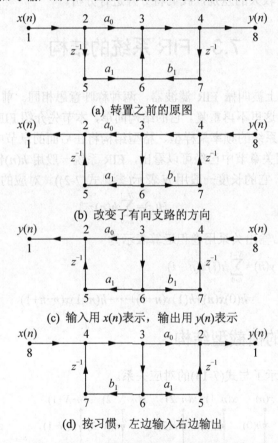

(a) 转置之前的原图

(b) 改变了有向支路的方向

(c) 输入用 $x(n)$ 表示，输出用 $y(n)$ 表示

(d) 按习惯，左边输入右边输出

图 7.7　信号流图转置过程示意图

2. 信号流图的转置定理、结构图

对于一个转置了的信号流图，它代表的系统与原来系统的系统函数有什么关系？转置定理说明，转置后的信号流图与转置前的信号流图具有相同的系统函数。也就是说，图 7.7 中图(a)与图(d)的系统函数相同。

利用梅森公式不难证明这个转置定理，因为转置后的信号流图中的各个通路、回路、互不接触回路、通路增益、回路增益与转置前完全相同，而一个系统的系统函数就取决于这些通路、回路、增益。

在数字信号处理中，我们将信号流图称为结构图。数字信号处理中的结构直接表示了系统中信号的流向关系和处理方法。通过结构图写出的差分方程组，表示了信号的处理过程。在下面的讨论中，我们多采用结构图或结构这个名词，而很少再用流图这个名词。

不同的结构可以有相同的系统函数。例如，表征系统的结构图转置以后的系统函数不变，但结构图中各支路之间的位置关系却发生了很大的变化。这表明系统的形式发生了变化，系统的处理方法、过程不一样了。

虽然结构图的形式非常多，但一般数字信号处理中的结构图可以分为两类，对应于两类不同的系统(IIR 系统和 FIR 系统)。

由于这两类系统有较大的差别，我们将分开进行分析。

7.3　FIR 系统的结构

FIR 系统在许多书上被叫做 FIR 滤波器，两种称呼意思相同。前面的章节也已经介绍了它的许多性能特点，这里不再重复。它的结构简单，本节先介绍 FIR 的横截型、级联型、线性相移型结构，FIR 系统的频率采样型、格型结构将在后面的章节中介绍。

在滤波器设计的相关章节中已经可以看出，FIR 系统一般用 $h(n)$ 作为它的设计结果(也可以用系统函数表示)，它的长度一般用 N 表示(参见式(7-2))。对应的系统函数为

$$H(z)=\sum_{n=0}^{N-1}h(n)z^{-n} \tag{7-12}$$

这样的系统的输入/输出关系用卷积运算表示为

$$y(n)=\sum_{i=0}^{N-1}h(i)x(n-i)$$
$$=h(0)x(n)+h(1)x(n-1)+\cdots+h(n-1)x(n-n+1) \tag{7-13}$$

7.3.1　FIR 系统的横截型结构

图 7.8 很清楚地表示了与式(7-13)的对应关系。

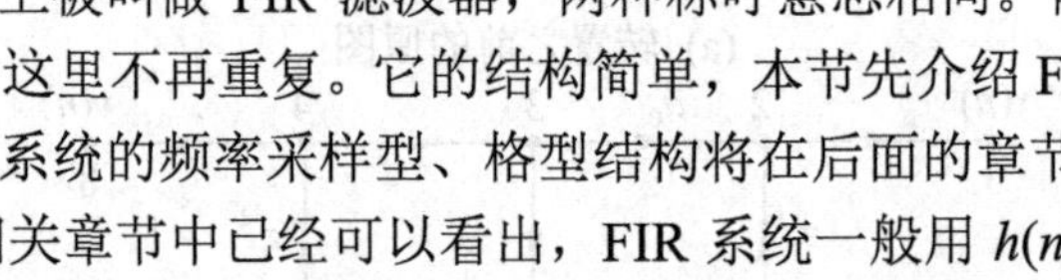

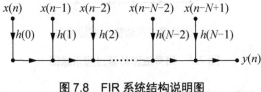

图 7.8　FIR 系统结构说明图

图中的 $x(n-1)$、$x(n-2)$、$x(n-N+1)$ 等都是由 $x(n)$ 逐步延时若干个时间周期得到的。所以可以将图 7.8 改成图 7.9 所示结构形式，由于这种结构直接对应系统输出响应的卷积关系，所以可叫做卷积型结构或直接型结构，但普遍称它为 FIR 系统的横截型结构，图中 z^{-1} 就是延时处理单元。从图中可以看出 $x(n)$ 经过 z^{-1} 延时处理单元后就成了 $x(n-1)$。

图 7.9 可以改用竖画的方法，画成图 7.10 所示的形式，这也是 FIR 系统的横截型结构。

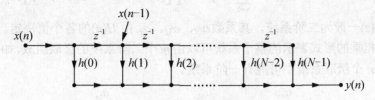

图 7.9　FIR 系统的横截型结构

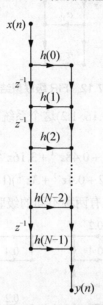

图 7.10　竖放的 FIR 横截型结构

根据转置定理，图 7.9 所示的 FIR 系统的横截型结构可以进行转置，转置后的结构如图 7.11 所示。图 7.9 和图 7.11 所示的两种 FIR 的结构形式不同，但代表的系统是相同的。图 7.9 的结构形式表示信号 $x(n)$ 的延时序列 $x(n-1)x(n-2)\cdots$ 与 $h(n)$ 中的各个值相乘，再求和得到 $y(n)$。而图 7.11 的结构形式表示信号 $x(n)$ 与 $h(n)$ 中的各个值相乘后再各自延时不同的延时周期，然后求各个延时后的值的和，最后得到 $y(n)$。所以说不同的结构代表不同的计算方法，结构对处理的影响将在后面的相关章节中介绍。

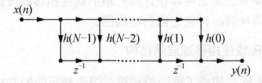

图 7.11　FIR 横截型结构的转置结构图

7.3.2　FIR 系统的级联型结构

式(7-12)表示的一个 N 级 FIR 系统可以变换成若干个二阶函数的乘积，即

$$H(z) = \sum_{n=0}^{N-1} h(n)z^{-n} = \prod_{i=1}^{m}(\alpha_{0i} + \alpha_{1i}z^{-1} + \alpha_{2i}z^{-2}) = \prod_{i=1}^{m} H_i(z) \qquad (7\text{-}14)$$

上式中 $H_i(z)$ 一般为二阶系统，其系数 α_{0i}、α_{1i}、α_{2i} 由 $H(n)$ 的各个值决定。这种由 m 个二阶系统函数相乘的形式表示的整个系统可以由 m 个二阶系统的级联组成，如图 7.12 所示。有些情况下，m 个级联系统中可能有一阶系统。

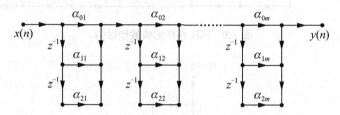

图 7.12　FIR 级联型结构

【例 7-2】　求 $h(n) = (0.2, 0.48, 3.16, 1.2)$ 这个系统的级联型结构。

解：该 FIR 系统函数为

$$H(z) = 0.2 + 0.48z^{-1} + 3.16z^{-2} + 1.2z^{-3}$$
$$= (0.2 + 0.4z^{-1} + 3z^{-2})(1 + 0.4z^{-1})$$

其级联型结构图见图 7.13。这里有两种不同的级联型结构，代表了不同的运算次序。

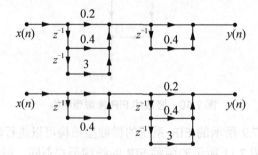

图 7.13　例 7-2 中的两种级联型结构

7.3.3　FIR 系统的线性相移型结构

FIR 系统的一个重要特点是它可以设计成严格的线性相移滤波器，这时其 $h(n)$ 应该满足对称的条件。下面分两种情况讨论它们的结构图。

1. N 为偶数时的 FIR 线性相移滤波器结构

由于 $h(n)$ 的对称性不同，构成了第一类和第二类两种不同的 FIR 线性相移滤波器。
第一类为　　　　　　　　　　　　　　$h(n) = h(N-1-n)$
第二类为　　　　　　　　　　　　　　$h(n) = -h(N-1-n)$

对于第一类，因为 $h(n) = h(n-N-1)$，我们可以将各个延时信号与 $h(n)$ 相乘以后的相加变成先将要乘以相同 $h(n)$ 项的两个信号相加，再与 $h(n)$ 相乘。如先将 $x(n)$ 与 $x(n-N-1)$ 相加，再乘以 $h(0)$。这实际上是改变了滤波器实现时的计算方法，减少了乘法的次数，提高了处理速度，因此对应的结构图也发生了变化，如图 7.14 所示。

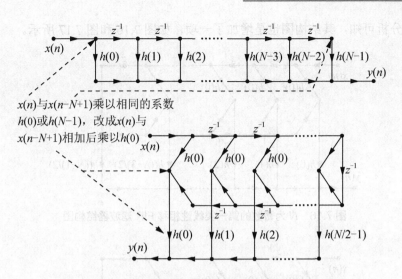

$x(n)$与$x(n{-}N{+}1)$乘以相同的系数$h(0)$或$h(N{-}1)$，改成$x(n)$与$x(n{-}N{+}1)$相加后乘以$h(0)$

图 7.14　N 为偶数的第一类线性相移 FIR 滤波器结构图

对于 N 为偶数的第二类线性相移 FIR 滤波器结构图，因为为 $h(n)=-h(N-1-n)$，所以只要将延时信号的后半部分先求它的相反数后再按第一类处理即可，其结构图如图 7.15 所示。对应图 7.15，其系统函数如下。

第一类为
$$H(z)=\sum_{n=0}^{\frac{N}{2}-1} h(n)[z^{-n}+z^{-(N-1-n)}] \tag{7-15}$$

第二类为
$$H(z)=\sum_{n=0}^{\frac{N}{2}-1} h(n)[z^{-n}-z^{-(N-1-n)}] \tag{7-16}$$

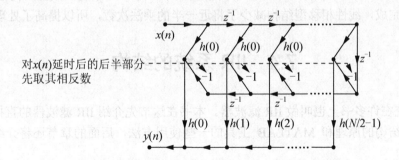

对$x(n)$延时后的后半部分先取其相反数

图 7.15　N 为偶数的第二类线性相移 FIR 滤波器结构图

2. N 为奇数时的 FIR 线性相移滤波器结构

N 为奇数时的 FIR 线性相移滤波器的对称性与 N 为偶数时的相同，但 N 为奇数时 $h((N-1)/2)$ 这一项没有对称的项，所以要单独与 $x(n-((N-1)/2))$ 相乘。其系统函数如下。

第一类为
$$H(z)=\sum_{n=0}^{\frac{N-1}{2}-1} h(n)[z^{-n}+z^{-(N-1-n)}]+h\left(\frac{N-1}{2}\right)z^{-\frac{N-1}{2}} \tag{7-17}$$

第二类为
$$H(z)=\sum_{n=0}^{\frac{N-1}{2}-1} h(n)[z^{-n}-z^{-(N-1-n)}]+h\left(\frac{N-1}{2}\right)z^{-\frac{N-1}{2}} \tag{7-18}$$

从以上分析可知，其结构图也是增加了一项，如图 7.16 和图 7.17 所示。

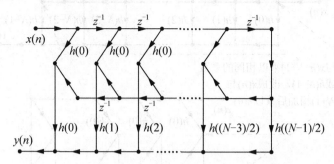

图 7.16 N 为奇数的第一类线性相移 FIR 滤波器结构图

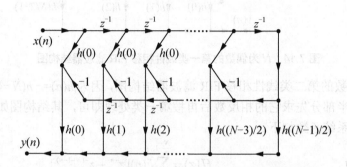

图 7.17 N 为奇数的第二类线性相移 FIR 滤波器结构图

对于 FIR 系统的线性相移型结构的四种形式，只要用 N/2 次乘法(N 为偶数时)或((N-1)/2)次乘法(N 为奇数时)就能完成处理过程中的乘法工作。而 FIR 系统横截型结构需要 N 次乘法运算才能完成，线性相移型结构减少了将近一半的乘法次数，所以提高了处理速度。

7.4　IIR 系统的结构

IIR 系统在许多书上也叫做 IIR 滤波器。本书在这节先介绍 IIR 滤波器的直接型、级联型、并联型结构的原理和 MATLAB 工具的一些使用方法，后面的章节还将介绍它的格型结构等知识。

7.4.1　IIR 系统的直接型结构

IIR 系统常常用系统函数式(7-1)或差分方程式(7-3)表示。下面先用式(7-3)的差分方程来分析 IIR 系统的结构形式，再用系统函数表示形式来印证结构图与系统函数的关系。重写 IIR 系统差分方程为

$$y(n) = \sum_{i=0}^{N} a_i x(n-i) + \sum_{i=1}^{N} b_i y(n-i) \tag{7-19}$$

设一个中间变量 $w(n)$ 为

$$w(n) = \sum_{i=0}^{N} a_i x(n-i) \tag{7-20}$$

则
$$y(n) = w(n) + \sum_{i=1}^{N} b_i y(n-i) \tag{7-21}$$

式(7-20)实际上与 7.3 节的 FIR 系统相同，不同之处是式(7-20)的 a_i 和 $w(n)$ 在 FIR 系统中用 $h(n)$ 和 $y(n)$ 表示而已。所以可以得到式(7-20)对应的结构，如图 7.18 所示。与图 7.10 相比两图结构是完全一样的，只是输出端的位置有所不同。因为都是表示几个信号的和，没有在延时方面出现差异，所以其系统特性也是相同的。

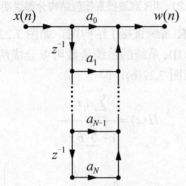

图 7.18　IIR 直接型结构分部说明图

依此类似，可以得出图 7.19 所示结构的差分方程为

$$u(n) = \sum_{i=1}^{N} b_i y(n-i) \tag{7-22}$$

我们用如图 7.20 所示的流图将 $w(n)$、$u(n)$、$y(n)$ 组合起来，得

$$y(n) = w(n) + u(n)$$
$$= w(n) + \sum_{i=1}^{N} b_i y(n-i)$$
$$= \sum_{i=0}^{N} a_i x(n-i) + \sum_{i=1}^{N} b_i y(n-i)$$

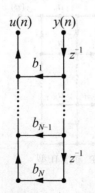

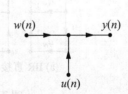

图 7.19　IIR 滤波器的分部说明图 1 　　　　图 7.20　IIR 滤波器的分部说明图 2

将图 7.20 中的 $w(n)$、$u(n)$ 用图 7.18、图 7.19 代替，得到图 7.21。

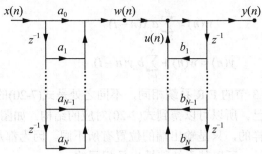

图 7.21　IIR 滤波器直接型结构分部说明图

对图 7.21 作简化，就是 IIR 系统直接 I 结构图，如图 7.22(a)所示。

实际上由式(7-1)可以看出，IIR 系统的系统函数可以分成两个函数 $H_1(z)$ 和 $H_2(z)$ 的乘积，$H_1(z)$ 对应图 7-22(a)，$H_2(z)$ 对应图 7.22(b)，即

$$H(z) = \frac{\displaystyle\sum_{i=0}^{N} a_i z^{-i}}{1 - \displaystyle\sum_{i=1}^{N} b_i z^{-i}}$$

$$= \sum_{i=0}^{N} a_i z^{-i} \cdot \left(\frac{1}{1 - \displaystyle\sum_{i=1}^{N} b_i z^{-i}} \right)$$

$$= H_1(z) \cdot H_2(z)$$

又因为

$$H(z) = H_1(z) \cdot H_2(z) = H_2(z) \cdot H_1(z)$$

所以图 7.21 中(a)、(b)两部分可以交换，把零点部分放到图的右边，把极点部分放到图的左边，这样做不影响系统函数。交换后的两列 z^{-1} 延时单元在一起，是对相同的信号进行处理，可以用同一组延时单元来实现(即放在相同的存储单元中)。这样整理后的结构图叫做 IIR 系统直接 II 型结构(典型结构图)，如图 7.22(b)所示。

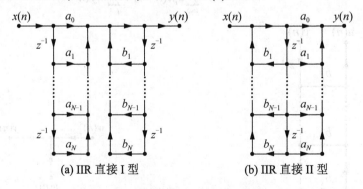

(a) IIR 直接 I 型　　　　　(b) IIR 直接 II 型

图 7.22　IIR 滤波器直接型结构图

直接 II 型结构与直接 I 型结构相比，除了计算方法上的不同以外，还节省了延时单元。对系统实现来说，就是节省了存储器、寄存器。一个 N 阶的 IIR 系统只要有 N 个存储单元的硬件设备就能满足要求，这在 IIR 的几种实现方案中是最省资源的，对于早先利用小的

硬件直接构成数字信号处理系统的场合很有用处。但在今天，数字处理系统的硬件条件大大提高，DSP、PDGA、计算机等的存储单元数量较多，这方面的意义已经不如以前那么重要，大家关心的主要还是处理的性能与速度。

利用转置定理也可以得到 IIR 直接 II 型的转置结构，这里不再一一列举。

【例 7-3】 利用 MATLAB 工具，设计一个截止频率为 0.2π 的 3 阶巴特沃思滤波器，画出它的直接 II 型结构图。

解：(1) 利用 MATLAB 工具，求出滤波器参数。

```
[a,b]=butter(3,0.2)
```

计算结果为

```
a =
      0.0181    0.0543    0.0543    0.0181
b =
1.0000   -1.7600    1.1829   -0.2781
```

该滤波器的系统函数为

$$H(z) = \frac{0.0181 + 0.0543z^{-1} + 0.0543z^{-2} + 0.0181z^{-3}}{1 - 1.7600z^{-1} + 1.1829z^{-2} - 0.2781z^{-3}}$$

这里要注意，MATLAB 工具求出的滤波器参数是按照

$$H(z) = \frac{\sum_{i=0}^{N} a_i z^{-i}}{1 + \sum_{i=1}^{N} b_i z^{-i}}$$

公式给出的 a、b。b_i 与一般书上的习惯不同，实际使用 MATLAB 工具时要注意。

(2) 结构图如图 7.23 所示。

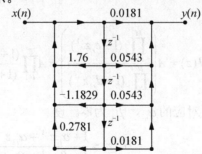

图 7.23　例 7-3 IIR 滤波器直接 II 型结构图

7.4.2　IIR 系统的级联型结构

上面讨论的直接型结构图可以通过 IIR 滤波器的系统函数直接画出，也可以通过结构图直接写出滤波器的系统函数和输入/输出关系。与 FIR 系统一样，IIR 系统也可以有多种不同的结构形式。虽然这种结构不能从系统函数直接看出，但因为有其他方面的优越性，还被经常采用。

$$H(z) = \frac{\sum\limits_{i=0}^{M} a_i z^{-i}}{1 - \sum\limits_{i=1}^{N} b_i z^{-i}}$$

$$= \frac{a_0 + a_1 z^{-1} + \cdots + a_M z^{-M}}{1 - b_1 z^{-1} - \cdots - b_N z^{-N}} \tag{7-23}$$

上式的系统函数分子分母都是 z^{-1} 的多项式，这里讨论 $M \leq N$ 的情况，$M > N$ 的情况可以化成一个 z^{-1} 的多项式与一个 z^{-1} 的真分式的和，在结构上就是一个 FIR 系统与 IIR 系统的并联。

将式(7-23)中的分子分母多项式分别进行因式分解，式(7-23)可以写成

$$H(z) = A \left(\frac{\prod\limits_{r=1}^{M} (1 - c_r z^{-1})}{\prod\limits_{r=1}^{N} (1 - d_{r1} z^{-1})} \right) \tag{7-24}$$

其中，A 为常数，c_r、d_r 是系统的零点和极点。一般系统函数的分子分母多项式系数为实数，所以 c_r 是实数，或者是成对出现共轭复数。将成对出现的一对共轭复数 c_r 和 c_r^* 形成的因式相乘 $(1 - c_r z^{-1})(1 - c_r^* z^{-1})$，就能得到一个实系数的二阶多项式。

即设

$$(1 - c_r z^{-1})(1 - c_r^* z^{-1}) = (1 + \alpha_{i1} z^{-1} + \alpha_{i2} z^{-2})$$

其中 α_{i_1}、α_{i_2} 是实数。

同理对分母的因式有

$$(1 - d_r z^{-1})(1 - d_r^* z^{-1}) = (1 + \beta_{i1} z^{-1} + \beta_{i2} z^{-2})$$

其中 β_{i_1}、β_{i_2} 是实数。

那么有

$$H(z) = A \left(\frac{\prod\limits_{r=1}^{M} (1 - c_r z^{-1})}{\prod\limits_{r=1}^{N} (1 - d_{r1} z^{-1})} \right) = A \prod\limits_{i=1}^{K} \frac{(1 + \alpha_{i1} z^{-1} + \alpha_{i2} z^{-2})}{(1 + \beta_{i1} z^{-1} + \beta_{i2} z^{-2})} \tag{7-25}$$

当 c_r、d_r 中有实数时，对应的 α_{i_1}、β_{i_2} 为零。设

$$H_i(z) = \frac{1 + \alpha_{i1} z^{-1} + \alpha_{i2} z^{-2}}{1 + \beta_{i1} z^{-1} + \beta_{i2} z^{-2}} \tag{7-26}$$

$$H(z) = H_1(z) H_2(z) \cdots H_K(z) \tag{7-27}$$

其中每个 $H_i(z)$ 都是一个二阶子系统(或一阶子系统)，整个系统可以由若干个二阶或一阶子系统串联在一起，达到实现整个系统函数的功能。这种方式的系统结构叫做 IIR 系统的级联型结构，如图 7.24 所示。当把式(7-25)中的系数 A 分解到各个因式中去时，$H_i(z)$ 中分子多项式中第一项的 1 改成 α_{i0}。

从二阶子系统的形成过程中可以看出，当一个系统有多个分子多项式和分母多项式的时候，存在一个选择分子多项式和分母多项式的搭配组合问题，不同的分子分母的二阶(一阶)多项式组合成的子系统有不同的性能，对总系统实现的性能影响也不同。这一般可以用

计算机辅助分析的方式进行。

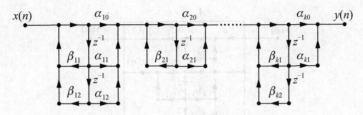

图 7.24　IIR 系统级联型结构

级联型结构与直接型结构不同，每个子系统都是一个独立的系统，零极点的调整不会带动前后级的零极点，其误差等方面的影响也较小，这将在后面的章节中介绍。

7.4.3　IIR 系统的并联型结构

式(7-23)除了可以分解成式(7-25)以外，还可以变换成部分分式的形式，即

$$H(z) = \frac{\sum\limits_{i=0}^{M} a_i z^{-i}}{1 - \sum\limits_{i=1}^{N} b_i z^{-i}} = \frac{\sum\limits_{i=1}^{M} a_i z^{-i}}{\prod\limits_{k=1}^{N1}(1 - c_k z^{-1})\prod\limits_{k=1}^{N2}(1 - d_k z^{-1})(1 - d_k^* z^{-1})}$$

$$= \sum\limits_{k=1}^{N1} \frac{a_k}{(1 - c_k z^{-1})} + \sum\limits_{k=1}^{N2} \frac{(\alpha_{k0} + \alpha_{k1} z^{-1})}{(1 + \beta_{k1} z^{-1} + \beta_{k2} z^{-2})}$$

$$= H_1(z) + H_2(z) + \cdots + H_{N1+N2}(z) \tag{7-28}$$

这样原系统函数 $H(z)$ 就变成了几个一阶子系统和几个二阶子系统的和。

$$H(z) = \frac{Y(z)}{X(z)} = \sum\limits_{i=1}^{N1+N2} H_i(z)$$

$$Y(z) = \sum\limits_{i=1}^{N1+N2} H_i(z) X(z)$$

$$Y(z) = H_1(z)X(z) + H_2(z)X(z) + \cdots + H_{N1+N2}(z)X(z)$$

从上面的公式可以看出，各个子系统的输入都是相同的 $X(z)$，在求总系统输出的时候，可以先求出子系统在输入序列 $x(n)$ 时的响应 $y_i(n)$，再求和得到 $y(n)$。

$$y(n) = y_1(n) + y_2(n) + \cdots + y_{N1+N2}(n) \tag{7-29}$$

根据式(7-29)可以得到 IIR 并联型结构，如图 7.25 所示。

有时将系统函数进行部分分式展开时会出现常数项，这是一个零阶系统，也作为并联系统中的一个支路，如图 7.25 中的 A0 支路。这种并联型系统实现简单，只需一个二阶节系统通过改变输入系数即可完成，便于程序化设计，极点位置可单独调整，相互之间不影响，在多内核计算机发展迅速的当前，适合使用并行计算以提高运算速度，同时它还有误差小的特点。

【例 7-4】　系统 $H(z) = \dfrac{8 - 4z^{-1} + 11z^{-2} - 2z^{-3}}{1 - 1.25z^{-1} + 0.75z^{-2} - 0.125z^{-3}}$，画出该系统的并联型结构图。

解： $H(z) = 16 + \dfrac{8}{1 - 0.5z^{-1}} + \dfrac{-16 + 20z^{-1}}{1 - z^{-1} + 0.5z^{-2}}$

其结构图如图 7.26 所示，图中有一个零阶子系统。

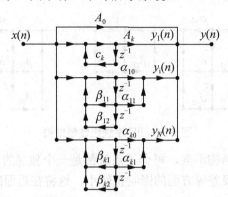

图 7.25　IIR 并联型结构图

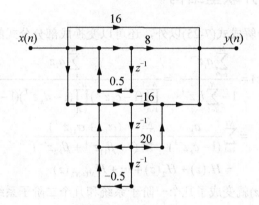

图 7.26　例 7-4 图

MATLAB 工具中有根据系统函数求解各种结构的工具函数，许多科技工作者也在 MATLAB 工具上开发了相应的函数，这些函数如下。

(1) tf2sos：直接型到级联型转换。

(2) sos2tf：级联型到直接型转换。

(3) tf2latc：直接型到格型转换。

(4) tf2par：直接型到并联型转换。

详细内容可参考 MATLAB 帮助文件和陈怀编著的《数字信号处理教程——MATLAB 释疑与实现》一书。

7.4.4　FIR 系统的频率采样型结构

前面介绍了 FIR 系统的直接型结构和线性相移型结构，FIR 系统还有与这两种结构相差较大的结构形式，如频率采样型和格型结构。频率采样型结构的形式与 IIR 系统的级联、并联型结构有很多相似之处，所以虽然频率采样型结构是针对 FIR 系统的，我们还是放在这里介绍，以便学习。

由频率域采样定理可知，一个系统的系统函数可以用下式表示：

$$H(z) = (1 - z^{-N}) \frac{1}{N} \sum_{k=0}^{N-1} \frac{H(k)}{1 - W_N^{-k} z^{-1}} \tag{7-30}$$

式中，$H(k)$是系统频率响应函数在单位圆上的采样值，要求点数 N 大于原系统序列的长度，否则系统会出现误差。如果 $h(n)$的长度为 M，那么用频率采样型结构来实现这个系统时要求 N 大于 M。由于 IIR 系统的单位冲击响应无限长，所以这种频率采样型结构不适用于 IIR 系统。

在式(7-30)中，N 是一个需要选择的数，选择的原则是 N 大于 M，M 是设计 FIR 系统时的结果，为已知数。$H(k)$是由 $H(z)$或其他方法求得，或者已经给出。

由 $H(z)$求 $H(k)$的方法是直接用定义计算，即

$$H(k) = H(z) \Big|_{Z = e^{j\frac{2\pi k}{N}}} \qquad k = 0, 1, 2, 3, \cdots, N$$

式(7-30)可以分成两个主要组成部分。

第一部分，设

$$H_c(z) = 1 - z^{-N} \tag{7-31}$$

在第 6 章中已经介绍过了，这是一个梳状滤波器，它有 N 个零点。它的频率特性如图 7.27 所示。

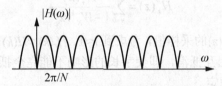

图 7.27　梳状滤波器频率特性图

第二部分，设

$$H_k(z) = \sum_{k=0}^{N-1} \frac{H(k)}{1 - W_N^{-k} z^{-1}} \tag{7-32}$$

这是 $N-1$ 个一阶子结构并联起来的系统。每个子结构都有一个反馈支路，它的极点为

$$z_k = e^{j\frac{2\pi}{N}k} \qquad k = 0, 1, 2, \cdots, N-1$$

极点位置与零点位置重合。如第 6 章中分析的，理论上这种在单位圆上的极点被零点抵消，所以系统还是稳定的。同时有

$$H(z) = \frac{1}{N} H_c(z) \cdot H_k(z)$$

显然，一个频率采样型结构的系统实际上是由一个梳状滤波器和 N 个一阶并联子结构组成的级联系统，如图 7.28 所示。

频率采样系统作为滤波器时调整频率特性容易，可以实现任意形状的频响系统。$H_k(z)$很适应现代电子产品模块化设计的特点。

虽然频率采样系统有很多优点，但是由于其理论上存在单位圆上的极点需要相应的零极点相互抵消的问题，在实际实现过程中使用有限字长代替精确数值的时候，往往不能很好地实现这种零极点相互抵消，还可能出现极点超出单位圆的现象，造成系统的不稳定。同时，频率采样结构的系统，一阶反馈子系统中 $H(k)$是一个复数，因此要进行复数运算，在实现上要增加系统的复杂程度。因此，有必要对频率采样结构进行修正。修正的指导思

想是将原来在单位圆上的零极点往单位圆里面移动一点点，从而保证极点在单位圆内，考虑到采样点的对称性，可将两个共轭采样点合并在一起组成二阶子结构。

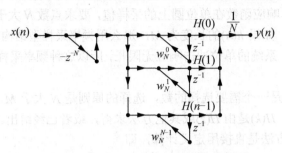

图 7.28　FIR 系统频率采样结构图

调整零点时，将式(7-31)改为

$$H_c(z) = 1 - r^N z^{-N}$$

其中，$r<1$，但 $r \approx 1$。这样零点就调整到了单位圆内了。

调整极点与上面相似，将式(7-32)改为

$$H_k(z) = \sum_{n=0}^{N-1} \frac{H_r(k)}{1 - W_N^{-k} r z^{-1}} \tag{7-33}$$

式中，$H_r(k)$ 是在 r 圆上的 $H(z)$ 的采样值，考虑到 $r \approx 1$，$H_r(k) \approx H(k)$。经过上面的零极点调整，它们在 r 圆上等间隔采样相互抵消，即使字长的影响不能完全抵消，也不会出现超出单位圆的现象，能够保证系统稳定。

下面讨论解决复数运算的问题。

先明确几个因素的是共轭对称的。

因为 $h(n)$ 是实数，其 DET 是圆周共轭对称的，即

$$H(N-k)=H^*(k)$$

$$W_N^{-(N-k)} = W^k = (W^{-k})^*$$

因此可将第 k 个及第 $N-k$ 个子结构合并为一个二阶子结构，即

$$\begin{aligned} H_k(z) &= \frac{H(k)}{1 - r w_N^{-k} z^{-1}} + \frac{H(N-k)}{1 - r w_N^{-(N-k)} z^{-1}} \\ &= \frac{H(k)}{1 - r w_N^{-k} z^{-1}} + \frac{H(k)}{1 - r (w_N^{-k}) z^{-1}} \\ &= \frac{a_{0k} + a_{1k} z^{-1}}{1 - z^{-1} 2r \cos\left(\dfrac{2\pi}{N} k\right) + r^2 z^{-2}} \end{aligned}$$

其中，$\alpha_{0k} = 2\operatorname{Re}[H(k)]$，$\alpha_{1k} = -2r\operatorname{Re}[H(k)w_N^k]$。

这个二阶子结构是一个有限 Q 值的谐振器，谐振器频率为 $\omega_k = \dfrac{2\pi}{N} k$。

除了共轭极点外，还有实数极点，分两种情况。

(1)　当 N 为偶数时，有一对实数极点 $z = \pm r$，对应于两个一阶网络：

$$H_0(z) = \frac{H(0)}{1 - rz^{-1}}, \ H_{\frac{N}{x}}(z) = \frac{H(N/2)}{1 + rz^{-1}}$$

这时，$H(z) = (1 - r^N z^{-N}) \dfrac{1}{N} \left[H_0(z) + H_{\frac{N}{r}}(z) + \sum_{k=1}^{\frac{N}{2}-1} H_k(z) \right]$ 频率采样型结构如图 7.29 所示，

其中三种内部子网络如图 7.30 所示。所有子结构都是标准的二阶有反馈结构。

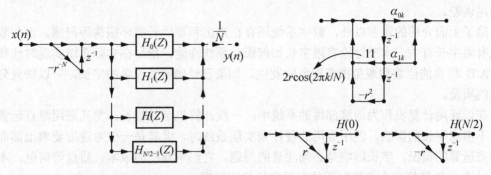

图 7.29　N 为偶数修正的频率采样型结构　　　　图 7.30　三种子网络图

(2) 当 N 为奇数时，只有一个实数极点 $z = r$，对应于一个一阶网络 $H_0(z)$：

$$H(z) = (1 - r^N z^{-N}) \frac{1}{N} \left[H_0(z) + \sum_{k=1}^{\frac{N}{2}-1} H_k(z) \right]$$

这时，通过利用共轭对称关系的修正，频率采样型结构的并联环节仅减少了一半。但是对于 N 很大的系统，整个结构的运算环节和存储环节很大，系统复杂。当应用在窄带滤波的时候，大部分采样点的值为零($H(k)=0$)，许多二级子结构也就不需要了。所以频率采样型结构也比较适合窄带滤波器的使用场合。

除了上面介绍的系统结构以外，还有格型网络结构。格型网络结构很适合一般的数字系统，具有对有限字长不敏感、适合递推算法的优点，在频谱计算、线性预测、自适应滤波中有很多应用。这将在本书第 7.8 节中讲述。

7.5　数字信号处理中的有限字长效应

本章开始时我们提出了需要从数字信号系统实际应用和实现的角度来考虑使用的设备、器件的有限字长量化和计算方法对系统性能的影响问题。计算方法已经在前面的网络结构中进行了讨论，本节要将结构和有限字长的问题联系起来进行讨论。设备和器件的经济性、速度等问题不是本节分析的内容。

一个实际应用数字系统，经常要对模拟信号、系统参数进行量化，还要进行乘法等运算，这些处理将会存在下面几种常见的误差。

(1) A/D 转换器的量化误差。A/D 转换器是在模拟信号的幅度上进行离散化，只能取有限个值作为模拟信号的典型值，其他模拟信号取与典型值最接近的值作为它的量化值，这个取值的过程就产生了误差，叫做 A/D 转化量化误差。

(2) 参数量化误差。式(7-1)中的参数 a_i、b_i 都是纯数学的数值，在数字系统中要用二进制数表示，这个表示的值与参数中的 a_i、b_i 的纯数学值之间存在量化误差，有时也叫表示误差。

(3) 运算处理误差。数字处理系统在运算过程中会使数据的字长变长，但由于数字系统的硬字长总是有限的，因此要对运算后的字长进行缩短处理，这个处理过程会产生误差，因为这种处理常常采用的是舍入舍出或截尾的方法，所以运算处理误差常常称为舍入误差或截尾误差。

除了上面介绍的误差以外，数字系统还存在溢出和零信号循环振荡等问题，也与数字系统有限字长有关。本节讨论有限字长如何影响系统性能，指导在实际系统实现时选择字长、A/D 转换的位数和避免振荡现象的发生。如果已经确定了设备的字长，可以研究分析系统的质量。

在以通用计算机作为运算部件的系统中，一般计算机字长较长，尤其采用浮点运算，可以不考虑字长的影响，但用专用的硬件来实现系统时，尤其是一些对速度要求很高而采用定点运算的情况，字长影响是必须注意的问题。它影响系统的成本、质量等问题。本书主要讨论 A/D 转换和定点情况下的有限字长效应问题。

7.5.1 二进制数的表示及量化误差分析

在计算机原理等教科书中介绍了二进制数定点、浮点、原码、反码、补码的表示和运算方法，在研究量化误差的影响时，由于补码具有代表性，所以本书以定点补码为主进行讨论。

1. 定点二进制数的表示

顾名思义，定点二进制表示数时，小数点的位置是固定不变的。一般小数点的左边是数的整数部分，小数点的右边是数的小数部分，如 1101.1101，它代表的数的整数部分为

$$1\times 2^3 +1\times 2^2 +0\times 2^1 +1\times 2^0 =13$$

小数部分为

$$1\times 2^{-1} +1\times 2^{-2} +0\times 2^{-3} +1\times 2^{-4} = 0.8125$$

整个数$(1101.1101)_b = (13.8125)_{10}$。

虽然理论上定点数可以把小数点定在任何位置，但我们经常把小数点定在第一位的后面，而第一位是符号位，符号位 1 表示负数，0 表示正数。这样一个定点数的范围为在 ± 1 之间。如

$$(01100101)_b=(0.7890625)_{10}$$
$$(11100010)_b=(-0.765625)_{10}$$

2. 表示误差

上例中的定点数，从二进制表示成十进制数时没有误差，原因是我们没有限制十进制数的位数的长度。但当我们要用一个有限长的二进制数表示数字系统的系数时就会出现误差，如系数是十进制数 0.754，用二进制数表示是 0.1100000100000110…，是一个无限长的

二进制数。如果用一个一定长度的二进制数来表示，则必须对这个无限长度的二进制数取一定位数的长度，例如连同符号位取 11 位长度，那么其结果是 0.1100000100。这个有限长度的二进制数 0.1100000100 用十进制数来表示时为 0.73906。结果产生的误差为

$$0.754-0.739\ 06=0.000\ 093\ 75$$

这就是表示误差，即把一个精确的值用一个数制的数表示时产生的误差，在数字信号处理中常称为量化误差。

表示误差的本质不是十进制数转化成二进制数时才会有的误差，而是有限位的二进制数只能表示有限个精确数值，要用一个有限位的二进制数表示无穷多个精确值时必然会出现有的数据不能精确表示的问题。

表示误差的产生是因为限制了二进制数的长度。它把超出了有限长度的二进制数部分的位进行了处理，让它近似等于一个有限长的二进制数。这种处理主要有舍入舍出和截尾处理两种。

采用与十进制运算中四舍五入类似的方法进行超长度处理产生的误差称为舍入误差，采用去掉多余的位进行超长度处理产生的误差称为截尾误差。两种处理产生的误差不一样。例如一个 12 位数 110010101011 要变成 8 位数，舍入舍出处理的结果为 1100101011，舍入误差为 100000000001，截尾处理的结果为 1100101010，截尾误差为 100000000011。

3. A/D 转换量化误差

前面相关章节讲述了对模拟信号采样速率的要求，提出了采样定理等理论。在实际工作中，模拟信号在幅度上是连续分布的，有限位的 A/D 转换实际上是要用有限个离散的值去近似连续分布的值。这个近似处理是由 A/D 转换过程完成的，一般用 A/D 转换器实现(也可以用其他方法实现)。A/D 转换器实现这个近似过程时产生的误差与舍入舍出处理相同。

4. 运算误差

两个一定字长的二进制数相乘，其乘积的长度会大于原来的乘数和被乘数。而系统常常因为硬件等原因，乘积只能用乘数或被乘数的长度来表示。这时就必须对乘积进行舍入舍出或截尾处理。这种由于运算过程中字长变长以后需要缩短处理产生的误差称为运算误差。运算中一般采用舍入舍出处理，其误差性质等同舍入误差。加法运算不会增加字长，所以不会产生误差，但可能会出现溢出的现象。溢出会使系统出现很大的错误，是信号处理系统中应该考虑避免的。

从上面的简单分析可以看出，无论是表示误差、A/D 转换误差还是运算误差，都可以从对一个数进行舍入舍出和截尾处理两种方法的角度分析其误差产生的特点。

5. 量化误差分析

对于一个定点数，我们经常用 $b+1$ 来描述它的长度，其中 1 位为符号位，b 位为数值位。

1) 截尾误差分析

在这里我们先讨论补码的情况。一个长度为 $b+1$ 位的定点数，当被截的数是正数时，其截去部分的最大值为

$$0.0000\underbrace{\cdots\cdots 0011111}_{b\uparrow 0}1$$

由于是一个正数截去了尾部，剩下的数小于原来的数，所以其误差是负值。

这个误差的最大范围为

$$\Delta=\sum_{i>b}2^{-i}=2^{-b}$$

当被截的数是负数时，其截去部分的最大值为

$$1.0000\underbrace{\cdots\cdots 0011111}_{b\uparrow 0}1$$

其误差是负值。这个误差的最大范围也为

$$\Delta=\sum_{i>b}2^{-i}=2^{-b}$$

所以，总的来说，定点用补码表示时，其截尾误差为

$$-2^{-b}\leqslant e\leqslant 0$$

下面直接给出定点原码和反码的截尾误差，分析过程略，可参考吴镇扬编著的《数字信号处理》。

(1) 原码的截尾误差：

当被截的数是正数时，$-2^{-b}\leqslant e\leqslant 0$；

当被截的数是负数时，$0\leqslant e\leqslant 2^{-b}$。

(2) 反码的截尾误差：

当被截的数是正数时，$0\leqslant e\leqslant 2^{-b}$；

当被截的数是负数时，$-2^{-b}\leqslant e\leqslant 0$。

三种编码的截尾处理量化误差可以用图 7.31 表示。

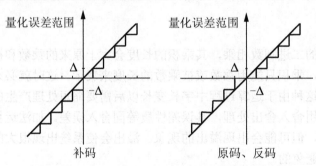

图 7.31　三种编码的截尾处理量化误差示意图

2)　舍入误差分析

我们用 $Q[x]$ 表示对数值 x 进行舍入舍出处理。一个 b 位长度数为二进制，其最小量化间距为 $\Delta=2^{-b}$，在进行二进制舍入舍出处理时，总是舍到接近真值的那个二进制值，由于 $\Delta=2^{-b}$，所以舍入误差为 $\Delta/2$。有一种特殊情况是需要处理的数据刚好是 $\Delta/2$，这时既可以舍入，也可以舍出，在实际工作中常常采用随机的方法决定舍入还是舍出，保证两种处理的几率相等。

所以舍入舍出的误差为 $-\dfrac{1}{2}2^{-b}\leqslant e\leqslant\dfrac{1}{2}2^{-b}$。

从上面的分析可以看出，一个系统的误差有三种主要来源，它们分别是表示误差(参数的量化误差)、A/D 转换误差(模拟信号量化误差)和运算过程误差。一般用截尾或舍入处理的方法使处理的对象变成有限长的二进制数据，采用定点补码时的误差见表 7.1。在下面的讨论中，引进一个专用符号 q，表示量化二进制最小有效位的量值，$q=2^{-b}$。

表 7.1　采用定点补码时的误差

处理方式	截尾处理	舍入舍出处理
表示误差(参数量化误差)	$-2^{-b} \leqslant e \leqslant 0$	$-\frac{1}{2}2^{-b} \leqslant e \leqslant \frac{1}{2}2^{-b}$
A/D 转换误差(模拟信号量化误差)	$-2^{-b} \leqslant e \leqslant 0$	$-\frac{1}{2}2^{-b} \leqslant e \leqslant \frac{1}{2}2^{-b}$
运算误差	$-2^{-b} \leqslant e \leqslant 0$	$-\frac{1}{2}2^{-b} \leqslant e \leqslant \frac{1}{2}2^{-b}$

7.5.2　误差效应分析

7.5.1 节介绍了数字信号处理的基础环节出现的误差，并以定点补码为例分析了误差的范围。那么如何评估这些误差在数字信号处理系统产生的影响呢？这就是误差效应的分析。总的来说，A/D 转换误差和运算误差可以把误差转化成噪声来处理，而表示误差则会影响系统的准确性。本节主要从这两方面展开讨论。

1. A/D 转换误差的统计分析与信噪比

在上面一节中，虽然对 A/D 转换误差的来源进行了分析，给出了误差的分布范围，但要确切地知道每一次 A/D 转换产生的误差值(用 $e(n)$ 表示)是不可能的。所以在实际工程中，通常利用统计分析的方法分析这种误差的效应。

我们将一组上面分析的误差序列 $e(n)$ 作为一个随机序列，它具有如下的统计特性。

(1)　$e(n)$ 序列是一个平稳随机序列。

(2)　$e(n)$ 序列与信号 $x(t)$ 或者 $x(n)$ 不相关。

(3)　$e(n)$ 序列与自身之间不相关，可以把 $e(n)$ 序列看作为白噪声。

(4)　$e(n)$ 等概率分布。

这样我们可以认为量化误差 $e(n)$ 是一个白噪声序列的量化噪声，所以该噪声与信号 $x(n)$ 之间具有相加性。A/D 转换过程可以用图 7.32 表示。

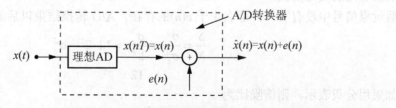

图 7.32　A/D 转换器模型示意图

A/D 转换过程可以看作一个理想的 A/D 过程转换出理想的序列 $x(n)$，再在这个 $x(n)$ 上与一个随机噪声序列 $e(n)$ 相加形成一个新的序列，有

$$\hat{x}(n) = x(n) + e(n)$$

这个是实际的 A/D 结果，它是一个有噪信号。

下面研究 A/D 转换在两种字长处理情况下的噪声的统计特性，主要研究 $e(n)$ 的平均直流分量、噪声功率、自协方差序列，即 $e(n)$ 的数学期望 m_e 和方差 σ_e^2 和 $r_{ee}(n)$。

1) 舍入舍出处理

对于舍入误差，$e(n)$ 的概率分布函数为

$$p[e(n)] = \begin{cases} \dfrac{1}{q} & -\dfrac{q}{2} \leq e \leq \dfrac{q}{2} \\ 0 & \text{其他} \end{cases} \tag{7-34}$$

根据数学期望 m_e 和方差 σ_e^2 的定义，它们分别为

$$m_e = E[e(n)] = \int_{-q/2}^{q/2} ep(e)\mathrm{d}e = \int_{-q/2}^{q/2} e\frac{1}{q}\mathrm{d}e = -\frac{q}{2} \tag{7-35}$$

$$\sigma_e^2 = E\{[e(n) - m_e]^2\} = \int_{-q/2}^{q/2} (e - m_e)^2 p(e)\mathrm{d}e = \frac{q^2}{12} \tag{7-36}$$

2) 截尾处理

对于截尾误差，$e(n)$ 的概率分布函数为

$$p[e(n)] = \begin{cases} \dfrac{1}{q} & -q \leq e \leq 0 \\ 0 & \text{其他} \end{cases} \tag{7-37}$$

其 m_e 和方差 σ_e^2 分别为

$$m_e = \int_{-q}^{0} ep(e)\mathrm{d}e = \int_{-q}^{0} e\frac{1}{q}\mathrm{d}e = -\frac{q}{2} \tag{7-38}$$

$$\sigma_e^2 = \int_{-q}^{0} (e - m_e)^2 p(e)\mathrm{d}e = \frac{q^2}{12} \tag{7-39}$$

$$r_{ee}(n) = E\{[e(m) - m_e][e(m+n) - m_e]\} = E[E(M)E(M+N)] = \sigma_e^2 \delta(n) \tag{7-40}$$

从上面的分析可以看出，不管是舍入误差还是截尾误差，都与其量化噪声字长 b 有关，字长越长，量化间距越小，量化噪声的方差就越小，都是 $q^2/12$。同时定点补码处理时，误差的平均值为 $-q/2$，这表示量化噪声中有直流成分，所以较少使用。

在评价信号的优劣方法中，常常用到信噪比这一概念。下面讨论一个模拟信号经过 A/D 转换后信噪比的变化情况。

假设原信号中没有噪声，那么由于 $e(n)$ 的存在，A/D 转换结束以后的信噪比为

$$\frac{S}{N} = \frac{\sigma_x^2}{\sigma_e^2} = \frac{\sigma_x^2}{\dfrac{2^{-2b}}{12}} = 12 \cdot 2^{2b} \cdot \sigma_x^2 \tag{7-41}$$

如果用分贝表示，则信噪比为

$$\frac{S}{N} = 10\lg \frac{\sigma_x^2}{\sigma_e^2} = 6.02b + 10.79 + 10\lg \sigma_x^2 \ (\text{DB}) \tag{7-42}$$

由此可见，信噪比与量化时的字长有关，每增加一位字长，信噪比可以增加约 6DB。

同时信噪比与原信号的能量有关，原信号强则信噪比高。但在这里限制了信号强度不能超过 1，所以它对信噪比的贡献是负值。

一般语音信号要求的信噪比为 70DB，对应 A/D 转换的字长为 12bit。字长并不总是越长越好，如果量化时的信噪比远高于原信号的信噪比，那么这种提高系统字长的高要求就没有意义了。

2. 量化误差噪声通过线性系统后的输出

上面研究了量化误差与噪声的关系，提出量化误差可以等效成噪声，并给出了这种噪声的统计分析结果。在数字系统中主要有两种这样的量化误差可以作为噪声来处理，它们是 A/D 转换量化误差和运算过程的误差，如图 7.33 所示。图 7.33(a)是 A/D 转换的噪声等效示意图，图 7.33(b)是乘法运算噪声等效示意图。在下面的分析中就用类似的方法，在有乘法的地方把它看作为一个理想 A/D 的输出和一个噪声的和。

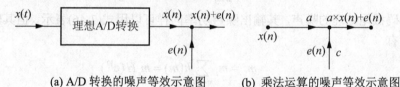

(a) A/D 转换的噪声等效示意图　　(b) 乘法运算的噪声等效示意图

图 7.33　量化噪声示意图

这里讨论的是这个信号和噪声一起进入数字系统以后，它的输出如何定量分析一个白噪声 $e(n)$ 与信号 $x(n)$ 一起进入一个线性时不变系统，系统的单位冲击响应为 $h(n)$。由于 $e(n)$ 与 $x(n)$ 不相关，所以满足叠加定理，其输出是它们各自响应的和，如图 7.34 所示。

$$\hat{y}(n) = \hat{x}(n) * h(n) = x(n) * h(n) + e(n) * h(n) = y(n) + f(n) \tag{7-43}$$

图中 $f(n)$ 为输入噪声通过系统后的输出噪声。

$$\hat{x}(n) = x(n) + e(n) \quad \boxed{\text{线性时不变系统} h(n)} \quad \hat{y}(n) = y(n) + f(n)$$

图 7.34　含噪信号通过线性时不变系统的输出

式(7-43)中，有

$$y(n) = x(n) * h(n)$$
$$f(n) = e(n) * h(n)$$

因为 $e(n)$ 与 $x(n)$ 不相关，在输出端 $f(n)$ 与 $y(n)$ 也不相关。这时可以独立计算 $f(n)$ 的统计特性。

$$
\begin{aligned}
m_f = E[f(n)] &= E[\sum_{m=-\infty}^{\infty} h(m)e(n-m)] \\
&= \sum_{m=-\infty}^{\infty} h(m)E[e(n-m)] \\
&= m_e \sum_{m=-\infty}^{\infty} h(m) \\
&= 0
\end{aligned}
\tag{7-44}
$$

$$\sigma_f^2 = E\left\{ \left[f(n) - m_f \right]^2 \right\} = E\left[\sum_{m=\infty}^{\infty} h(m)e(n-m) \cdot \sum_{l=\infty}^{\infty} h(l)e(n-l) \right]$$

$$= \sum_{m=\infty}^{\infty} \sum_{l=\infty}^{\infty} h(m)h(l)E[e(n-m)e(n-l)]$$

$$= \sum_{m=\infty}^{\infty} \sum_{l=\infty}^{\infty} h(m)h(l)\sigma_e^2 \delta(m-l)$$

$$= \sigma_e^2 \sum_{m=-\infty}^{\infty} h^2(m) \tag{7-45}$$

根据 Pasaval 定理，得

$$\sum_{m=-\infty}^{\infty} h^2(m) = \frac{1}{2\pi j} \oint H(Z)H(Z^{-1}) \frac{\mathrm{d}z}{z}$$

$$\sigma_f^2 = \frac{\sigma_e^2}{2\pi j} \oint H(Z)H(Z^{-1}) \frac{\mathrm{d}z}{z} \tag{7-46}$$

对以补码截尾处理的噪声，其输出噪声功率同样可以用式(7-46)表示，但其输出噪声均值不为零，有

$$m_f = m_e \sum_{m=-\infty}^{\infty} h(m) = m_e H(e^{j0}) \tag{7-47}$$

这里讨论了量化噪声从系统输入端进入系统后在输出端的输出噪声，运算误差是在系统运算过程中的噪声，其输出的噪声将在下面单独讨论。

3. 参数表示误差对系统的影响

表示误差就是系统参数的量化误差。式(7-1)中参数 a_i、b_i 都是理论计算值，具有无限的精度。而在实际实现时要用有限长的二进制数表示，这存在误差，在前面已经讨论过了。这里讨论这种误差对系统产生的影响，即系数表示误差效应。这种效应主要体现在零极点的变化上，a_i 的误差影响零点，b_i 的误差影响极点。下面从数学理论和 MATLAB 工具仿真两个方面讨论这种影响。

1) 系统零极点对系数量化误差的灵敏度分析

系数量化误差对零点和极点都会产生影响。

$$\hat{a}_i = a_i + \Delta a_i \tag{7-48}$$

$$\hat{b}_i = b_i + \Delta b_i \tag{7-49}$$

式中，$\hat{a}_i$、$\hat{b}_i$ 分别表示由于 a_i、b_i 有误差 Δa_i、Δb_i 以后的实际值。

实际的系统函数为

$$\hat{H}(z) = \frac{\sum_{i=0}^{N} \hat{a}_i z^{-i}}{1 - \sum_{i=1}^{N} \hat{b}_i z^{-i}} \tag{7-50}$$

数字系统中极点对整个系统性能的影响往往要大于零点对系统的影响。因此，在这里我们以研究对极点的影响为主，对零点影响的研究方法相似此处不作介绍。

为了研究极点的变化，令

$$A(z)=1-\sum_{i=1}^{N}b_iz^{-i}=\prod_{i=1}^{N}(1-p_iz^{-1})=0$$

其中 p_i 就是系统的极点。由于有 Δb_i 的存在，所以 p_i 会发生偏移。其偏移量为

$$\mathrm{d}p_i=\sum_{k=1}^{N}\frac{\partial p_i}{\partial b_k}\Delta b_k \qquad\qquad k=1,2,3,\cdots,N \qquad (7\text{-}51)$$

式(7-51)说明极点 p_i 的偏移量 $\mathrm{d}p_i$ 与系统中所有极点的误差 Δb_k 有关系，$(\partial p_i/\partial b_i)$ 越大，表明系数 b_k 对极点误差越敏感。$\partial p_i/\partial b_i$ 叫做极点偏移灵敏度。

通过求偏微分的方法分析系统极点偏移灵敏度不直观，下面推导较为直观的方法。因为

$$\frac{\partial A(z)}{\partial b_k}=\frac{\partial A(z)}{\partial p_i}\cdot\frac{\partial p_i}{\partial b_k}$$

所以

$$\frac{\partial p_i}{\partial b_k}=\frac{\dfrac{\partial A(z)}{\partial b_k}}{\dfrac{\partial A(z)}{\partial p_i}}\Bigg|_{z=p_i}$$

而

$$\frac{\partial A(z)}{\partial b_k}=\frac{\partial}{\partial b_k}\cdot(1-\sum b_kz^{-k})\ \Big|_{z=p_k}$$

$$=-p_k^{-k} \qquad\qquad (7\text{-}52)$$

$$\frac{\partial A(z)}{\partial p_k}=\frac{\partial}{\partial p_k}\cdot[\prod\ (1-p_iz^{-1})]\ \Big|_{z=p_k}$$

$$=-z^{-1}\prod_{\substack{i=1\\i\neq k}}^{N}\ (1-p_iz^{-1})\ \Big|_{z=p_k}$$

$$=-p^{-N}\prod_{\substack{i=1\\i\neq k}}^{N}\ (p_k-p_i) \qquad\qquad (7\text{-}53)$$

所以

$$\frac{\partial p_i}{\partial b_k}=\frac{p_i^{N-k}}{\prod\limits_{\substack{l=1\\l\neq i}}^{N}(p_l-p_i)} \qquad\qquad (7\text{-}54)$$

$$\mathrm{d}p_i=\sum_{k=1}^{N}\frac{\partial p_i}{\partial b_k}\Delta b_k=\sum_{k=1}^{N}\ \frac{p_i^{\,N-k}}{\prod\limits_{\substack{l=1\\l\neq i}}^{N}(p_l-p_k)}\cdot\Delta b_k \qquad (7\text{-}55)$$

这个推导式是对单极点情况进行的，多极点的也可以做类似的推导。同时零点推导方法也类似。式(7-54)中，分母是各个极点 p_i 到极点 p_i 的向量积。如果一个系统的多个极点间的距离越近，那么这个系统参数的误差对极点的偏移影响越大。图 7.35 用向量图的方法表示了这种情况。图 7.35(a)中的极点比较靠近，那么系数 b_i 的误差对极点 p 的影响就较大。图 7.35(b)中的极点距离比图 7.35(a)要远，那么系数 b_i 的误差对极点 p 的影响比图 7.35(a)

中的要小。同时，一个高阶系统比低阶系统极点的数量多，所以，高阶系统的零极点更加容易发生偏移。从这个角度出发，并联结构和级联结构由于是二阶子系统的组合，子结构的零极点偏移要比直接型结构要小。对一些频率特性要求很高的高阶系统，可以采用并联或级联的结构来实现，以降低由于零极点偏移产生的性能变化。

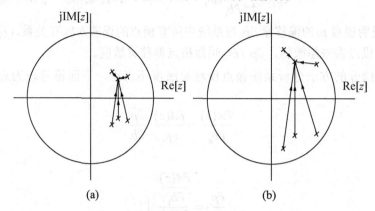

图 7.35　极点间向量图

实际工作中，极点影响灵敏度是需要考虑的因素，但主要还是考虑设计的技术指标。极点影响可以通过选择高性能指标的设备来消除，例如采用双精度计算的方法。当然使用双精度以后计算量会大大增加，这时可以再考虑使用计算速度快的计算机和快速算法等措施。

2）　MATLAB 仿真分析系数量化误差对系统零极点的影响

上面从数学的角度分析了表示误差造成的零极点偏移，提出了极点偏移灵敏度，指出了极点偏移灵敏度与哪些因素有关，并对高阶系统的实现提出了结构方面的建议。但对于高阶系统，分析计算还是非常繁琐的。我们可以用 MATLAB 工具进行仿真分析，直接研究字长对零极点的影响和系统性能观察。

MATLAB 工具是由美国 MathWorks 公司推出的荣誉产品，广泛应用于科学研究和工程计算中，在采用浮点算法的计算机上大约保持有效数字是十进制数十六位。数值范围为 $10^{-308} \sim 10^{308}$，对数的表示误差相当于二进制六十四位长度。其表示误差和运算误差在数字信号处理工作中基本可以忽略不计。也就是说我们可以认为，利用 MATLAB 计算的结果是没有误差的理想计算。MATLAB 工具具有高精度的计算能力，也可以模拟一定字长进行运算，我们可以利用这两点进行仿真分析，分析有限字长对系统性能的影响。具体方法如下。

第一步，将系统参数进行有限长 a_i、b_i 处理，变成 $\hat{a}_i \hat{b}_i$。

第二步，利用 $\hat{a}_i \hat{b}_i$ 计算系统新的零极点，分析零极点的偏移。

第三步，计算 $\hat{a}_i \hat{b}_i$ 构成的系统的频率特性，分析有限字长对频率特性的影响。

【例 7-5】　设计一个截止频率为 0.3π 和 0.35π 的带通滤波器数字系统，利用 MATLAB 工具分析计算应该使用多少位字长的定点运算器件。

解：第一步，先设计滤波器。

```
wc=[0.3,0.35];                设置截止频率
```

[a,b]=butter(5,wc,'bandpass');调用 butter 函数设计滤波器参数,直接计算出来的数据, a 远小于 1,b 大于 1,为了用 1 以内的定点数表示,将 a 乘以 1000,b 除以 100。

```
a =a *1000;
b=b/100;
p=roots(b);              计算极点
zplane(a,b);             画出极点
[h,w]=freqz(a,b);        计算频率特性
plot(abs(h));            画出频率特性曲线
```

结果系数为

a =[0.0023, −0.0117, 0 , 0.0234, 0, −0.0234, 0 , 0.0117, 0, −0.0023]

b=[0.0100, 0.0497, 0.1440, −0.2777, 0.3978, −0.4301, 0.3593, −0.2266, 0.1061, −0.0331, 0.0060]

这个滤波器的极点如表 7.2 所示,极点分布如图 7.36(a)所示,理想频率特性如图 7.36(b)所示。

表 7.2　滤波器

极点编号	1	2	3
极点值	0.4462 + 0.8669i	0.4462 − 0.8669i	0.5717 + 0.7925i
极点编号	4	5	6
极点值	0.5717 − 0.7925i	0.4539 + 0.8194i	0.4539 − 0.8194i
极点编号	7	8	9
极点值	0.5298 + 0.7766i	0.5298 − 0.7766i	0.4859 + 0.7861i
极点编号	10		
极点值	0.4859 − 0.7861i		

第二步,对系数按 8 位字长进行量化处理。

```
q8=2^-7;                 8 位字长时的量化间距(去掉 1 位符号位为 7 位)
a 8=q8*round(a /q8);     round 为取整函数
b8=q8*round(b/q8);       有误差后的分母系数
db8=abs(b8-b);           系数与理想时之差
p8=roots(b8);            有误差后的极点
dp8=abs(p8-p);           极点与理想时之差
%zplane(a 8,b8)
[h8,w8]=freqz(a 8,b8);
%plot(abs(h8));
```

这时滤波器的分母系数、分母系数与理想时的差、极点、极点与理想时的差如表 7.3,极点分布图如图 7.36(c)所示,理想频率特性如图 7.36(d)所示。

表 7.3　8 位量化时的参数及误差

	分母系数	分母系数与理想时的差	极　点	极点与理想时的差
1	0.0078	0.0022	1.9265	1.7154
2	−0.0469	0.0029	0.7590 + 1.3401i	2.2290

	分母系数	分母系数与理想时的差	极 点	极点与理想时的差
3	0.1406	0.0034	0.7590 − 1.3401i	2.1408
4	−0.2813	0.0036	1.3244	0.0656
5	0.3984	0.0006	0.5000 + 0.8660i	0.0656
6	−0.4297	0.0004	0.5000 − 0.8660i	1.0931
7	0.3594	0.0000	0.0111 + 0.9153i	0.5369
8	−0.2266	0.0000	0.0111 − 0.9153i	0.5369
9	0.1094	0.0033	0.1045 + 0.4316i	0.5207
10	−0.0313	0.0019	0.1045 − 0.4316i	0.5207
11	0.0078	0.0018		

第三步，对系数按 16、24、32 位字长进行量化处理。

处理的程序与 8 位处理时相同，只是量化的位数不同。这几种字长处理后分母系数、分母系数与理想时的差、极点、极点与理想时的差的部分值如表 7.4 所示，极点分布图如图 7.36(e)、(g)、(i)所示，理想频率特性如图 7.36(f)、(h)、(j)所示。

表 7.4 16、24、32 位量化时的参数及误差

	分母系数	分母系数与理想时的差	极 点	极点与理想时的差
16 位 字长	0.0100	0.0977×1.0^{-4}	0.5610 + 1.0228i	0.1936
	−0.0497	0.0438×1.0^{-4}	0.5610 − 1.0228i	0.1936
	0.1440	0.0455×1.0^{-4}	0.7050 + 0.7867i	0.1334
24 位 字长	−0.2777	0.4734×1.0^{-7}	0.4330 − 0.8179i	0.1410
	0.3978	0.0113×1.0^{-7}	0.5555 + 0.8126i	0.1018
	−0.4301	0.5083×1.0^{-7}	0.5555 − 0.8126i	0.1018
32 位 字长	0.3593	0.0682×1.0^{-9}	0.5297 + 0.7766i	0.0807×10^{-3}
	−0.2266	0.0033×1.0^{-9}	0.5297 − 0.7766i	0.0807×10^{-3}
	0.1061	0.1231×1.0^{-9}	0.4860 + 0.7862i	0.1216×10^{-3}

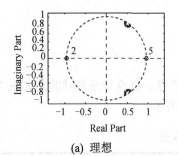

(a) 理想

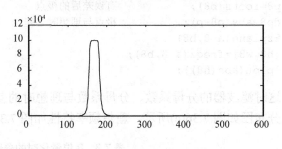

(b) 理想

图 7.36 不同字长量化系数对系统的影响

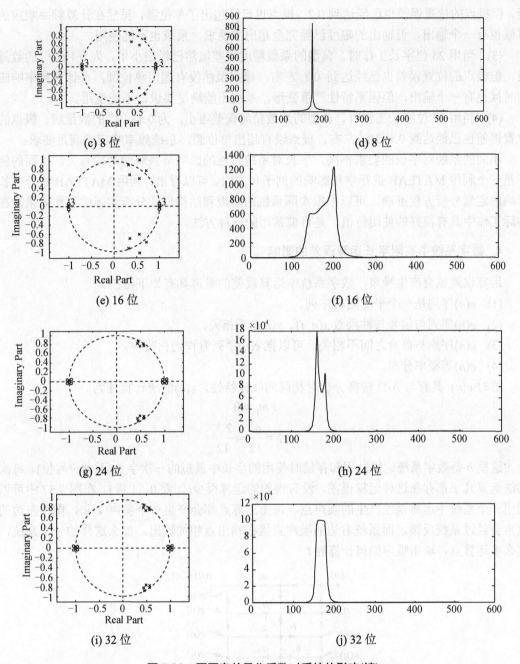

(c) 8 位

(d) 8 位

(e) 16 位

(f) 16 位

(g) 24 位

(h) 24 位

(i) 32 位

(j) 32 位

图 7.36　不同字长量化系数对系统的影响(续)

从表 7.3、表 7.4 和图 7.36 中可以看出，不同字长量化系数对系统性能的影响变化是较大的，特别是对高阶系统影响更为严重。例中的不同字长计算的情况归纳如下。

(1) 当用 8 位系统计算时，系数的误差为 0.002，但对极点的误差已经很大了，达到了 1 和 2 之间，极点已经严重超出了单位圆，虽然在计算频率响应的时候也有一个输出，但输出的幅度已经完全超出了要求。同时由于极点已经超出了单位圆，系统已经不能使用。

(2) 当用 16 位字长工作时，典型的系数精度误差虽然已经很小了，为 0.1×10^{-4} 的数量

级，但极点的位置误差也已经达到 0.2，极点也已经超出了单位圆，虽然在计算频率响应的时候也有一个输出，但输出的幅度已经完全超出了要求，系统也不能使用。

(3) 当用 24 位字长工作时，典型的系数精度误差虽然已经很小了，为 0.1×10^{-7} 的数量级，但极点的位置误差也已经达到 0.1 左右，极点虽然没有超出单位圆，在计算频率响应的时候也有一个输出，但频率特性严重变形，系统不能满足要求，不能使用。

(4) 当用 32 位字长工作时，典型的系数精度误差很小，为 0.1×10^{-9} 的数量级，极点的位置误差也已经达到 0.1×10^{-3} 左右，极点没有超出单位圆，系统频率响应能满足要求。

不同的系统对字长的要求不同，字长对系统特性的影响与系统的结构有关，上面的例子是一个利用 MATLAB 进行字长影响的例子和方法。可以看出，利用 MATLAB 进行字长影响的定量分析方便准确，可以根据实际系统的阶数和结构形式分析实际的工作效果，在实际工作中具有很好的使用价值，是目前常用的一种方法。

4. 数字系统中有限字长运算误差的影响

运算误差也会产生噪声，数字系统中运算误差的噪声具有如下特性。

(1) $e(n)$序列是一个平稳随机序列。

(2) $e(n)$序列与信号与被乘数 $x(n-i)$、$y(n-i)$ 不相关。

(3) $e(n)$序列与自身之间不相关，可以把 $e(n)$序列看作为白噪声。

(4) $e(n)$等概率分布。

这时 $e(n)$ 具有与 A/D 转换分析时相同的统计特性。$e(n)$的统计特性为

$$m_f = 0$$

$$\sigma_f^2 = \frac{q^2}{12} = \frac{2^{-2b}}{12}$$

这里 b 是数字系统运算过程和存储时使用的字长中最短的一次字长(不含符号位)。每次乘法运算几乎都存在这种运算误差，没有误差的运算很少(如乘 0、1 等)。在图 7.37 中可以看出一个系统中运算误差产生的噪声点。每个运算点都会产生一个噪声 $e(n)$，图中左边的噪声会经过系统反馈，而系统右边的噪声直接在输出点相加输出。那么这样的一个系统，这么多运算点，输出噪声如何计算呢？

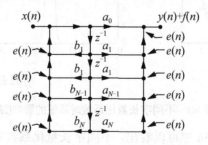

图 7.37 运算噪声产生点示意图

因为运算的噪声相互之间是不相关的白噪声，符合叠加定理，所以我们可以把噪声分成两部分。左边 N 个 $e(n)$ 相加后进入系统，如前面分析噪声经过线性系统一样；右边 N 个噪声直接在输出端输出。用图 7.38 表示。

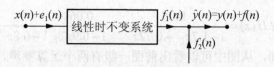

图 7.38 运算噪声分析模型

其中 $e_1(n)$、$f_2(n)$ 是 N 个运算噪声的和, 当 $a_0, a_1, a_2, \cdots, b_0, b_1, \cdots$ 系数为 0 或 1 时, 则这个运算点没有运算噪声。

一般情况下
$$m_{e1} = 0$$

$$\sigma_{e1}^2 = N\sigma_e^2 = \frac{Nq^2}{12} = \frac{N2^{-2b}}{12}$$

$e_1(n)$ 经过线性系统后的输出噪声为 $f_1(n)$, 这时有

$$\sigma_{f1}^2 = \sigma_{e1}^2 \sum_{m=-\infty}^{\infty} h^2(m)$$

$$= \frac{N\sigma_e^2}{2\pi j} \oint H(z)H(z^{-1})\frac{dz}{z} \tag{7-56}$$

$$\sigma_{f2}^2 = N\sigma_e^2$$

$$\sigma_f^2 = \sigma_{f1}^2 + \sigma_{f2}^2$$

$$= \frac{N\sigma_e^2}{2\pi j} \oint H(z)H(z^{-1})\frac{dz}{z} + N\sigma_e^2 \tag{7-57}$$

【例 7-6】 计算系统 $H(z) = \dfrac{0.06}{1 - 1.7z^{-1} + 0.72z^{-2}}$ 在直接型、级联型、并联型三种情况下的输出噪声情况。

解: (1) 直接型情况下的输出噪声。

我们采用图 7.39 所示的结构图, 图中将 0.6 这项放在前面, 这样共有三个乘法运算产生的误差经过后面的系统。

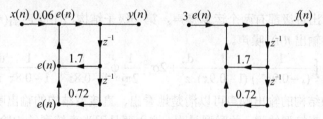

图 7.39 直接型结构输出噪声计算

后面的系统可用 $\dfrac{1}{A(z)} = \dfrac{1}{1 - 1.7z^{-1} + 0.72z^{-2}} = \dfrac{1}{(1 - 0.9z^{-1})(1 - 0.8z^{-1})}$ 表示。

$$\sigma_f^2 = \frac{3\sigma_e^2}{2\pi j} \oint \frac{1}{A(z)} \frac{1}{A(z^{-1})} \frac{dz}{z}$$

$$= 3\sigma_e^2 \frac{1}{2\pi j} \oint \frac{1}{(1 - 0.9z^{-1})(1 - 0.8z^{-1})} \frac{1}{(1 - 0.9z)(1 - 0.8z)} \frac{dz}{z}$$

$$= 3\sigma_e^2 \times 90 = 270\sigma_e^2 = 22.5q^2$$

(2) 级联型情况下的输出噪声。

级联型数学模型为 $H(z) = \dfrac{0.06}{1 - 1.7z^{-1} + 0.72z^{-2}} = \dfrac{0.06}{1 - 0.9z^{-1}} \cdot \dfrac{1}{1 - 0.8z^{-1}}$

其结构图为图 7.40，从图中可以看出前面一级有两个运算噪声，经过第一级子结构产生噪声 $f_1(n)$，$f_1(n)$ 与第二级中的一个运算噪声叠加后在第二个子结构的输出中产生输出噪声 $f(n)$。

$$\sigma_f^2 = \left[\left(2\sigma_e^2 \frac{1}{2\pi j} \oint \frac{1}{(1 - 0.9z^{-1})} \frac{1}{(1 - 0.9z)} \frac{dz}{z} \right) + \sigma_e^2 \right] \frac{1}{2\pi j} \oint \frac{1}{1 - 0.8z^{-1}} \cdot \frac{1}{1 - 0.8z} \frac{dz}{z} = 15.2q^2$$

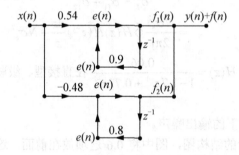

图 7.40 级联型结构输出噪声计算

(3) 并联型情况下的输出噪声。

级联型数学模型为 $H(z) = \dfrac{0.06}{1 - 1.7z^{-1} + 0.72z^{-2}} = \dfrac{0.54}{1 - 0.9z^{-1}} + \dfrac{-0.48}{1 - 0.8z^{-1}}$

其结构图如图 7.41 所示。

图 7.41 并联型结构输出噪声计算

从图中可以看出每级都有两个运算噪声，第一级子结构产生噪声 $f_1(n)$ 与第二个子结构的噪声 $f_2(n)$ 叠加后输出 $f(n)$ 噪声。

$$\sigma_f^2 = 2\sigma_e^2 \frac{1}{2\pi j} \oint \frac{1}{(1 - 0.9z^{-1})} \frac{1}{(1 - 0.9z)} \frac{dz}{z} + 2\sigma_e^2 \frac{1}{2\pi j} \oint \frac{1}{1 - 0.8z^{-1}} \cdot \frac{1}{1 - 0.8z} \frac{dz}{z} = 1.34q^2$$

比较上面三种结构的输出噪声可以清楚地看出，直接型结构的输出噪声最大，级联结构的输出噪声小于直接型结构，并联型最小。这主要是因为直接型结构输入处的噪声源多，而且多个噪声都要经过系统，如果系统增益，这些噪声也就一起放大了。级联结构中，第一级的噪声源少于直接型结构，所以它的噪声要小于直接型。并联型的噪声只有一级放大，系统的输出噪声就小了。这种输出噪声与结构的规律具有普遍的意义，但是这种研究还不全面。同样的直接型结构还有多种形式，图 7.39 中的常数项 0.06 放在后面，它的输出噪声就不一样，图 7.40 第一级与第二级的次序交换，它的输出噪声也不一样。系统中到底如何配置系统的级、参数的先后次序，要根据系统的实际要求和硬件条件等情况进行统一考虑，必要时也可以利用 MATLAB 进行模拟分析。

对于 FIR 滤波器，FIR 滤波器无反馈环节，含噪声的结构图如图 7.42 所示。由图中可见，所有舍入噪声都直接加在输出端，因此输出噪声是这些噪声的简单和。

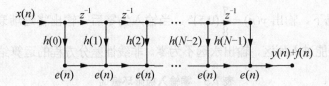

图 7.42　IIR 横截型运算噪声示意图

输出噪声为

$$e_f(n) = \sum_{m=0}^{N-1} e_m(n)$$

$$\sigma_f^2 = N\sigma_e^2 = \frac{Nq^2}{12} = \frac{N2^{-2b}}{12} \tag{7-58}$$

可见，输出噪声方差与字长有关，与阶数 N 有关，N 越高，运算误差越大。或者在相同运算精度下，阶数越高的滤波器需要的字长越长。

7.5.3　极限环振荡

在 IIR 滤波器中由于存在反馈环，舍入处理在一定条件下会引起非线性振荡，如零输入极限环振荡和大信号极限环振荡。

1. IIR 数字滤波器的零输入极限环振荡

在数字滤波器中，由于运算过程的尾数处理，使系统引入了非线性环节，数字滤波器变成了非线性系统。对于非线性系统，当系统存在反馈时，在一定条件下会产生振荡。

IIR 滤波器是一个反馈系统，在无限精度情况下，如果它的所有极点都在单位圆内，则这个系统总是稳定的。稳定系统当输入信号有一定值转到零以后，IIR 数字系统的响应将逐步过渡到零。但同一滤波器以有限精度进行运算时，当输入信号有一定值转到零以后，由于舍入引入的非线性作用，输出有时不会趋于零，而是停留在某一数值上，或在一定数值间振荡，这种现象称为零输入极限环振荡。

【例 7-7】 设一阶 IIR 系统，它的系统函数为

$$H(z) = \frac{1}{1 - \frac{1}{2}z^{-1}}$$

求系统字长为 3 位，$x(n)=[1/8, 0, 0, 0, 0, 0, \cdots]$时的系统响应。

解： 无限精度运算时，差分方程为 $y(n) = x(n) = 0.5y(n-1)$

在定点制中，每次乘法运算后都必须对尾数做舍入处理，这时的非线性差分方程为

$$\hat{y}(n) = x(n) + [0.5\hat{y}(n-1)]_R$$

其中$[.]_R$表示舍入运算。如果字长 $b=3$，系数 $a=0.100$(二进制数)，即系统的极点为 $z=a=0.5<1$，在单位圆内，系统是稳定的。

因输入为

$$x(n) = \begin{cases} 7/8 & n=0 \\ 0 & n>0 \end{cases}$$

无限精度情况下，输出 $y(n)=\frac{7}{8}(0.5)^n$，当输入为零后，输出将逐渐衰减到零；但有舍入处理时，系统可能进入死区，输出永远不为零。非线性差分方程的运算结果如表7.5所示。

表7.5 零输入极限环振荡

n	$x(n)$	$\hat{y}(n-1)$	$1/2\hat{y}(n-1)$	$[1/2\hat{y}(n-1)]_R$	$\hat{y}(n)_R$
0	0.111	0.000	0.0000	0.000	0.111(7/8)
1	0.000	0.111	0.0111	0.100	0.100(1/2)
2	0.000	0.100	0.0100	0.010	0.010(1/4)
3	0.000	0.010	0.0010	0.001	0.001(1/8)
4	0.000	0.001	0.0001	0.001	0.001(1/8)
5	0.000	0.001	0.0001	0.001	0.001(1/8)

可见，输出停留在 $y(n)=0.001$ 上再也衰减不下去了，如图7.43(a)所示，$y(n)=0.001$ 以下也称为"死带"区域。

如果反馈系数取-0.5，则每乘一次 a 就改变一次符号，因此输出将是正负相间的，这时 $y(n)$ 在 ± 0.125 之间作不衰减的振荡，这种振荡现象就是零输入极限环振荡，如图7.43(b)所示。

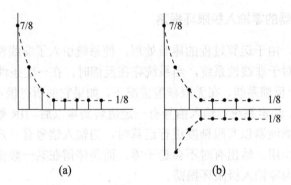

图7.43 零输入极限环振荡图

在表7.5最后一行，当 $\hat{y}(n-1)=0.001$ 时，$a\hat{y}(n-1)=0.0001$，经舍入处理后又进位为 $[a\hat{y}(n-1)]_R=0.001$，仍与 $\hat{y}(n-1)$ 的值相同，因此输出保持不变。这因为满足 $|a\hat{y}(n-1)_R|=|\hat{y}(n-1)|$，舍入处理使系数 1/2 失效，或者说相当于将 1/2 换成了一个绝对值为 1 的等效系数，极点等效迁移到单位圆上，系统失去稳定，出现振荡。

高阶 IIR 网络中，同样有这种极限环振荡现象，但振荡的形式更复杂。增加字长可减小极限环振荡。这里不一一讨论，可参考吴镇扬编著的《数字信号处理》，也可以利用 MATLAB 进行模拟分析。

2. 大信号极限环振荡

由于定点加法运算中的溢出，会使数字滤波器输出产生振荡。在 2 的补码运算中，二进制小数点左面的符号位若为 1，就表示负数。如果两个正的定点数相加大于 1，进位后符号位变为 1，和数就变为负数，因此溢出好像对真实总和作了一个非线性变换，如图7.44

所示。

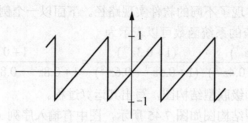

图 7.44　补码加法溢出示意图

这种由于运算溢出产生的信号大范围内的变化叫大信号极限环振荡。实际工作中为了消除大信号极限环振荡，需要对滤波器系数的取值进行一定的限制。定点运算时，由于有动态范围的限制，常导致 FIR 的输出结果发生溢出。

FIR 输出为

$$y(n) = \sum_{m=0}^{N-1} h(m)x(n-m)$$

$$|y(n)| \leqslant x_{\max} \cdot \sum_{m=0}^{N-1} |h(m)|$$

定点数不产生溢出的条件为 $|y(n)| < 1$

为使结果不溢出，对 $x(n)$ 采用标度因子 A，使

$$Ax_{\max} \cdot \sum_{m=0}^{N-1} |h(m)| < 1$$

$$A < \frac{1}{x_{\max} \sum_{m=0}^{N-1} |h(m)|} \tag{7-59}$$

7.6　数字信号处理的软件实现

上面的章节讨论了数字系统分析、设计以及实现过程有关结构和有限字长的影响等问题，为真正开展数字系统的相关工作做好了理论上的准备。真正开展数字系统的工作就是要从软件、硬件方面完整地实现把一个信号处理成(转变成)所需要信号。数字信号处理的软件实现可以有两个方面的理解。一方面是指利用现有的通用计算机，在它上面对处理对象进行处理。主要工作是根据算法进行软件编程，其软件平台也是通用的软件，如 C 语言、MATLAB 工具等。另一方面是指利用 DSP 芯片、FPGA、ASIC 等大规模集成智能电路组成的硬件平台进行软件编程，在这个硬件平台上的软件编程往往要根据不同的芯片使用不同的开发环境。在这里的数字信号软件实现指的是第一种情况，而第二种情况的软件编程往往与具体的硬件有关，所以其编程往往也归纳在硬件实现中讨论。本节主要讨论利用通用软件在通用计算机上实现数字信号处理的问题。

7.6.1 结构图与软件实现过程的关系

在讨论数字系统的结构时，我们指出了结构图表示系统软件实现的方法。一个系统函数可以有不同的结构，体现了不同的软件实现路径。下面以一个例子来说明这个问题。

【例 7-8】 一个系统的系统函数可以表示为

$$H(z) = \frac{(1+0.2z^{-1})}{(1+0.3z^{-1}-0.4z^{-2})} \cdot \frac{(1+0.3z^{-1})}{(1+0.5z^{-1}-0.6z^{-2})} = \frac{1+0.5z^{-1}+0.06z^{-2}}{1+0.8z^{-1}-0.85z^{-2}-0.38z^{-3}+0.24z^{-4}}$$

画出其直接型结构和级联型结构图，写出其运算过程。

解：该系统的直接型结构图如图 7.45 所示，图中有输入序列 $x(n)$ 输出序列 $y(n)$，还有中间变量 $w(n)$、$w(n-1)$、$w(n-2)$、$w(n-3)$、$w(n-4)$。

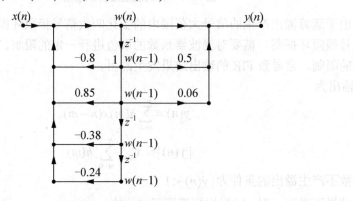

图 7.45 直接型结构参量图

假设该题是事后数据处理，也就是说 $x(n)$ 数据在处理前已经存在计算机中。

其计算流程图如图 7.46 所示。语句描述如下。

```
      defin xn(N) ,yn(N),wn,wn_1wn_2,wn_3,wn_4 , ai,bi
   ;  分配存储器寄存器，一般存储器型数据为 xn，寄存器型数据为 wn,wn_1,
      wn_2,wn_3,wn_4,a0,a1,a3,b0, b1,b2,b3,b4
      for i=1 :1:N
       xn(i)=x(i)
       end;                                    ; 原始数据准备

       wn= wn_1=wn_2=wn_3=wn_4 =0             ;初始零状态设置
       a0=1;
       a1=0.5;
       a2=0.06;
       b0=1;
       b1=-0.8
       b2=0.85
       b3=-0.38;
       b4=-0.24
   loop1:   w(n)= b0*xn-b1* wn_1-b2* wn_2-b3* wn_3-b4 wn_4   ;计算中间变量
            yn= a0*xn(n)+a1* wn_1 +a2*wn_2                   ;计算输出

       wn_4= wn_3                             ;延时处理
       wn_3= wn_2                             ;延时处理
       wn_2,= wn_1                            ;延时处理
```

```
        wn_1= wn                              ;延时处理
           goto loop1                         ;计算下一个数据
```

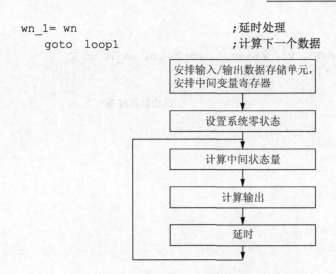

图 7.46   直接型结构运算流程图

上面的语句不是用任何语言编写的程序，它仅仅表示了一个计算过程，表示了中间变量的作用以及延时的实现方法。

如果用级联型结构来实现，其结构图如图 7.47 所示。

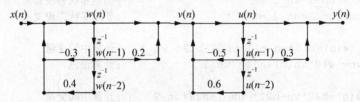

图 7.47   级联型结构参量图

其计算流程图如图 7.48 所示。

图 7.48   级联型结构运算流程图

其语句描述如下。

```
defin xn(N) ,yn(N), vn, wn, wn_1, wn_2, un, un_1, un_2
     for i=1 :1:N
xn(i)=x(i)
end;                                    ;原始数据准备
 a10=1;
 a11=0.2;
 b10=1;
 b11=-0.3
 b12=0.4

 a20=1;
 a21=0.3;

 b20=1;
 b21=-0.5
 b22=0.6
```

```
wn= wn_1=wn_2 =0                        ;初始零状态设置
un= un_1=un_2 =0                        ;初始零状态设置


loop1:   w(n)=b10*xn-b11*wn_1-b12* wn_2      ;计算中间变量
vn= a10*xn(n)+a11* wn_1                 ;计算输出

u(n)=b20*vn-b21* un_1-b22*un_2          ;计算中间变量
yn=a20* vn(n)+a21*un_1                  ;计算输出
wn_2,= wn_1                            ;延时处理
wn_1= wn                              ;延时处理
un_2,= un_1                            ;延时处理
un_1= un                              ;延时处理
goto  loop1                           ;计算下一个数据
```

从上面的例子可以看出，不同的结构的运算方法是不同的，使用的内部寄存器、存储器也是不同的。这种不同会直接影响系统对硬件性能的要求，同时输出信号的性能也会有所差异。在实际的实现过程中，对于一个结构或结构中的子结构，还可以有很多优化的算法。

7.6.2　数字信号处理常用软件介绍

在上面的分析中，在程序编写中没有涉及用哪种程序语言来实现其计算功能。如果没有特殊要求，一般可以进行数值运算的程序语言都可以承担数字信号处理中的编程。但当要考虑运算速度、编程的方便性、已有资源的引用、对计算机硬件资源的要求等方面的问题时，常常会有所选择。目前常用的程序语言有 FORTRAN 语言、C 语言、MATLAB 等语言工具。下面对这些语言工具做个简单的介绍。

1. FORTRAN 语言

FORTRAN 语言是世界上第一个被正式推广使用的高级语言。它是 1954 年被提出来的，1956 年开始正式使用，几十年来历久不衰，始终是数值计算领域所使用的主要语言。

FORTRAN 语言是 Formula Translation 的缩写，意为"公式翻译"。它是为科学、工程问题或企事业管理中的那些能够用数学公式表达的问题而设计的，其数值计算的功能较强。

FORTRAN 语言自问世以来，根据需要几经发展，先后推出了不同的版本，其中最流行的是 1958 年出现的 FORTRAN II 和 1962 年出现的 FORTRAN IV。1978 年 4 月，ANSI 正式公布 FORTRAN 77 为新的美国国家标准。1980 年，FORTRAN 77 被接受为国际标准，即《程序设计语言 FORTRAN ISO1539—1980》。

我国制订的 FORTRAN 标准，基本上采用了国际标准，于 1983 年 5 月公布执行，标准号为 GB3057—1982。

1992 年，国际标准组织 ISO 正式公布了 FORTRAN 90。FORTRAN 90 对以往的 FORTRAN 语言标准作了大量的改动，使之成为一种功能强大、具有现代语言特征的计算机语言。其主要特色是加入了面向对象的概念及工具，提供了指针，加强了数组的功能，改良了旧式 FORTRAN 语法中的编写"版面"格式。

1997 年，ISO 公布了 FORTRAN 95 标准。它可以视为 FORTRAN 90 的修正版，主要加强了 FORTRAN 在并行运算方面的支持。

微软公司将 FORTRAN 90 无缝集成在 Developer Studio 集成开发环境之中，推出了 Microsoft FORTRAN PowerStation 4.0，这样 FORTRAN 90 实现了可视化编程，告别了原来的 DOS 开发使用环境。后来微软公司和数据设备公司(DEC)联合推出了功能更强的 FORTRAN 语言新版本 Digital Visual FORTRAN 5.0。它是 Microsoft FORTRAN PowerStation 4.0 的升级换代产品。DEC 公司在高性能科学和工程计算方面拥有世界领先技术。后来 DEC 与 Compaq 公司合并，Digital Visual FORTRAN 更名为 Compaq Visual FORTRAN。到目前为止，较新的版本是 Compaq Visual FORTRAN 6.6。

FORTRAN 语言是非常适合用于数字信号处理的一种语言，它具有适合数字信号处理领域需要的多维矩阵运算能力、方便编程、丰富的软件库等优点，非常适合各种滤波器、谱分析、相关分析等方面的编程，尤其是利用视屏界面编程更加方便。目前已有大量的数字信号处理的库程序可以使用。

【例 7-9】 FORTRAN 语言编写的功率谱计算处理子程序示例。

```
ubroutine ar1psd(a,ip,mfre,ep,ts)
c-------------------------------------------------------------------
c   Routine AR1PSD: To compute the power spectrum by AR-model parameters.
c   Input parameters:
c       IP   : AR model order (integer)
c       EP   : White noise variance of model input (real)
c       Ts   : Sampling interval in seconds (real)
c       A    : Complex array of AR parameters, A(0) to A(IP)
c   Output parameters:
c       PSDR : Real array of power spectral density values
c       PSDI : Real work array
```

```
c                                        in chapter 12
c-----------------------------------------------------------------
        complex a(0:ip)
        dimension psdr(0:4095),psdi(0:4095)
        do 10 k=0,ip
          psdr(k)=real(a(k))
          psdi(k)=aimag(a(k))
10      continue
        do 20 k=ip+1,mfre-1
          psdr(k)=0.
          psdi(k)=0.
20      continue
        call relfft(psdr,psdi,mfre,-1)
        do 30 k=0,mfre-1
          p=psdr(k)**2+psdi(k)**2
          psdr(k)=ep*ts/p
30      continue
        call psplot(psdr,psdi,mfre,ts)
        return
        end
```

2. C 语言

C 语言是大家熟悉的语言,于 20 世纪 70 年代初问世。1978 年,美国电话电报公司(AT&T)贝尔实验室正式发表了 C 语言。后来,美国国家标准学会在此基础上制定了一个 C 语言标准,于 1983 年发表,通常称之为 ANSI C。早期的 C 语言主要是用于 UNIX 系统。由于 C 语言的强大功能和各方面的优点逐渐为人们认识,到了 20 世纪 80 年代,C 开始进入其他操作系统,并很快在各类大、中、小和微型计算机上得到了广泛的使用,成为当代最优秀的程序设计语言之一。

C 语言是一种结构化语言。它层次清晰,便于按模块化方式组织程序,易于调试和维护。C 语言的表现能力和处理能力极强,它不仅具有丰富的运算符和数据类型,便于实现各类复杂的数据结构,还可以直接访问内存的物理地址,进行位(bit)一级的操作。由于 C 语言实现了对硬件的编程操作,因此它集高级语言和低级语言的功能于一体,既可用于系统软件的开发,也适合于应用软件的开发。此外,C 语言还具有效率高、可移植性强等特点,因此广泛地移植到了各类各型计算机上,从而形成了多种版本的 C 语言,特别是 1983 年,贝尔实验室的 Bjarne Strou-strup 推出了 C++ 和 Microsoft Visual C++。C++提出了一些更为深入的概念,它所支持的这些面向对象的概念容易将问题空间直接地映射到程序空间,为程序员提供了一种与传统结构程序设计不同的思维方式和编程方法,因而也增加了整个语言的复杂性,掌握起来有一定难度。C 是 C++的基础,C++语言和 C 语言在很多方面是兼容的。

C 语言适合各种应用场合,因此在各行各业中都有非常大的应用,在数字信号处理中也得到了广泛的应用。它的特点使得它在数字信号处理中具有速度快、使用内存少等特点,因此也有大量的库程序供使用。这些函数包括常用数字信号的产生(如均匀分布的随机数、正态分布的随机数、指数分布的随机数、瑞丽分布的随机数、拉普拉斯分布的随机数、

ARMA(p,q)模型数据等等)、各种变换(如离散傅里叶变换、共轭对称序列的快速傅里叶变换、Chirp Z-变换算法等)、快速卷积与相关、数字滤波器的时延和频率响应随机数字信号处理、经典谱估计、现代谱估计(如协方差谱估计算法、尤利－沃克谱估计等)、随机信号的数字滤波(如卡尔曼数字滤波、归一化 LMS 自适应数字滤波等)、数字图像处理(如图像增强 、图像边缘检测、图像细化等)、人工神经网络(如多层感知器神经网络、连续 Hopfield 神经网络等)。

3. MATLAB

20 世纪 70 年代，美国新墨西哥大学计算机科学系主任 Cleve Moler 为了减轻学生编程的负担，用 FORTRAN 编写了最早的 MATLAB。1984 年，MATLAB 被正式推向市场。20世纪 90 年代，MATLAB 已成为国际控制界的标准计算软件。

MATLAB 和Mathematica、Maple并称为三大数学软件。它在数学类科技应用软件中在数值计算方面首屈一指。MATLAB 可以进行矩阵运算、绘制函数和数据、实现算法、创建用户界面、连接其他编程语言的程序等，主要应用于工程计算、控制设计、信号处理与通信、图像处理、信号检测、金融建模设计与分析等领域。MATLAB 的基本数据单位是矩阵，它的指令表达式与数学、工程中常用的形式十分相似，故用 MATLAB 来解决问题要比用 C、FORTRAN 等语言完成相同的事情简捷得多。到目前为止，已经有大量的程序模块可以调用，MATLAB 已经是数字信号处理领域的重要工具。有关 MATLAB 在数字信号处理方面应用的较为详细的介绍见第 9 章。

7.7　数字系统的硬件实现

数字信号处理的理论虽然在 20 世纪早期就开始研究，并已经取得了一定的成就。但早期的数字信号处理由于硬件水平的不足，没有发挥应有的效果。早期的硬件是靠分立元件工作的，不但体积大，而且功耗大、成本高、速度低，可靠性也低。数字信号处理真正得到大的发展是进入 20 世纪 70 年代以后。

高速发展的数字信号处理主要是以现代数字信号处理硬件为基础的，数字信号处理硬件有专用芯片和通用芯片的区别。专用芯片的功能已经固定，不能再经过处理编程其他的功能芯片。有常用的 FFT 芯片、通信系统常用芯片中的 OFDM 调制等芯片。通用芯片是可以通过编程实现各种处理功能的芯片，目前数字信号处理硬件通用器件主要是 DSP 芯片和FPGA 芯片。本小节主要对这两种通用芯片做个简单的介绍，深入的学习已经超出了本书的范围，需要专门的教程，这方面的书籍很多，大家可以自行查阅。

1. DSP

20 世纪 70 年代末、80 年代初，AMI 公司的 S2811 芯片、Intel 公司的 2902 芯片的诞生标志着 DSP 芯片的开端。随着半导体集成电路的飞速发展，高速实时数字信号处理技术的要求和数字信号处理应用领域的不断延伸，在从 20 世纪 80 年代初至今的二十几年中，DSP 芯片取得了划时代的发展。从运算速度看，MAC(乘法并累加)时间已从 20 世纪 80 年代的 400ns 降低到 40ns 以下，数据处理能力提高了几十倍。MIPS(每秒执行百万条指令)从 20 世纪 80 年代初的 5MIPS 增加到现在的 40MIPS 以上。DSP 芯片内部关键部件乘法器从 20 世纪 80 年代初的占模片区的 40%左右下降到小于 5%，片内 RAM 增加了一个数量级以上。从制造工艺看，20 世纪 80 年代初采用 4μm 的 NMOS 工艺，而现在则采用亚微米 CMOS 工艺，DSP 芯片的引脚数目从 20 世纪 80 年代初最多 64 个增加到现在的 200 个以上，引脚数量的增多使得芯片应用的灵活性增加，使外部存储器的扩展和各个处理器间的通信更为方便。和早期的 DSP 芯片相比，现在的 DSP 芯片有浮点和定点两种数据格式，浮点 DSP 芯片能进行浮点运算，使运算精度得到极大提高。DSP 芯片的成本、体积、工作电压、重量和功耗较早期的 DSP 芯片有了很大程度的下降。在 DSP 开发系统方面，软件和硬件开发工具不断完善。目前某些芯片具有相应的集成开发环境，它支持断点的设置和程序存储器、数据存储器和 DMA 的访问及程序的单部运行和跟踪等，并可以采用高级语言编程，有些厂家和一些软件开发商为DSP应用软件的开发准备了通用的函数库及各种算法子程序和各种接口程序，这使得应用软件开发更为方便，开发时间大大缩短，因而提高了产品开发的效率。

目前各厂商生产的 DSP 芯片有 TI 公司的 TMS320 系列、AD 公司的 ADSP 系列、AT&T 公司的 DSPX 系列、Motolora 公司的 MC 系列、Zoran 公司的 ZR 系列、Inmos 公司的 IMSA 系列、NEC 公司的 PD 系列等。

通用 DSP 芯片的特点如下。

(1) 在一个周期内可完成一次乘法和一次累加。

(2) 采用哈佛结构，程序和数据空间分开，可以同时访问指令和数据。

(3) 片内有快速 RAM，通常可以通过独立的数据总线在两块中同时访问。

(4) 具有低开销或无开销循环及跳转硬件支持。

(5) 快速中断处理和硬件 I/O 支持。

(6) 具有在单周期内操作的多个硬件地址产生器。

(7) 可以并行执行多个操作。

(8) 支持流水线操作，取指、译码和执行等操作可以重叠进行。

随着 DSP 芯片性能的不断改善，用 DSP 芯片构造数字信号处理系统作信号的实时处理已成为当今和未来数字信号处理技术发展的一个热点。随着各个 DSP 芯片生产厂家研制的投入，DSP 芯片的生产技术不断更新，产量增大，成本和售价大幅度下降，这使得 DSP 芯片应用的范围不断扩大。现在 DSP 芯片的应用遍及电子学及与其相关的各个领域，这些典型应用包括以下几个方面。

(1) 通信：高速调制/解调器、编/译码器、自适应均衡器、仿真、蜂房网移动电话、回声/噪声对消、传真、电话会议、扩频通信、数据加密和压缩等。

(2) 语音信号处理：语音识别、语音合成、文字变声音、语音向量编码、语音增强、语音邮件、语音储存等。

(3) 通用信号处理：卷积、相关、FFT、Hilbert 变换、自适应滤波、谱分析、波形生成、地震处理等。

(4) 自动控制：机器人控制、发动机控制、自动驾驶、深空作业、声控等。

(5) 仪器仪表：函数发生、数据采集、频谱分析、航空风洞测试等。

(6) 图形图像信号处理：二、三维图形变换及处理，多媒体，机器人视觉，电子地图，图像增强与识别，图像压缩和传输，动画，桌面出版系统等。

(7) 消费电子：数字电视、数字声乐合成、玩具与游戏、数字应答机等。

(8) 军事：保密通信、雷达处理、声呐处理、导航、全球定位、跳频电台、搜索和反搜索等。

(9) 医疗：助听、超声设备、诊断工具、病人监护、心电图等。

(10) 家用电器：数字音响、数字电视、可视电话、音乐合成、音调控制等。

DSP 应用软件的开发流程图如图 7.49 所示，涉及 C 编译器、汇编器、链接器等软件开发工具。如果只是开发一个汇编程序，则不需要用到 C 编译器。

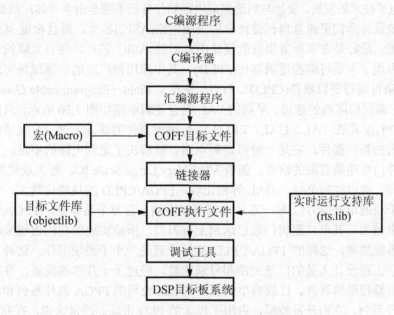

图 7.49　DSP 应用软件的开发流程图

MS320 汇编语言程序是分段编写的，这就是按所谓的 COFF 文件格式组织程序。在程序中除了有硬指令语句外，还有许多汇编指令(伪指令)语句，它们是汇编源程序的重要组成部分。在每条语句后面可以用分号隔开，写上注释，注释不参加汇编连接和最后的操作，只是为了便于阅读和修改而作的程序说明。

一个完整的汇编程序至少有三种基本的文件：汇编语言文件、头文件和命令文件。汇编语言文件名的后缀为.ASM，书写该文件所用指令为 DSP 芯片支持的汇编语言指令。通常在该文件的最开始会写上.include "**.H(或者**regs.h)"，表明该程序包含了**REGS.H头文件里面的一些寄存器定义。

头文件中定义 DSP 系统用到的一些寄存器映射地址，用户用到的常量和用户自定义的寄存器。头文件的后缀为.H。

命令文件名的后缀为.CMD，该文件实现对程序存储器空间和数据存储器空间的分配。该文件中常用到的伪指令有 MEMORY 和 SECTIONS。

TI 公司 DSP 的集成开发环境 CCS(Code Composer Studio)提供了环境配置、源文件编辑、程序调试、跟踪和分析等工具，可以帮助用户在一个软件环境下完成编辑、编译、链接、调试和数据分析等工作。

CCS 一般工作在两种模式下：软件仿真和与硬件开发板相结合的在线仿真。软件仿真 (Simulator)可以脱离 DSP 芯片，在 PC 机上模拟 DSP 的指令集与工作机制，主要用于前期算法实现和调试。与硬件开发系统相结合的仿真(Emulator)是程序实时运行在 DSP 芯片上，可以在线编制和调试应用程序。不同的 DSP 芯片系列要采用不同型号的 CCS，对于 TMS320C5000 系列的 DSP 可采用 CCS('C5000)来仿真调试。对于 TMS320C6000 系列的 DSP 可采用 CCS('C6000)来仿真调试。

2. FPGA

随着微电子技术的发展，设计与制造集成电路的任务已不完全由半导体厂商来独立承担。数字系统设计师们更愿意自己设计专用集成电路(ASIC)芯片，而且希望 ASIC 的设计周期尽可能短，最好是在实验室里就能设计出合适的 ASIC 芯片，并且立即投入实际应用之中，因而出现了现场可编程逻辑器件(FPLD)，其中应用最广泛的当属现场可编程门阵列 (FPGA)和复杂可编程逻辑器件(CPLD)。FPGA 是英文 Field－Programmable Gate Array 的缩写，是现场可编程门阵列的意思。早期的 PAL 组合逻辑电路如图 7.50 所示，只能实现组合逻辑功能。FPGA 是在 PAL、GAL、EPLD 等可编程器件的基础上进一步发展的而成的具有很强生命力的新的器件。它是一种可定制电路，既解决了定制电路的不足，又克服了原有可编程器件门电路数有限的缺点。随着 VISI(Very Large Scale IC，超大规模集成电路)工艺的不断提高，同以往的 PAL、GAL 等相比较，FPGA/CPLD 的规模比较大，它可以替代几十甚至几千块通用 IC 芯片。单一芯片内部可以容纳上百万个晶体管，FPGA/CPLD 芯片的规模也越来越大，其单片逻辑门数已达到上百万门，所能实现的功能也越来越强，同时也可以实现系统集成，这样的 FPGA/CPLD 实际上就是一个子系统部件。这种芯片受到世界范围内电子工程设计人员的广泛关注和普遍欢迎。经过了十几年的发展，许多公司都开发出了多种可编程逻辑器件。比较典型的就是 Xilinx 公司的 FPGA 器件系列和 Altera 公司的 CPLD 器件系列，它们开发较早，占用了较大的 PLD 市场。通常来说，在欧洲用 Xilinx 的人多，在日本和亚太地区用 ALTERA 的人多，在美国则是平分秋色。全球 PLD/FPGA 产品 60%以上是由 Altera 和 Xilinx 提供的，可以说 Altera 和 Xilinx 共同决定了 PLD 技术的发展方向。当然还有许多其他类型器件，如 Lattice、Vantis、Actel、Quicklogic、Lucent 等。FPGA/CPLD 芯片在出厂之前都做过百分之百的测试，不需要设计人员承担投片风险和费用，设计人员只需在自己的实验室里就可以通过相关的软硬件环境来完成芯片的最终功能设计。FPGA 的基本特点主要有以下几点。

(1) 采用 FPGA 设计 ASIC 电路，用户不需要投片生产就能得到合用的芯片。

(2) FPGA 可做其他全定制或半定制 ASIC 电路的中试样片。

(3) FPGA 内部有丰富的触发器和 I/O 引脚。

(4) FPGA 的设计周期最短、开发费用最低。

(5) FPGA 采用高速 CHMOS 工艺，功耗低，可以与 CMOS、TTL 电平兼容。

FPGA 采用了逻辑单元阵列，内部包括可配置逻辑模块 CLB 、输出/输入模块 IOB 和内部连线三个部分。FPGA 是由片内 RAM 中的程序来设置其工作状态的。每次工作都要对片内的 RAM 进行初始化,芯片工作时由 RAM 来控制运行。用户可以根据不同的配置模式，采用不同的编程方式对 RAM 初始化。FPGA 需要 ROM 器件的配合，在线路板上设置

EPROM。加电时，FPGA 芯片将 EPROM 中数据写入片内编程 RAM 中，FPGA 才能进入工作状态。FPGA 的编程无须专用的 FPGA 编程器，只需用通用的 EPROM、PROM 编程器即可。一个由 FPGA 组成的系统可以做成不同的功能系统，只需将 EPROM 中的内容重新编程即可，使用非常灵活。

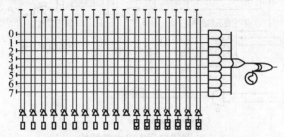

图 7.50　早期的 PAL 组合逻辑电路

FPGA 有多种配置模式：并行主模式为一片 FPGA 加一片 EPROM 的方式；主从模式可以支持一片 PROM 编程多片 FPGA；串行模式可以采用串行 PROM 编程 FPGA；外设模式可以将 FPGA 作为微处理器的外设，由微处理器对其编程。

图 7.51 表示集中器件的结构，Spartan-II 主要包括 CLBs、I/O 块、RAM 块和可编程连线(未表示出)。在 spartan-II 中，一个 CLB 包括两个 Slices，每个 slices 包括两个 LUT，两个触发器和相关逻辑。Slices 可以看成是 SpartanII 实现逻辑的最基本结构。

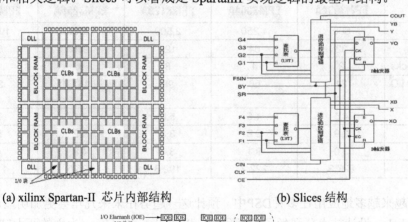

(a) xilinx Spartan-II 芯片内部结构　　　　　(b) Slices 结构

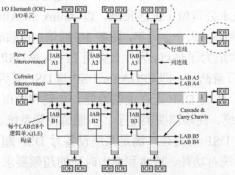

(c) altera FLEX/ACEX 芯片的内部结构

图 7.51　集中器件的结构

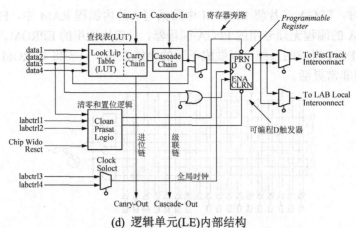

(d) 逻辑单元(LE)内部结构

图 7.51 集中器件的结构(续)

表 7.6 表示了一种早期的 FPGA 的内部结构数据和性能参数。

表 7.6 一种早期的 FPGA 的内部结构数据和性能参数

Table 1. MAX 3000A Device Features					
Feature	**EPM3032A**	**EPM3064A**	**EPM3128A**	**EPM3256A**	**EPM3512A**
Usable gates	600	1,250	2,500	5,000	10,000
Macrocells	32	64	128	256	512
Logic array blocks	2	4	8	16	32
Maximum user I/O pins	34	66	98	161	208
t_{PD} (ns)	4.5	4.5	5.0	7.5	7.5
t_{SU} (ns)	2.9	2.8	3.3	5.2	5.6
t_{CO1} (ns)	3.0	3.1	3.4	4.8	4.7
f_{CNT} (MHz)	227.3	222.2	192.3	126.6	116.3

"FPGA越来越多地应用在多种DSP中,预计这一趋势在未来几年会更加明显。"美国调查机构 Berkeley 设计技术公司做了上述预测。以 Xilinx 和 Altera 为主的两大FPGA厂商多年前就涉足了DSP应用领域,近一、两年,随着3G通信、视频成像等领域的发展,FPGA for DSP(FPGA 的DSP)再次成为了热点。为什么会用 FPGA 做DSP?当数字信号处理速度不断提高时,FPGA 的应用日益凸显,即 FPGA for DSP 与 DSP 互为补充。FPGA 可能会对当前的高端 DSP 形成竞争。传统 DSP 正在面临性能、功耗和面市时间的挑战,特别是以下应用:下一代无线通信系统、高端消费类电子、多通道视频系统。用 FPGA 实现 DSP 有两大趋势:其一,作为传统 DSP 协处理,满足系统设备对 DSP 超高性能的要求;其二,直接取代传统 DSP,满足系统对功耗、成本和面市时间的超额要求。

用 FPGA 设计系统,各个不同的公司提供不同的 EDA 工具。一般由 FPGA 公司提供集成开发环境,ALTERA 公司提供的是 Quartos II,XILINX 公司提供的是 ISE。随着 EDA 技术的发展,使用硬件语言设计 PLD/FPGA 成为一种趋势。目前最主要的硬件描述语言是

VHDL 和 Verilog HDL。VHDL 发展得较早，语法严格，而 Verilog HDL 是在 C 语言的基础上发展起来的一种硬件描述语言，语法较自由。VHDL 和 Verilog HDL 两者相比，VHDL 的书写规则比 Verilog 繁琐一些，但 Verilog 自由的语法也容易让少数初学者出错。国外电子专业很多会在本科阶段教授 VHDL，在研究生阶段教授 Verilog。从国内来看，VHDL 的参考书很多，便于查找资料，而 Verilog HDL 的参考书相对较少，这给学习 Verilog HDL 带来一些困难。　从 EDA 技术的发展上看，已出现用于 CPLD/FPGA 设计的硬件 C 语言编译软件，虽然还不成熟，应用极少，但它有可能会成为继 VHDL 和 Verilog 之后，设计大规模 CPLD/FPGA 的又一种手段。

使用 FPGA 设计数字信号处理系统，一般按下面的步骤进行。

(1)　系统功能规划，根据功能需求制定总体规划，进行器件选型、功耗的论证、输入/输出等的分析。

(2)　利用硬件描述语言设计输入。

(3)　进行功能仿真，验证系统的逻辑功能。

(4)　进行逻辑的组合，设计电路方案，产生网表供布线使用。

(5)　系统实现，包括转换、映射、布局布线、时间参数提取，产生各种报表。

(6)　时序仿真，分析时序，检查有无影响工作性能的因素。

(7)　器件编程测试，形成可识别文件，下载到 FPGA 中去。

上述过程可以用图 7.52 表示。

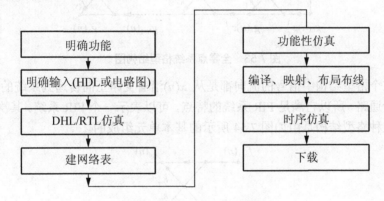

图 7.52　FPGA 设计流程图

7.8　格型网络结构

在数字滤波器的结构形式中，还有一种格型结构(Lattics)，由于其对有限字长引起的误差不太灵敏以及其横向模块化输出性能，从而广泛应用于各种自适应滤波器、现代谱分析、语音信息处理、通信均衡处理等场合。

格型结构既适用于全零点的 FIR 系统，也适用于全极点和零极点的 IIR 系统。下面分别介绍全零点、全极点、零极点系统的格型结构。其转换参数可以用递推公式进行计算求得，也可以用 MATLAB 工具软件求得。

7.8.1　全零点系统的格型结构

全零点系统一般指的是 FIR 系统。一个 N 阶的 FIR 系统的系统函数可以用下面的公式表示：

$$H(z) = \sum_{i=0}^{N-1} h(i)z^{-i}$$
$$= h(0) + h(1)z^{-1} + h(2)z^{-2} + \cdots + h(N-1)z^{-(N-1)} \tag{7-60}$$

常用如图 7-10、图 7-16 所示的直接型和线性相移型结构。

在格型结构中，先对系数 $h(n)$ 对 $h(0)$ 进行归一化，这样，$h(n)$ 中，$h(0)=1$，系统函数可以写成

$$H(z) = 1 + \sum_{i=1}^{N-1} h(i)z^{-i} \tag{7-61}$$

下面的讨论中，都假设已经对 $h(n)$ 滤波器系数进行了归一化。式(7-61)这样的系统可以用图 7.53 所示的格型结构来表示。下面讨论为什么这个格型结构可以表示这个全零点系统，以及格型结构中的系数 k_m 与直接型结构中的系数的关系。

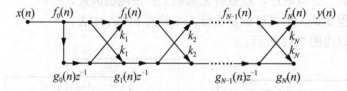

图 7.53　全零点系统格型结构图

首先，这个格型结构中信号的流向都是从 $x(n)$ 沿着支路正向传递到系统的输出 $y(n)$，中间没有反馈通路。所以它满足 FIR 系统的特点，可以表示一个 FIR 系统。其次，从图 7.53 可以看出，这种格型结构是由如图 7.54 所示的基本单元组成的。

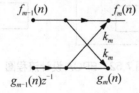

图 7.54　格型结构的基本单元

在第一级，$g_0(n) = f_0(n) = x(n)$，在图 7.53 中，$g_0(n)$ 直接与 $x(n)$ 相连。在最后一级，$f_N(n) = y(n)$。

由图 7.54 可以得出差分方程组为

$$f_m(n) = f_{m-1}(n) + k_m \cdot g_{m-1}(n-1) \tag{7-62}$$
$$g_m(n) = f_{m-1}(n) \cdot k_m + g_{m-1}(n-1) \tag{7-63}$$

相应的 z 变换为

$$F_m(z) = F_{m-1}(z) + k_m \cdot g_{m-1}(z) \cdot z^{-1} \tag{7-64}$$
$$G_m(n) = F_{m-1}(z) \cdot k_m + g_{m-1}(z) \cdot z^{-1} \tag{7-65}$$

上面的式(7-64)、式(7-65)可以用下面的矩阵统一表示。

$$\begin{bmatrix} F_m(z) \\ G_m(z) \end{bmatrix} = \begin{bmatrix} 1 & z^{-1}k_m \\ k_m & z^{-1} \end{bmatrix} \begin{bmatrix} F_{m-1}(z) \\ G_{m-1}(z) \end{bmatrix} \tag{7-66}$$

这是一个典型的二端对网路。图 7.53 的总系统是由 N 个这样的二端对网路级联而成的。所以

$$\begin{bmatrix} F_N(z) \\ G_N(z) \end{bmatrix} = \begin{bmatrix} 1 & z^{-1}k_N \\ k_N & z^{-1} \end{bmatrix} \begin{bmatrix} 1 & z^{-1}k_{N-1} \\ k_{N-1} & z^{-1} \end{bmatrix} \cdots \begin{bmatrix} 1 & z^{-1}k_1 \\ k_1 & z^{-1} \end{bmatrix} \begin{bmatrix} F_0(z) \\ G_0(z) \end{bmatrix} \tag{7-67}$$

上面已经介绍 $g_0(n) = f_0(n) = x(n)$、$f_N(n) = y(n)$。所以

$$\begin{bmatrix} Y(z) \\ G_N(z) \end{bmatrix} = \begin{bmatrix} 1 & z^{-1}k_N \\ k_N & z^{-1} \end{bmatrix} \begin{bmatrix} 1 & z^{-1}k_{N-1} \\ k_{N-1} & z^{-1} \end{bmatrix} \cdots \begin{bmatrix} 1 & z^{-1}k_1 \\ k_1 & z^{-1} \end{bmatrix} \begin{bmatrix} X(z) \\ X(z) \end{bmatrix} \tag{7-68}$$

$$Y(z) = \begin{bmatrix} 1 & 0 \end{bmatrix} \begin{bmatrix} Y(z) \\ G_N(z) \end{bmatrix}$$

$$\begin{bmatrix} X(z) \\ X(z) \end{bmatrix} = \begin{bmatrix} 1 \\ 1 \end{bmatrix} [X(z)]$$

$$Y(z) = \begin{bmatrix} 1 & 0 \end{bmatrix} \begin{bmatrix} 1 & z^{-1}k_N \\ k_N & z^{-1} \end{bmatrix} \begin{bmatrix} 1 & z^{-1}k_{N-1} \\ k_{N-1} & z^{-1} \end{bmatrix} \cdots \begin{bmatrix} 1 & z^{-1}k_1 \\ k_1 & z^{-1} \end{bmatrix} \begin{bmatrix} 1 \\ 1 \end{bmatrix} [X(z)] \tag{7-69}$$

$$H(z) = \frac{Y(z)}{X(z)} = \begin{bmatrix} 1 & 0 \end{bmatrix} \begin{bmatrix} 1 & z^{-1}k_N \\ k_N & z^{-1} \end{bmatrix} \begin{bmatrix} 1 & z^{-1}k_{N-1} \\ k_{N-1} & z^{-1} \end{bmatrix} \cdots \begin{bmatrix} 1 & z^{-1}k_1 \\ k_1 & z^{-1} \end{bmatrix} \begin{bmatrix} 1 \\ 1 \end{bmatrix}$$

$$= \begin{bmatrix} 1 & 0 \end{bmatrix} \left\{ \prod_{i=1}^{N} \begin{bmatrix} 1 & z^{-1}k_i \\ k_i & z^{-1} \end{bmatrix} \right\} \begin{bmatrix} 1 \\ 1 \end{bmatrix} \tag{7-70}$$

式(7-70)表示了格型结构中 k_i 与系统函数的关系。下面介绍如何有 FIR 系统的 $h(n)$ 求解格型结构中的 k_i。

主要有两种方法进行格型结构参数的求解：一是递推法，二是利用 MATLAB 工具进行设计求解。

1. 递推法

递推法的主要基本过程如下。

(1) 先求出 $k_1, k_2, \cdots, k_{N-1}, k_N$ 中的最后一个 k_N。

(2) 设一个中间变量 $a_i(j)$，再逐步求出 $k_{N-1}, \cdots, k_2, k_1$。

下面对递推法的应用进行详细的介绍，递推法的原理请参考有关文献。

首先明确递推法目的：已知用 $h(0)$ 进行归一化了的 FIR 单位冲击响应 $h(n)$，求对应的格型结构的参数 k_m。

第一步，求 k_N。

递推法中最先求出的是 k_N(它是下标最大的 k)。同时设一中间变量 $a_i(j)$，这里下标 i 是每一步递推中都要从 1 开始整数增加的值，而 j 在每一步递推中是不变的，它等于 k_m 的下标 m，在这里第一步求的是 k_N，因此 $j=N$。第一步求 k_N 时，$a_i(j)$ 的值为

$$a_1(N) = h(1) \tag{7-71}$$

$$a_2(N) = h(2) \tag{7-72}$$
$$a_3(N) = h(3) \tag{7-73}$$
$$\vdots$$
$$a_N(N) = h(N) = k_N \tag{7-74}$$

到这里已经求出了 k_N，从中可以看出 $a_N(N) = h(N) = k_N$。同时也求出了 $a_i(N)$。

【例 7-10】 $H(z) = 1 + 0.7z^{-1} + 0.96z^{-2} - 0.32z^{-3}$，求其格型结构参数，画出格型结构图。

解：这里 $N=3$，第一步求 k_N 以及 $a_i(3)$。有

$$a_1(3) = h(1) = 0.7$$
$$a_2(3) = h(2) = 0.96$$
$$a_3(3) = h(3) = -0.32$$
$$k_N = k_3 = a_3(3) = -0.32$$

第二步，求 k_{N-1}。

求 k_{N-1} 是在已有 k_N 和 $a_i(N)$ 的基础上进行的，方法是利用式(7-75)求 $a_i(N-1)$。

$$a_i(j-1) = \frac{a_i(j) - k_j a_{j-i}(j)}{1 - k_j^2} \tag{7-75}$$

$$a_i(N-1) = \frac{a_i(N) - k_N a_{N-i}(N)}{1 - k_N^2}$$

当 $i = (N-1)$ 时，求得的 $a_{N-1}(N-1)$ 就是 k_{N-1}。

$N=3$，$N-1=2$，$j=N-1=2$，

$$a_1(2) = \frac{a_1(3) - k_3 \cdot a_2(3)}{1 - k_3^2} = \frac{0.7 - (-0.32 \times 0.96)}{1 - (-0.32)^2} \approx 1.1221$$

$$a_2(2) = \frac{a_2(3) - k_3 \cdot a_1(3)}{1 - k_3^2} = \frac{0.96 - (-0.32 \times 0.7)}{1 - (-0.32)^2} \approx 1.3191$$

$$k_{N-1} = k_2 = a_2(2) = 1.3191$$

第三步，求其他 k_m。

上面的第二步，在 k_N 和 $a_i(N)$ 的基础上求出了 $a_i(N-1)$，并设 $k_{N-1} = a_{N-1}(N-1)$，从而求出了 k_{N-1}。递推法的含义就是利用上一级的 k 和 a_i，求解本级的 k 和 a_i 的值，递推的公式是式(7-75)，直到求得 k_1 为止。

下面通过式(7-75)利用 k_2 和 $a_i(2)$ 求 k_1 和 $a_i(1)$。

$$a_1(1) = \frac{a_1(2) - k_2 \cdot a_1(2)}{1 - k_2^2} = \frac{1.1221 - (1.3191 \times 1.1221)}{1 - (1.3191)^2} \approx 0.4839$$

$$k_1 = a_1(1) = 0.4839$$

到这里求出了 k_N 的值为

$$k_{N-2} = k_1 = a_1(1) = 0.4839；\quad k_{N-1} = k_2 = a_2(2) = 1.3191；\quad k_N = k_3 = a_3(3) = -0.32$$

因此本例的格型结构如图 7.55 所示。

综合上面的讨论，利用递推法求格型结构参数的方法如下。

(1) 求出用 $h(0)$ 归一化的 $h(i)$ $(i=1, 2, 3, \cdots, N)$。

(2) 设 $a_i(N) = h(i)$，$k_N = a_N(N) = h(N)$。

(3) 求 k_{N-1}，利用式(7-75)求 $a_i(N-1)$，并设 $k_{N-1}=a_{N-1}(N-1)$。

(4) 依照 3 的方法求出第一级的参数，直到 k_1 为止。

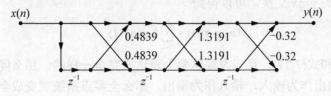

图 7.55 例 7-10 图

2. 利用 MATLAB 工具进行设计求解的方法

MATLAB 系统中已经将上述的递推过程编写成可以直接调用的函数，直接调用该函数就能求出格型结构系数。函数名为 tf2latc()，它是一个将直接型转换成格型结构的转换函数。引用时一般先给出 $h(n)$，再调用转换函数。

```
Hn=[h(0),h(1),h(2),……,h(N)]        ;将 h(n)赋值。
K=tf2latc(h(n))                    ;求格型结构参数
```

【例 7-11】 将例 7-10 的求解用 MATLAB 来实现。

解： MATLAB 实现的语句为

```
hn=[1, 0.7, 0.96, -0.32 ]   ;
k=tf2latc(hn)
```

运行结果为

```
K=[0.4839, 1.3191, -0.3200]
```

这个结果与上面用递推法求得的结果完全一样。

7.8.2 全极点系统的格型结构

全极点系统是这样的一个系统：

$$H(z) = \frac{1}{1 - \sum_{i=1}^{N} b_i z^{-i}} \tag{7-76}$$

对于这样的系统，它的差分方程为

$$y(n) = x(n) + \sum_{i=1}^{N} b_i y(n-i) \tag{7-77}$$

设

$$H(z) = \frac{1}{A(z)}$$

则

$$A(z) = 1 - \sum_{i=1}^{N} b_i z^{-i} \tag{7-78}$$

分析式(7-78)，可以把它看做一个全零极点系统，它对应的差分方程为

$$y(n) = x(n) - \sum_{i=1}^{N} b_i x(n-i) \tag{7-79}$$

将式(7-79)中的 y 与 x 交换，可以得到

$$y(n) = x(n) + \sum_{i=1}^{N} b_i y(n-i) \tag{7-80}$$

比较式(7-80)和式(7-77)，可以发现这两个表达式完全一样的。那么能不能说在全零点结构中，只要将输出作为输入，输入作为输出，那么全零点系统就变成全极点系统呢？如图 7.56 所示，按常规将图 7.56 的输入放在图的左边，输出放在图的右边，如图 7.57 所示。答案是还不能，因为图 7.56、图 7.57 仅仅是在数值计算上满足了

$$x(n) = y(n) - \sum_{i=1}^{N} b_i y(n-i) \tag{7-81}$$

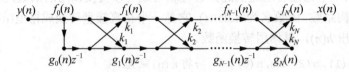

图 7.56　式(7-81)数值计算图

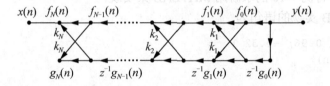

图 7.57　式(7-81)数值计算图

在数值计算公式上，式(7-81)就是式(7-80)。但作为信号流图，图 7.57、图 7.56 不是从 $x(n)$ 到 $y(n)$，而是从 $y(n)$ 到 $x(n)$。所以还需要对图 7.57 进行变化才能表示所需要的全极点系统格型结构系统。

再来研究图 7.58 所示的级联部分。

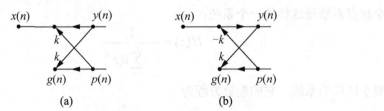

图 7.58　格型结构级联单元

图 7.58(a)所示是图 7.57 的级联单元，图 7.58(b)所示为希望变化成的级联单元，下面来证明它们的数值关系是相同的。

在图 7.58(a)中，有

$$\begin{aligned} x(n) &= y(n) + k \cdot p(n) \\ g(n) &= k \cdot y(n) + p(n) \end{aligned} \tag{7-82}$$

在图 7.58(b)中，有

$$y(n) = x(n) - k \cdot p(n)$$
$$g(n) = k \cdot y(n) + p(n) \tag{7-83}$$

对照式(7-82)和式(7-83)两组方程组,下面的等式是相同的,上面的等式其实也是相同的。也就是说,可以将图 7.57 中的基本级联单元用图 7.58(b)的基本形式来实现。这样图 7.57 可以用图 7.59 来代替。

图 7.59 在数值计算上还能满足式(7-77),信号总的流向从 $x(n)$ 到 $y(n)$,同时还有从 $y(n)$ 到 $x(n)$ 的反馈支路,它是一个用格型结构表示的全极点系统。而且其中的参数 k_m 的算法与全零点中完全相同。不同的仅仅是在全零点中是由 $h(i)$ 求出 k_m,而在全极点系统中是用 b_i 求出 k_m。

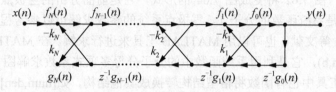

图 7.59　全极点格型结构图

【例 7-12】 $H(z) = 1/(1 + 0.7z^{-1} + 0.96z^{-2} - 0.32z^{-3})$,求其格型结构参数,画出格型结构图。

解: 该系统是一个全极点系统,其参数 b_i 与例 7-10 中的 $h(n)$ 完全相同,所以它的格型结构图可以用图 7.60 的形式表示,图中的系数用全零点时的递推方法一样计算。即

$k_1 = 0.4839$
$k_2 = 1.3191$
$k_3 = -0.3200$

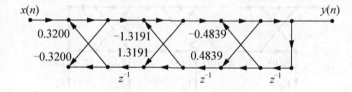

图 7.60　例 7-12 格型结构图

与全零点系统一样,全极点系统参数的计算也可以用 MATLAB 工具来进行。它的函数是 tf2latc(1,a),其中 a 是系统函数的系数。

7.8.3　零极点系统的格型结构

一个典型的 IIR 系统用式(7-1)表示为

$$H(z) = \frac{\displaystyle\sum_{i=0}^{N} a_i z^{-i}}{1 - \displaystyle\sum_{i=1}^{N} b_i z^{-i}}$$

这个系统函数可以表示成一个全零点系统和一个全极点系统的级联,即

$$H(z) = \frac{\sum\limits_{i=0}^{N} a_i z^{-i}}{1} \cdot \frac{1}{1 - \sum\limits_{i=1}^{N} b_i z^{-i}}$$

这种级联关系可以用图 7.61 表示，图中上半部分是全极点系统，下半部分是全零点系统。可以利用全极点部分的延时单元作为全零点部分的存储单元，这样这个零极点系统的格型结构如图 7.62 表示。图中如果 k_1、k_2、$\cdots$、k_N 都等于 0，那么在图 7.62 中表示没有 k_m 支路，图 7.62 变成图 7.63。它是一个典型 FIR 系统。不同的是结构系统表示的字母不同而已。对应归一化的全零点系统 $V_0=1$，$V_1=h(1)$，$V_2=h(2)$，$\cdots$，$V_N=h(n)$。如果使图 7.62 中的系数 $V_1=V_2=,\cdots,=V_N=0$，图 7.62 将变成图 7.64 的形式，它是前面分析的全极点格型结构图的变形。图中 $V_1=1$，是系统函数的分子 1。零极点系统的参数求解可以参考程倍青编著的《数字信号处理教程》等文献，也可以用 MATLAB 工具来进行求解。在 MATLAB 工具中有函数 [k,v] = tf2latc(a,b)，它是利用系统函数中的分子分母多项式系数求解图 7.61 中的参数 k 和 v。MATLAB 工具中也有函数将格型结构转换成其他结构，如 [num,den] = latc2tf(k,v) 等。

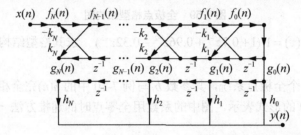

图 7.61　零极点系统分解为全零点系统和全极点系统的级联

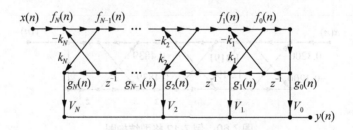

图 7.62　零极点格型结构图

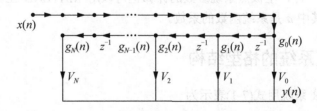

图 7.63　零极点格型结构图与 FIR 系统的关系

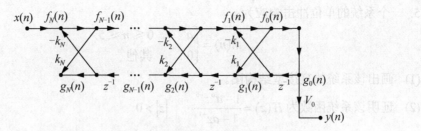

图 7.64　零极点格型结构图与全极点系统的关系

本 章 小 结

本章主要从数字信号系统实现的角度，讲述实现过程中的四大问题。

(1) 系统的结构，主要解决计算的方法和表达问题。

(2) 误差分析，从误差的来源、量化计算、与噪声的关系以及噪声与系统的关系、误差对系统参数的影响等角度进行了讨论。

(3) 介绍了数字系统结构与编程的关系，介绍了数字系统处理中常用的三种语言和常用的硬件器件。

(4) 介绍了作为广泛用在自适应滤波器、语音信息处理、通信均衡处理方面的一种有效结构形式格型结构滤波器。

前面两点是数字信号处理的最基本知识，后面两点有专门的资料文献可以进一步参考研究，应该根据各自的需要有选择地重点学习。

习　　题

1. 求图 7.65 中两个系统的传递函数。

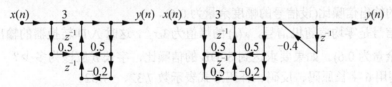

图 7.65　习题 1 图

2. 已知一个线性时不变系统的单位冲击响应为 $h(n)$ = (-0.1, 0.02, -0.10, 0.4, -0.1, 0.02, -0.01)。

(1) 用最少的乘法器件，画出该系统的信号流图。

(2) 如果信号的输入被限制在 1 以内，系统的最大输出是多少？

3. 画出图 7.66(b)的转置流图。

4. 已知滤波器的单位冲击响应为 $h(n) = 0.3^n R_7(n)$，试求该滤波器的横截型及其转置结构图。

5. 一个系统的单位冲击响应为：

$$h(n) = \begin{cases} a^n & 0 \leqslant n \leqslant 5 \\ 0 & \text{其他} \end{cases}$$

(1) 画出该系统的直接型结构图。

(2) 证明该系统函数为 $H(z) = \dfrac{1 - a^6 z^{-6}}{1 - a z^{-1}}$　$|z| > 0$

利用这个系统函数，画出一个 FIR 系统和 IIR 系统级联的结构图。

(3) 对这两种实现结构，确定计算每一个输出值所需要的乘法器、加法器、存储器数量。

6. 已知 RIR 的系统函数为：

$$H(z) = \frac{1}{15}(1 + 0.9z^{-1} + 2.1z^{-2} - 0.3z^{-3} + 2.2z^{-4} + 0.3z^{-5} - 2.1z^{-6} - 0.9z^{-7} - z^{-8})$$

画出该系统的直接型结构和线性相移结构。

7. 画出下面系统函数的直接型结构图

$$H(z) = \frac{2.5 + 2z^{-1} + 0.6z^{-2}}{1 - 0.5z^{-1} + 0.6z^{-2} + 0.5z^{-3}}$$

8. 用级联方式画出下面系统的结构图

$$H(z) = \frac{2(z+1)(z^2 - 1.414z + 1)}{(z - 0.3)(z^2 + 0.9z + 0.81)}$$

9. 已知 FIR 系统的 16 个频率采样值为：

$$H(0) = 12，H(1) = -3 - j\sqrt{3}，H(2) = 1 + j，H(3) = H(4) = \cdots = H(13) = 0，$$
$$H(2) = 1 - j，H(1) = -3 + j\sqrt{3}$$

试画出其频率采样结构图，如果取 $r=0.95$，画出其修正的采用实系数乘法的频率采样结构图。

10. 双极性 A/D 转换器的总字长为 $(b+1)$，采样舍入处理。求：

(1) 当输入信号为正弦调相信号时 $x(t) = k\cos(\omega_0 t + \phi)$，$\phi$ 在 $[0, 2\pi]$ 上是等概率分布时，A/D 转换器的输出信噪比（设信号的幅度余量为 0.6）。

(2) 当信号是零均值随机信号，$x(t)$ 的峰值为 $3\sigma_x^2$，这时 A/D 转换器的输出信噪比（设信号的幅度余量为 0.6）。如果要求达到 80DB 的信噪比，字长 b 应该为多少？

11. 分别用 6 字长原码、反码、补码形式表示数 7/32、−7/32。

12. 图 7.66 所示为两个一阶全极点滤波器的级联：

(1) 求 8 位字长舍入处理时的输出噪声；

(2) 将第一级与第二级交换，重复(1)的计算。

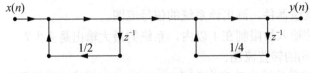

图 7.66　习题 12 图

13. 一个二阶 IIR 滤波器

$$H(z) = \frac{(0.5 - 0.3z^{-1})}{(1 - 0.9z^{-1})(1 + 0.8z^{-1})}$$

现在用 $b=11$ 的定点舍入方式进行处理。

(1)　计算直接结构时的输出噪声。

(2)　如果用一个级联网络来实现有 6 种方式可以实现这个系统，画出这 6 种网络结构图，求其中一种的输出噪声。

(3)　计算采用并联结构时的输出噪声。

14. 一个 N 阶 FIR 滤波器采用直接型结构，利用为处理器进行单精度定点运算处理。

(1)　分析系数乘积运算的有限字长效应所产生的输出噪声功率 σ_{f}^2。

(2)　当 $N=512$ 时，要求 $\sigma_{\mathrm{f}}^2 \leqslant 10^{-8}$，应该选用多少字长的处理器。

15. 利用 MATLAB 工具，设计一个 6 阶巴特沃思低通滤波器，要求截止频率为 $\omega_{\mathrm{c}} = 0.1\pi$。同时分析，利用多少为字长的处理器能够保证滤波器的截止频率的误差 $\Delta\omega_{\mathrm{c}}/\omega_{\mathrm{c}} \leqslant 1/100$。

16. 一个 IIR 滤波器 $H(z) = \dfrac{1}{(1 - \alpha z^{-1})}$，当采用定点舍入处理。证明只有系数 $|\alpha| < \dfrac{1}{2}$ 时才没有零输入极限环震荡。

$$X(\mathrm{e}^{j\omega}) = \begin{cases} -\dfrac{3}{\pi}\omega + 1 & 0 \leqslant \omega \leqslant \dfrac{\pi}{3} \\ \dfrac{3}{\pi}\omega + 1 & -\dfrac{\pi}{3} \leqslant \omega < 0 \\ 0 & \text{其他}\,\omega \in (-\pi, \pi) \end{cases}$$

导出下面三个序列的频谱，并作出四个序列的频谱图。

$$x_1(n) = \begin{cases} x(n) & n = 4k,\, k = 0, \pm1, \pm2 \\ 0 & n \neq 4k \end{cases}$$

$$x_2(n) = x(4n)$$

$$x_1(n) = \begin{cases} x(n/4) & n = 4k,\, k = 0, \pm1, \pm2 \\ 0 & n \neq 4k \end{cases}$$

17. 已知 FIR 系统的 $h(n)=(1, -0.5, 0.4, 0.8, -0.3)$，求出该滤波器的格型结构的各系数，并用 MATLAB 工具进行验证，画出其格型结构图。

18. 已知

$$H(z) = \frac{1}{1 - 0.6z^{-1} - 0.72z^{-2} + 0.74z^{-3}}$$

求出该滤波器的格型结构的各系数，并用 MATLAB 工具进行验证，画出其格型结构图。

19. 已知

$$H(z) = \frac{1 + 0.8z^{-1} - 0.45z^{-2} + 0.22z^{-3}}{1 - 0.6z^{-1} - 0.72z^{-2} + 0.74z^{-3} + 0.23z^{-4}}$$

画出其格型结构图。

第8章 其他类型的数字系统

教学目标

通过本章的学习，基本掌握最小相位系统、最大相位系统、全通系统的性能特点，掌握采样率转换、多采样率滤波器高效实现方法，了解格型结构系统原理和结构特点，掌握相关的计算方法，并利用 MATLAB 工具软件进行辅助计算分析。

前面章节介绍了数字信号处理的常规知识，随着计算机技术和集成电路技术的高速发展，数字信号技术的应用技术也得到很大的发展，各种特殊系统(如相位系统、全通系统、多采样率等)的实现方法已经得到很大的改进，这些方面的理论知识已经成了常规数字信号处理的基本理论知识点。本章将介绍这些方面的理论，为进一步应用数字信号处理知识做好铺垫。

8.1 最小相位系统

上面的章节在设计系统时大多要考虑系统的频率特性，即

$$H(\mathrm{e}^{\mathrm{j}\omega}) = H(Z)\big|_{Z=\mathrm{e}^{\mathrm{j}\omega}} = \left|H(\mathrm{e}^{\mathrm{j}\omega})\right|\mathrm{e}^{\mathrm{j}\beta(\omega)} \tag{8-1}$$

其中 $\beta(\omega)$ 是相频特性。不同频点之间的 $\beta(\omega)$ 值之差是系统在这两点之间的相移，即

$$\Delta\beta = \beta(\omega_0) - \beta(\omega_1) \tag{8-2}$$

一个系统的相移有大有小，这取决于系统函数 $H(Z)$。不同的相移有不同的用途。在通信系统中，相移往往会造成信号的失真，信号的失真会影响通信效果，所以通信系统常常希望有较小的相移。本节介绍相移与系统零极点之间的关系，介绍什么是最小相移系统以及最小相移的特点。

由式(7-23)可知

$$
\begin{aligned}
H(z) &= A\left(\frac{\displaystyle\prod_{r=1}^{M}(1-c_r z^{-1})}{\displaystyle\prod_{k=1}^{N}(1-d_k z^{-1})}\right) \\
&= A z^{N-M}\left(\frac{\displaystyle\prod_{m=1}^{M}(z-c_m)}{\displaystyle\prod_{k=1}^{N}(z-d_k)}\right)
\end{aligned}
\tag{8-3}
$$

这里 A 是一个实数，当它是正数或负数时，对相移的贡献是增加了 0 或 π弧度。对于一个系统，它是一个固定值。我们在下面的分析中用 A 对系统函数进行归一化，从而研究归一化了的系统函数，即

$$H(z) = z^{N-M} \left(\frac{\displaystyle\prod_{m=1}^{M} (z - c_m)}{\displaystyle\prod_{k=1}^{N} (z - d_k)} \right) \tag{8-4}$$

相应的频率特性为

$$H(e^{j\omega}) = e^{j(N-M)\omega} \left(\frac{\displaystyle\prod_{m=1}^{M} (e^{j\omega} - c_m)}{\displaystyle\prod_{k=1}^{N} (e^{j\omega} - d_k)} \right) \tag{8-5}$$

对于式(8-4)、式(8-5)表示的归一化了的系统，其相移特性为

$$\beta(\omega) = \sum_{m=1}^{M} \arg[e^{j\omega} - c_m] - \sum_{k=1}^{n} \arg[e^{j\omega} - d_k] + (N-M)\omega \tag{8-6}$$

很明显$(e^{j\omega} - c_m)$是单位圆上任意一点与零点的向量线的相角，$\displaystyle\sum_{m=1}^{M} \arg[e^{j\omega} - c_m]$是所有零点向量线相角的和。同理$(e^{j\omega} - d_k)$是单位圆上任意一点与极点的向量线的相角，$\displaystyle\sum_{m=1}^{M} \arg[e^{j\omega} - c_k]$是所有极点向量线相角的和。

零点或极点在单位圆内部时，对于任意零极点，当ω从 0 转到 2π弧度时，其向量线的相角也完成从 0 到 2π弧度的改变。零点或极点在单位圆外部时，对于任意零极点，当ω从 0 转到 2π弧度时，其向量线的相角也完成从一个弧度又回到那个弧度的改变，也就是说累计相移为 0，如图 8.1 所示。即，设$\omega_0 = 0$，$\omega_1 = 2\pi$，有

$$\Delta\omega = \omega_1 - \omega_0 = 2\pi$$

$$\Delta\beta = \beta(\omega_1) - \beta(\omega_0) = \begin{cases} 2\pi & |c_m|, |d_k| < 1 \\ 0 & |c_m|, |d_k| > 1 \end{cases}$$

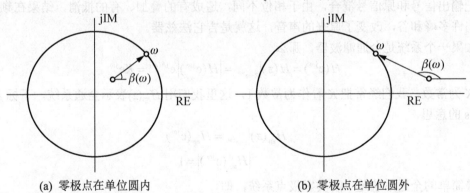

(a) 零极点在单位圆内　　　　　　　(b) 零极点在单位圆外

图 8.1　向量角变化示意图

对于一个系统，在单位圆内的零点数量用M_i表示，在单位圆外的零点数量用M_o表示，在单位圆内的极点数量用N_i表示，在单位圆外的极点数量用N_o表示。这时有

$$M = M_i + M_o, \quad N = N_i + N_o$$

下面讨论不同的M、M_o、N_i、N_o系统相移的情况，从而得出最小相移系统的特点。

(1)　$M = M_i$，$N = N_i$。

这表示零极点都在单位圆内，对于这样一个因果稳定的系统，设 $\omega_0 = 0$，$\omega_1 = 2\pi$，有

$$\Delta\omega = \omega_1 - \omega_0 = 2\pi$$
$$\Delta\beta = \beta(\omega_1) - \beta(\omega_0) = 2\pi(M_i - N_i) + 2\pi(N - M) = 0 \tag{8-7}$$

这时相位变化最小，我们把这样的系统称为最小相移系统，也称为最小相位延时系统。

(2)　$M = M_0, \cdots,$　$N = N_i$。

这表示零极点都在单位圆外，极点都在单位圆内，对于这样一个因果稳定的系统，设 $\omega_0 = 0$，$\omega_1 = 2\pi$，有

$$\Delta\omega = \omega_1 - \omega_0 = 2\pi$$
$$\Delta\beta = \beta(\omega_1) - \beta(\omega_0) = 2\pi N_i + 2\pi(N - M) = -2\pi M \tag{8-8}$$

这时相位变化最大，我们把这样的系统称为最大相移系统。

当 $N = N_0$ 时，全部的极点在单位圆以外，我们把这样的系统叫做逆因果系统。

最小相移系统的特点为：具有最小的负相移，所以它是一个最小延时系统；稳定的最小相移系统的极点零点都在单位圆内；最小相移系统与相同幅频特性的非最小相移系统相比，单位脉冲响应的能量更集中在响应初期；最小相移系统是群延时最小系统。

8.2　全通系统

全通系统常常称为全通滤波器，因为该系统的幅频特性不随频率的变化而变化，而是为常数。它常用于相位调整，与其他系统级联，进行特定功能处理。通信系统的相位均衡，IIR 系统比 FIR 系统计算量小，但它是非线性相移系统，利用全通系统与 IIR 系统级联可以调整相移特性，实现较好的线性相移特性。在声信号处理中，让声音通过若干全通滤波器，然后把输出信号和原信号混合，由于相位不同，造成有的叠加、有的抵消，结果在频谱中产生出许多峰和谷，改变了原来的声音，这就是吉它法兹器。

如果一个系统是全通滤波器，那么

$$H(\mathrm{e}^{\mathrm{j}\omega}) = H(z)\big|_{z=\mathrm{e}^{\mathrm{j}\omega}} = \big|H(\mathrm{e}^{\mathrm{j}\omega})\big|\mathrm{e}^{\mathrm{j}\beta(\omega)} = K\mathrm{e}^{\mathrm{j}\omega}$$

式中 K 为常数，我们经常把 K 看作为常数 1，这里我们用 $H_{\mathrm{ap}}(z)$ 表示全通系统，下标 ap 是 all pass 的意思。

$$H_{\mathrm{ap}}(z)\big|_{z=\mathrm{e}^{\mathrm{j}\omega}} = H_{\mathrm{ap}}(\mathrm{e}^{\mathrm{j}\omega})$$
$$\big|H_{\mathrm{ap}}(\mathrm{e}^{\mathrm{j}\omega})\big| = 1 \tag{8-9}$$

最简单的全通系统是一阶实零极点系统，即

$$H_{\mathrm{ap}}(z) = \frac{z^{-1} - a}{1 - az^{-1}} \tag{8-10}$$

式中 a 是实数，且 $|a| < 1$。事实上，由式(8-10)得

$$\big|H_{\mathrm{ap}}(\mathrm{e}^{\mathrm{j}\omega})\big| = \left|\frac{\mathrm{e}^{-\mathrm{j}\omega} - a}{1 - a\mathrm{e}^{-\mathrm{j}\omega}}\right| = \left|\mathrm{e}^{-\mathrm{j}\omega}\right|\left|\frac{1 - a\mathrm{e}^{\mathrm{j}\omega}}{1 - a\mathrm{e}^{-\mathrm{j}\omega}}\right| = \left|\mathrm{e}^{-\mathrm{j}\omega}\right| = 1$$

式(8-10)对应的系统的极点是 $z=a$，零点是 $z=a^{-1}$。该系统的零极点分布如图 8.2 所示。

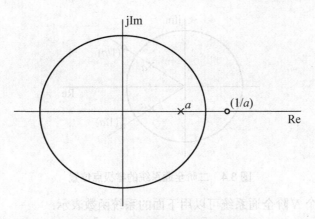

图 8.2 一阶实零极点全通系统图

从图中可以看出，一阶实零极点全通系统中极点 a 与零点 $1/a$ 是互为倒数的关系。更有普遍意义的是式(8-6)中，如果极点 a 是复数极点，那么只要零点是 $(1/a)^*$，即极点与零点是共轭倒数关系，那么该系统还是全通系统，如图 8.3 所示。

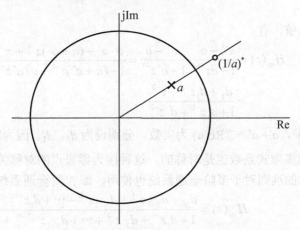

图 8.3 一阶复数零极点全通系统图

这时，系统和系统的频率特性为

$$\left|H_{ap}(e^{j\omega})\right| = \left|\frac{e^{-j\omega} - a^*}{1 - ae^{-j\omega}}\right| = \left|e^{-j\omega}\right|\left|\frac{1 - a^*e^{j\omega}}{1 - ae^{-j\omega}}\right| = \left|e^{-j\omega}\right|\left|\frac{1 - (ae^{-j\omega})^*}{1 - (ae^{-j\omega})}\right| = 1$$

实际上，因为一般的系统函数都是实系数，当分解为一阶系统时，其零极点都以共轭复数形式出现的，所以可以给出一个二阶全通系统为

$$H_{ap}(z) = \frac{z^{-1} - a^*}{1 - az^{-1}} \cdot \frac{z^{-1} - a}{1 - a^*z^{-1}} \qquad |a| < 1 \qquad (8\text{-}11)$$

这个二阶系统中两个部分都是全通系统，各种的幅频特性的模都为 1，所以相乘以后的幅频特性的模还为 1，如图 8.4 所示。

从图中可以看出，一个全通系统的极点为 a，在它以单位圆为对称线的另一边有对称零点，其零点值为 $(1/a)^*$，一般 a 为复数，同时还存在一个 a 的共轭复数极点 a^* 和该共轭复数极点的对称零点 $1/a$。

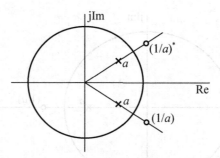

图 8.4 二阶全通系统的零极点位置

以此类推，一个 N 阶全通系统可以用下面的系统函数表示：

$$H_{ap}(z) = \prod_{i=1}^{N1}\left[\frac{z^{-1}-a_i^*}{1-a_iz^{-1}}\cdot\frac{z^{-1}-a_i}{1-a_i^*z^{-1}}\right]\cdot\prod_{i=1}^{N2}\frac{z^{-1}-b_i}{1-b_iz^{-1}} \tag{8-12}$$

式中，$|a_i|<1$，$|b_i|>1$。其中 a_i 是复数，b_i 是实数，$N=2N1+N2$。也就是它是由 $N1$ 个二阶复全通子系统和 $N2$ 个一阶实全通子系统级联而成，其幅频特性的模为各自子系统的模(都为 1)的乘积为 1。

对于二阶全通系统，有

$$H_{ap}(z) = \frac{z^{-1}-a^*}{1-az^{-1}}\cdot\frac{z^{-1}-a}{1-a^*z^{-1}} = \frac{a\cdot a^*-(a+a^*)z^{-1}+z^{-2}}{1-(a+a^*)z^{-1}+a\cdot a^*z^{-2}}$$

$$= \frac{d_2+d_1z^{-1}+z^{-2}}{1+d_1z^{-1}+d_2z^{-2}} \tag{8-13}$$

其中，$a\cdot a^*=|a|^2$，$a+a^*=2\operatorname{Re}(a)$ 为实数，分别设为 d_2、d_1。因为零极点的对称关系，体现在系统函数上的多项式系数也是对称的。这种因为零极点的对称关系而需要系统函数多项式系数也是对称的准则对于多阶全通系统也使用，即 N 阶全通系统可以表示为

$$H_{ap}(z) = \frac{d_N+d_{N-1}z^{-1}+d_{N-2}z^{-2}+\cdots+d_1z^{-(N-1)}+z^{-N}}{1+d_1z^{-1}+d_2z^{-2}+\cdots+d_{N-1}z^{-(N-1)}+d_Nz^{-N}} \tag{8-14}$$

其实式(8-10)为全通系是明显的，其分母多项式为实系数多项式，即

$$D_1(z) = 1+d_1z^{-1}+d_2z^{-2}+\cdots+d_{N-1}z^{-(N-1)}+d_{N-1}z^{-N}$$

其分子多项式为实系数多项式，即

$$D_2(z) = 1+d_1z^{-1}+d_2z^{-2}+\cdots+d_{N-1}z^{-(N-1)}+d_Nz^{-N}$$

$$= (1+d_1z^{-1}+d_2z^{-2}+\cdots+d_{N-1}z^{-(N-1)}+d_{N-1}z^{-N})z^N$$

当 $Z=\mathrm{e}^{\mathrm{j}\omega}$ 时，有

$$\left|D_1(\mathrm{e}^{\mathrm{j}\omega})\right| = \left|D_2(\mathrm{e}^{\mathrm{j}\omega})\right|$$

所以

$$\left|H_{ap}(\mathrm{e}^{\mathrm{j}\omega})\right| = \frac{\left|D_2(\mathrm{e}^{\mathrm{j}\omega})\right|}{\left|D_1(\mathrm{e}^{\mathrm{j}\omega})\right|} = 1$$

总之，一个根在单位圆内部的 z 的实系数分母多项式，只要其分子多项式与分母多项式对称，则其代表的系统是一个全通系统，其零点一定与极点以单位圆对称(有的地方称为"镜像")。

全通系统是个稳定系统，同时由于零点都在单位圆外面，它又是一个最大相移系统。

【例 8-1】利用 MATLAB 画出下面两个全通系统的频率特性图，并进行解释。

$$H_1(z) = \frac{-0.735 + 0.8145z^{-2} - 0.9025z^{-4} + z^{-6}}{1 - 0.9025z^{-2} + 0.8145z^{-4} - 0.7351z^{-6}}$$

$$H_2(z) = \frac{-0.2621 + 0.4096z^{-2} - 0.6400z^{-4} + z^{-6}}{1 - 0.6400z^{-2} + 0.4094z^{-4} - 0.2621z^{-6}}$$

$$H_3(z) = \frac{-0.2621 + 0.9889z^{-2} - 1.5451z^{-4} + z^{-6}}{1 - 1.5451z^{-2} + 0.9889z^{-4} - 0.2621z^{-6}}$$

解： MATLAB 程序如下。

```
a=[ -0.2621, 0 , 0.9889 ,0 , -1.5451 , 0 , 1.0000 , 0 ]
b = [1.0000, 0 , -1.5451 ,0 , 0.9889 , 0 , -0.2621 , 0]
zplane(a,b)
[h,w]=freqz(a,b)
plot(angle(h))
%plot(abs(h))
```

具体结果如图 8.5 所示。

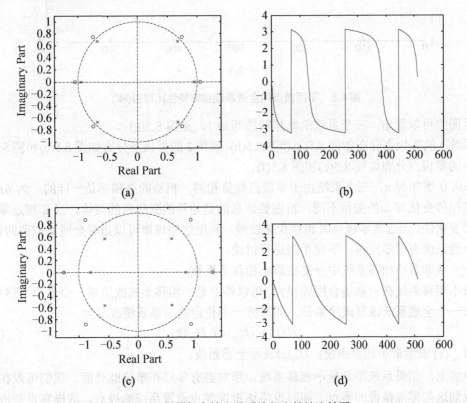

图 8.5 不同极点的全通系统频率特性比较图

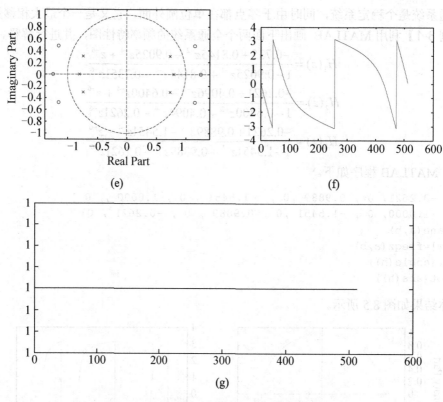

(e) (f)

(g)

图 8.5 不同极点的全通系统频率特性比较图(续)

从图中可以看出，三个系统的幅频特性都是 1，见图 8.5(g)。

系统 1 的零极点分布如图 8.5(a)和图 8.5(b)；系统 2 的零极点分布如图 8.5(c)和图 8.5(d)；系统 3 的零极点分布如图 8.5(e)和图 8.5(f)。

ω 从 0 增加到 π，三个系统由于零极点数量相同，相移的总和都是一样的，为 6π；不同系统相移变化与 ω 的关系不同，特别要注意的是相移的变化总的规律，当 ω 接近零极点时相移变化快，ω 远离零极点时相移变化较慢。利用这些规律可以指导全通滤波器的设计。

全通系统有很多应用，下面举例进行讨论。

(1) 从非最小相移系统中分离出最小相移子系统。

最小相移系统在一些场合用处很大，可以将非最小相移系统改造成一个最小相移系统，再通过一个全通系统恢复成原系统。即可将一个稳定的因果系统改写为

$$H(z) = H_{\min}(z) \cdot H_{ap}(z) \tag{8-15}$$

其中 $H_{\min}(z)$ 表示最小相移系统；$H_{ap}(z)$ 表示全通系统。

事实上，如果系统不是最小相移系统，那它必有零点在单位圆外面。我们可以在单位圆内找到这些零点镜像的零点，同时也将该镜像零点设置系统的极点，这样零点与极点相互抵消，系统函数不变。我们再把上面的零点、镜像零点以及镜像极点分成两组，把单位圆外的零点和镜像极点组成一个子系统，这个子系统就是一个全通系统。把这个子系统以外的部分分到另外一个组中，在这个组中没有单位圆外的零点，是个最小相移系统。用数学的方法可以描述为一个稳定的因果系统，因为是非最小相移系统，所以一定有单位圆以

外的零点(一般是共轭成对出现)。这里以有一对单位圆以外共轭零点为例进行分析。设单位圆以外的零点为 $z = 1/z_0$ 和 $z = 1/z_0^*$，这样这个系统函数可以表示为

$$H(z) = H_1(z) \cdot (z^{-1} - z_0)(z^{-1} - z_0^*)$$

这里 $H_1(z)$ 是零点都在单位圆以内的子系统。

$$H(z) = H_1(z) \cdot (z^{-1} - z_0)(z^{-1} - z_0^*) = H_1(z)(z^{-1} - z_0)(z^{-1} - z_0^*) \frac{1 - z_0 z^{-1}}{1 - z_0 z^{-1}} \cdot \frac{1 - z_0^* z^{-1}}{1 - z_0^* z^{-1}}$$

$$= H_1(z)(1 - z_0 z^{-1})(1 - z_0^* z^{-1}) \cdot \frac{z^{-1} - z_0^*}{1 - z_0 z^{-1}} \cdot \frac{z^{-1} - z_0}{1 - z_0^* z^{-1}}$$

由于 z_0 在单位圆以内，所以 $H_1(z)(1 - z_0 z^{-1})(1 - z_0^* z^{-1})$ 可以看出是一个最小相移系统，而 $\dfrac{z^{-1} - z_0^*}{1 - z_0 z^{-1}} \cdot \dfrac{z^{-1} - z_0}{1 - z_0^* z^{-1}}$ 刚好是一个二阶全通子系统，这样可以把式(8-15)中的 $H_{min}(z)$ 和 $H_{ap}(z)$ 定义为

$$H_{min}(z) = H_0(z)(1 - z_0 z^{-1})(1 - z_0^* z^{-1}) \tag{8-16}$$

$$H_{ap}(z) = \frac{z^{-1} - z_0^*}{1 - z_0 z^{-1}} \cdot \frac{z^{-1} - z_0}{1 - z_0^* z^{-1}} \tag{8-17}$$

虽然 $H(z)$ 与 $H_{min}(z)$ 不等，相频特性也不相同，但它们具有相同的幅频特性，即

$$\left| H(e^{j\omega}) \right| = \left| H_{min}(e^{j\omega}) \right| \cdot \left| H_{ap}(e^{j\omega}) \right| = \left| H_{min}(e^{j\omega}) \right|$$

这种将非最小相移系统变为部分最小相移系统的本质是将单位圆外的零点与镜像处的极点组合成一个全通系统单独处理，从而将原来的系统变成一个没有单位圆外极点的子系统。

(2) 将最小相移系统变为最大相移系统。

从非最小相移系统中分离出最小相移子系统可以提高系统的传递特性，在许多方面有着重要用途。相反有的工作场合却需要增加相移，这就是要将一个最小相移系统变成一个非最小相移系统，或者是将一个非最小相移系统变为最大相移系统。其方法与从非最小相移系统中分离出最小相移子系统相似。

从非最小相移系统中分离出最小相移子系统是将单位圆外的零点镜像进单位圆以内。相反，最小相移系统变为非最小相移系统是将单位圆以内的零点镜像到单位圆以外。

$$H_{min}(z) = H_{NOmin}(z) \cdot H_{ap}(z) \tag{8-18}$$

其中 $H_{NOmin}(z)$ 是个非最小相移系统。与此相似，也可以将最小相移系统或非最小相移系统在单位圆内零点全部镜像到单位圆以外，形成最大相移系统与全通系统的积。

$$H_{min}(z) = H_{max}(z) \cdot H_{ap}(z) \tag{8-19}$$

$$H_{NOmin}(z) = H_{max}(z) \cdot H_{ap}(z) \tag{8-20}$$

(3) 非稳定系统的改造。

如果一个系统是非稳定系统，那么在单位圆以外就会有极点，可以通过级联一个全通系统变成稳定系统。这个全通系统的零点与原非稳定系统的极点重合，在镜像点建立极点，这样整个系统在单位圆外的极点就没有了，系统也就稳定了。

利用全通系统还可以实现相位均衡器等功能。

8.3　信号的抽取与插值——多采样率转换原理

前面我们讨论的系统，采样率是一个固定的值 f_s，整个系统都是以这个采样频率为基础的序列。但在实际的工作中，往往由于一个系统中信源特点的不同，对采样频率的要求是不同的，尤其是在现代社会，信息整合融合的速度越来越快，一个系统往往要处理各种各样的物理量，而不同的物理量在信息论方面的性质差异很大，所以采样率要求也不一样。有时同一个物理量由于不同的需要，要用不同的采样频率进行处理。还有，同一个物理量虽然需求相同，但有几个系统同时对它进行处理，由于系统时钟频率不同，需要对采样频率进行调整。就涉及如何将不同采样率的信号整合到某一基准频率的工作平台上去，或从某一系统中得到符合另一种需要的信号的问题，需要进行不同采样频率之间的信号转换。最简单的例子是，在电话语言通信中，3.2kHz 以上的频率成分已经不影响双方通话质量要求，因此电话系统采用 8kHz 的采样频率。但这样对抗混叠滤波器来说，只有 3.2kHz 到 4kHz 的过渡带，这样的过渡带较窄，硬件成本较高。我们可以提高采样，例如将硬件采样率提高到 16kHz，抗混叠滤波器的过渡带则变为从 3.2kHz 到 8kHz，这样的过渡带较宽，硬件成本就低了。经过这样处理后，再在数字域利用数字滤波的方法，将信号频率的带宽限制在 4kHz 以内(数字滤波实现 3.2kHz 到 4kHz 的过渡带较为经济)。这样信号还可以利用原来 8kHz 系统的工作模式进行通信传输。

实现上述采样率改变的方法有两种。一种是将数字信号用 D/A 转换器变成模拟信号，再利用 A/D 转换器以不同的采样率重新采样。这种方法会增加系统的噪声，显然不是我们要研究的目的。另一种是在已经以一种采样率形成的数字序列上进行变换，即数字域变换的方法，这是本文讨论的内容。

在原采样序列中减少采样率的过程叫做信号的"抽取"，是信号压缩的过程。增加采样率的过程叫做信号的"插值"，是信号扩张的过程。实际上，这些过程都是序列的时间尺度变换。"抽取"和"插值"往往以整数倍的形式进行，但当"抽取"和"插值"以不同的整数倍联合进行时，就形成了有理数的尺度变换。

本节介绍信号的抽取与插值方面的基本理论和方法。

8.3.1　信号的抽取与插值

1. 信号的整数倍抽取

信号的整数倍抽取是指在已经采样的数字序列中，每 D 个数据中等间隔地抽取一个数据，形成一个新的序列。或者说在已经采样的数字序列中，每 $D-1$ 个数据后抽取一个数据，形成一个新的序列。很明显，完成抽取工作应该是很容易的，而且新序列数据量也减少到了 $1/D$。现在我们来分析这样抽取以后的新序列与老序列的关系。本书从抽取与对模拟信号的采样这个角度来分析抽取的作用。更多的从数字域进行研究的分析方法可参考程倍青编著的《数字信号处理教程》等文献。

我们用 $x(n)$ 表示原序列，可以把它看作为对模拟信号采样而得来的。它的采样频率为

f_x，采样周期为 T_x，$T_x=1/f_x$，对应的模拟信号为 $x(t)$。因为我们用整数 D 倍抽取(D 是 decimation 的缩写)，所以可以将 $y(n)$ 序列看作对模拟信号 $x(t)$ 的采样，只是采样频率比 $x(n)$ 采样时要低。设 $y(n)$ 序列的采样频率为 f_y 采样周期为 T_y。

很明显

$$f_y = f_x / D$$

$$T_y = DT_x$$

我们从模拟信号采样的角度来分析它们之间的关系。根据第二章对采样定理的分析，有

$$\hat{X}_a(\mathrm{j}\Omega) = \frac{1}{T_x}\left(\mathrm{j}\Omega - \mathrm{j}k\frac{2\pi}{T_x}\right) \tag{8-21}$$

那么

$$\hat{Y}_a(\mathrm{j}\Omega) = \frac{1}{T_y}\sum_{k=-\infty}^{\infty} X\left(\mathrm{j}\Omega - \mathrm{j}k\frac{2\pi}{T_y}\right)$$

$$= \frac{1}{DT_x}\sum_{k=-\infty}^{\infty} X\left(\mathrm{j}\Omega - \mathrm{j}k\frac{2\pi}{DT_x}\right)$$

$$= \frac{1}{DT_x}\sum_{k=-\infty}^{\infty} X\left(\mathrm{j}\Omega - \mathrm{j}k\frac{2\pi/D}{T_x}\right) \tag{8-22}$$

比较式(8-21)和式(8-22)可以看出，$x(n)$采样与$y(n)$采样的频率差异如下。

(1) $\hat{Y}_a(\mathrm{j}\Omega)$ 幅度有了变化，是 $\hat{X}_a(\mathrm{j}\Omega)$ 的 $1/D$。

(2) $\sum_{k=-\infty}^{\infty} X\left(\mathrm{j}\Omega - \mathrm{j}k\frac{2\pi/D}{T_x}\right)$ 表示 $y(n)$对应的时间采样序列的频谱以 $\frac{2\pi/D}{T_x}$ 为周期，而

$x(n)$ 对应的采样时间序列的频谱以 $\frac{2\pi}{T_x}$ 为周期。

图 8.6 表示了两种模拟采样序列之间的这种频谱关系。图 8.6(a)、(c)、(e)分别表示模拟信号 $x_a(t)$以及它的以 t_x t_y 为采样时间间隔的采样系列，图 8.6(b)、(d)、(f)分别是它们的频谱。图中的采样倍数 D 为 3，从图中可以清楚地看出，采样序列的频谱是将原频谱向中心移动了，原来以 $\Omega_s = 2\pi/T_x$ 为中心的频谱，移到了 $\Omega_s/3 = 2\pi/3T_x = \Omega_s/D$ 处了。注意，这种移动是频谱的中心频率的移动，但在每个中心频率处的频谱没有被压缩，它还是占据了 $2\Omega_c$ 的带宽。

对照图 8.6(d)、(f)，把它们重新画成图 8.7，下面增加了对应两种采样频率下的数字角频率。从中可以看出，信号的频率成分在抽取前后，其归一化数字角频率是不同的。在图 8.7 中这个 D 为 3 的采样情况下，原信号的最高频率成分对应的数字化角频率为 $\omega_1 \approx 0.23\pi$ (a)，而在抽取后同样这个信号的最高频率成分对应的数字化角频率为 $\omega_1 \approx 0.69\pi$(b)。因此在数字域抽取需要考虑信号的频谱，不能过度抽取。过度抽取会造成在数字域的信号混叠现象。图 8.7(c)中由于抽取倍数 D 太大(例子中 $D=5$)，出现了信号混叠

现象。其实出现这种混叠的现象可以从时域采样定理方面进行分析，原信号的频谱 f_c 确定以后，时域采样定理就明确指出采样频率应大于 $2f_c$。原采样序列满足采样定理，因此没有出现混叠现象，这就是图 8.7(a)。而抽取实际上是降低了对原信号的采样频率，当抽取后的采样频率还能满足时域采样定理时，不会发生混叠现象，这就是图 8.7(b)。当抽取倍数太大，实际的采样率已经低于时域采样定理时就会发生混叠现象，这就是图 8.7(c)。

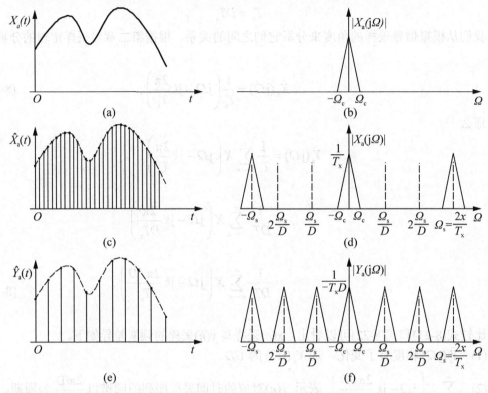

图 8.6　从模拟信号采样分析抽取的作用

下面研究如何抽取才能保证不发生混叠。从时域的角度分析，只要保证原序列的采样频率和由于抽取的降低因素，使得最后的采样频率能满足采样定理。可以采用在模拟信号处加滤波器，降低抽取率 D 等方法，这要回到模拟系统去解决问题。从数字域的角度分析，抽取实际上是使得原信号的归一化数字角频率提高了 D 倍，只要抽取以后的数字化角频率小于折叠频率 π，那么就不会出现混叠现象，即

$$\omega_{xc} \cdot D < \pi \tag{8-23}$$

其中，ω_{xc} 是抽取前信号的最高数字化角频率。

根据式(8-23)抽取的方法如下。

(1) 控制抽取倍率 D

$$D < \frac{\pi}{\omega_{xc}} \tag{8-24}$$

这种方法限制了抽取率，当信号频率不能再压缩时使用。

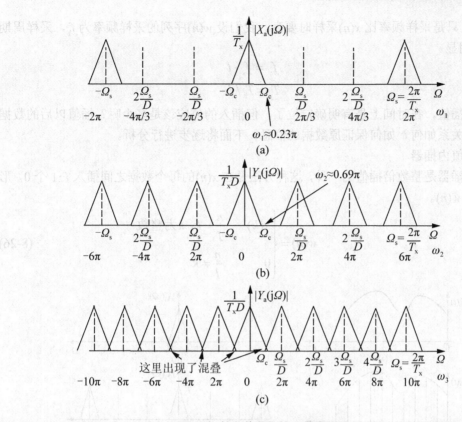

图 8.7　抽取倍数与信号谱的关系

(2)　控制信号的最高数字化角频率，采用数字化滤波的方法，可以方便地达到这个目标，这是常用的方法。因此，这里提出数字域抽取的一般模型为数字滤波加抽取，如图 8.8所示。

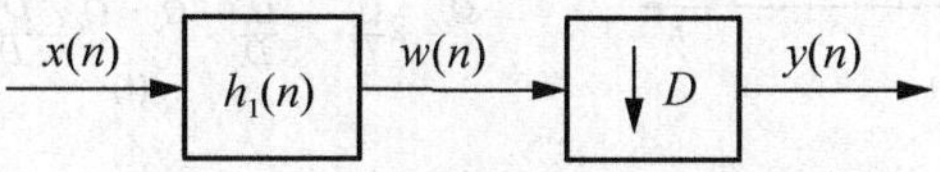

$$x(n) \rightarrow \boxed{h_1(n)} \xrightarrow{w(n)} \boxed{\downarrow D} \xrightarrow{y(n)}$$

图 8.8　数字域整数倍抽取模型图

图中 $h_1(n)$ 表示一个低通滤波器，其频率特性如下

$$h_1(\mathrm{e}^{\mathrm{j}\omega}) = \begin{cases} 1 & |\omega| < \dfrac{\pi}{D} \\ 0 & \omega = 其他 \end{cases} \tag{8-25}$$

2. 信号的整数倍插值

整数倍插值的含义是在数据序列的两个数据之间插入 $I-1$ 个数据（I 为整数，是 Interpolation 的缩写），形成一个新的数据序列。实现整数倍插值也可以将数字信号用 D/A 转换器变成模拟信号，再利用 A/D 转换器以不同的采样率重新采样。但在这里仅仅讨论数字域变换的方法，研究插入前后数据序列之间的关系。

我们继续用上面整数倍抽取时用的 $x(n)$ 表示原序列，它的采样频率为 f_x，采样周期为 T_x。在 $x(n)$ 序列的每个数据之间插入 $I-1$ 个数据。所以可以把 $w(n)$ 序列看作是对模拟信号

$x(t)$的采样，只是采样频率比$x(n)$采样时要高。我们设$w(n)$序列的采样频率为f_y，采样周期为T_y。很明显

$$f_y = f_x \cdot I$$
$$T_y = T_x / I$$

这样的插值，在时间上是有明确定位了，但插入的值应该是多少呢？插值以后的数据与原数据的关系如何？如何保证原数据的信息？下面将逐步进行分析。

1) 零值内插器

零值内插器是整数倍插值的一种，这种方法是在$x(n)$的每个数据之间插入I-1 个 0，形成新的序列$w(n)$。

$$w(n) = \begin{cases} x(k) & \dfrac{n}{I} = k,\ k\text{为整数} \\ 0 & \dfrac{n}{I} \neq k \end{cases} \tag{8-26}$$

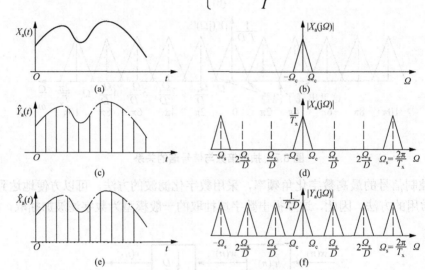

图 8.9　零值内插器示意图

用序列图来表示见图 8.9(e)。图 8.9(a)所示是模拟信号$x(t)$，图 8.9(c)所示是该模拟信号的原采样序列$\hat{X}(nT_x)$。

现在看看序列$w(n)$的频谱。

$$W(z) = \sum_{n=-\infty}^{\infty} w(n)z^{-n} = \sum_{k=-\infty}^{\infty} x(k)z^{-n} = \sum_{k=-\infty}^{\infty} x(n)z^{-IK} = X(z^I) \tag{8-27}$$

用$z = e^{j\omega_y}$代入，得

$$W(e^{j\omega_y}) = X(e^{jI\omega_y}) \tag{8-28}$$

图 8.10 所示为式(8-28)中$W(e^{j\omega_y})$与$X(e^{j\omega_x})$的关系，在图中可以清楚地表示看出，插值以后序列的频谱在2π一个周期内重复了I次$X(e^{j\omega_x})$的压缩频谱。

2) 低通滤波器

零值内插器的输出从时域和频域都与输入有很大差异，为了让插值后的序列成为原来模拟信号$x(t)$的采样序列(采样率提高了)，需要对零值内插器的输出进行低通滤波处理。设

这个滤波器用 $h_2(n)$ 或 $H_2(e^{j\omega})$ 表示，从图 8.10 可以看出，$H_2(e^{j\omega})$ 应具有图 8.11 所示的频率特性。经过这个滤波器取出从 $-\omega_c$ 到 ω_c 的全部 $x(n)$ 中的信息。这个滤波器的频率特性可以表示为

$$H_2(e^{j\omega}) = \begin{cases} C & |\omega| < \dfrac{\pi}{I} \\ 0 & \omega = \text{其他} \end{cases} \tag{8-29}$$

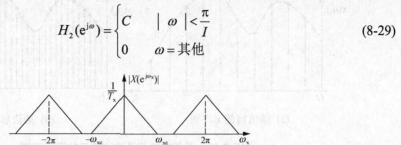

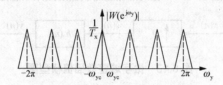

图 8.10 零值内插器频谱示意图

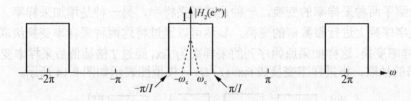

图 8.11 零值内插低通滤波器的频率特性

式中 C 为常数，这个常数的取值应该为 I，推倒过程如下。

因为经过这个滤波器输出的信号是整个抽取的输出 $y(n)$，而要求

$$Y(e^{j\omega}) = \begin{cases} CX(e^{j\omega}) & |\omega| < \dfrac{\pi}{I} \\ 0 & -\pi \leqslant \omega \leqslant -\dfrac{\pi}{I}, \ \dfrac{\pi}{I} \leqslant \omega \leqslant \pi \end{cases} \tag{8-30}$$

$$y(0) = \frac{1}{2\pi}\int_{-\pi}^{\pi} Y(e^{j\omega}) d\omega_y = \frac{C}{2\pi}\int_{-\frac{\pi}{I}}^{\frac{\pi}{I}} X(e^{jI\omega_y}) d\omega_y$$

因为 $\omega_y = I\omega_x$

$$y(0) = \frac{C}{I}\frac{1}{2\pi}\int_{-\pi}^{\pi} X(e^{j\omega_x}) d\omega_x = \frac{C}{I}x(0) \tag{8-31}$$

为了保证 $y(0) = x(0)$，所以 $C=I$。

也就是说，为了实现零值内插器的真正功能，插值以后的滤波器是一个增益为 I 的理想低通滤波器。经过零值内插器和增益为 I 的理想低通滤波器后的数字序列效果如图 8.12 所示。图 8.12(a) 是插值前的 x 序列，图 8.12(b) 是经过插值后的 y 序列，图 8.12(b) 中用虚线表示的点是插值点。可以看出，经过插值、滤波处理，y 序列保留了 x 序列的形状，采样率提高到了原来的 I 倍。

与抽取一样，一个完整的插值用图 8.13 所示的符号表示。图中的 I 表示内插的倍数，箭头向上，后面有一个数字低通滤波器 $h_2(n)$。

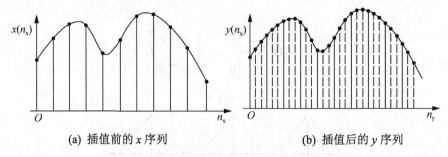

(a) 插值前的 x 序列　　　　　　　　(b) 插值后的 y 序列

图 8.12　零值内插低通滤波器后效果示意图

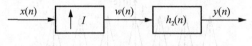

图 8.13　数字域整数插值模型图

3. 按有理数 I/D 进行采样率变换

上面介绍了两种采样率的变换，一种是减低采样率，另一种是增加采样率。它们都是在原来的数字序列上进行整数倍的变换。显然可以通过将这两种采样率变换级联起来进行 I/D 倍的采样率变换。这样如果原始序列的采样率为 fsx，经过 I 倍插值后采样率变为 fsx $\cdot I$，再经过 D 倍的抽取，将采样率变换成 fsx $\cdot(I/D)$。模型图表示如图 8.14 所示。

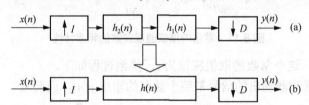

图 8.14　按有理数 I/D 进行采样率变换模型图

图 8.14(a)中前面部分是插值，后面部分是抽取。中间两个滤波器，因为这两个滤波器工作在同一个采样频率上，可以将两个滤波器用一个滤波器来实现，这就是在图中将图 8.14(a)的模型变成图 8.14(b)的模型。

利用级联的方法实现按有理数 I/D 进行采样率变换，需要将插值放在前面先进行，再在后面进行抽取处理。如果先进行抽取，再进行插值，有可能损失原序列的信息，所以一般不采用。图 8.14 所示滤波器 $H(z)$ 是依据 $H_1(z)$ 和 $H_2(z)$ 进行设计的，$H_1(z)$ 和 $H_2(z)$ 都是低通滤波器，在设计 $H(z)$ 时，它的频率特性应该同时满足这两个滤波器的要求。

$$H(\mathrm{e}^{\mathrm{j}\omega}) = \begin{cases} \dfrac{I}{D} & |\omega| < \min\left(\dfrac{\pi}{I}, \dfrac{\pi}{D}\right) \\ 0 & \min\left(\dfrac{\pi}{D}, \dfrac{\pi}{I}\right) \leqslant |\omega| \leqslant \pi \end{cases} \tag{8-32}$$

上面介绍了按有理数(包括整数倍)I/D 进行采样率变换，实际工作中还有按任何因素变换的情况，这方面的设计可以参考有关多采样率方面的文献。

8.3.2　采样率转换滤波器的高效率实现

通过上面的讨论，可以看出采样率转换工作中，大部分的工作是数字滤波器的计算工作，而真正的抽取和插值反而是计算量很小的工作。因此，研究滤波器的实现方法对于提高系统性能降低成本具有非常大的意义。

在上面的讨论中，滤波器是在插值以后、采样以前进行的，也就是在数据量多的一侧，数据量多，一般的滤波方法计算量也多，这是数字信号处理中要尽量避免的处理方式。这里简单介绍利用 FIR 中直接和多相结构的实现方法。除此以外，还有其他的高效实现方法，如多级实现等，参见张晓林编译的 Proakis J G. Manolakis D G.编著的《数字信号处理原理、算法与应用》。

1. 整数倍抽取的 FIR 直接型实现

我们将图 8.9 数字域整数倍抽取模型图详细化，如图 8.15 所示。这里 $h_1(n)$ 的长度为 N，用 FIR 直接型结构实现。在这个结构图上，要进行 N 次乘法。$X(n_x)$ 的序列经延时后与 $h_1(n)$ 中的各个系数相乘再相加，生成 $w(n_x)$。后面的 $\boxed{\downarrow D}$ 对 $w(n_x)$ 进行抽取，形成输出序列 $y(n_y)$。这里 $w(n_x)$ 中的数据整数倍抽取以后，只使用全部数据的 $1/D$，其余 $(D-1)/D$ 没有用到，相应的前面的乘法也是做了无用的计算。因此可以改变计算策略，其结构如图 8.16 所示，它采用先进行抽取再进行计算的方法，计算量大大减少。

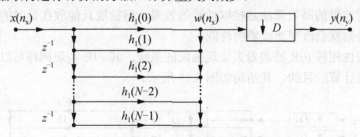

图 8.15　抽取滤波器原始实现

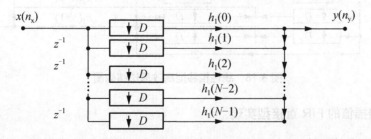

图 8.16　抽取滤波器高效实现

经过这样的改变，乘法的支路还是跟原来一样多，但是每个支路都进行抽取，所以每个支路只做 $1/D$ 次乘法运算，而抽取自身是不需要乘法的，几乎不占用计算机的运算时间。

【例 8-2】一个数字抽取系统，$D=2$，输入序列 x 为 $[1, 2, 3, 4, 5, 6, 7, 8, 9, 10, 11, 12, 13, \cdots,$ $h_1(n)=[a, b, c, d, e]$，在图(8-15)中标出个数据序列。写出 y 序列的计算方法。

解：各点信号序列见图

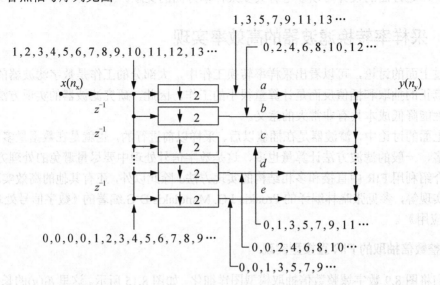

图 8.17

$y(n_y)=[(1a+0b+0c+0d+0e)$, $(3a+2b+1c+0d+0e)$, $(5a+4b+3c+2d+1e)$, $(7a+6b+5c+4d+3e)$, $(9a+8b+7c+6d+5e)$, $(11a+10b+9c+8d+7e)$, $(13a+12b+11c+10d+9e)\cdots]$

从上面计算可以看出，因为抽取系数 $D=2$，输出滤波器计算是对每两个输入数据进行抽取后才计算，所以计算量减少了一半，输出序列的长度也是输入序列的一半。

这种抽取滤波器的高效算法是抽取前置的效果，但抽取只能放在延时的后面，不能再往前移动了，否则就会改变滤波器的性能。

对于采用线性相移 FIR 滤波器来实现抽取的系统，其 FIR 实现同样可以将抽取工作前置，以达到高效计算的目的，其结构如图 8.18 所示。

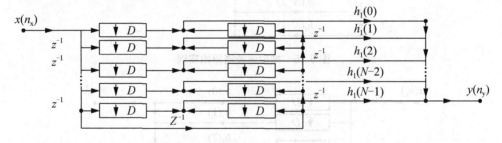

图 8.18　线性相移型高效算法结构图

2. 整数倍插值的 FIR 直接型实现

与研究抽取高效计算相同，对图 8.13 所示的数字域整数插值模型图具体化，将 FIR 滤波器结构图放到模型中，如图 8.19 所示。

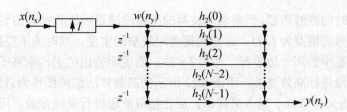

图 8.19 整数倍插值的 FIR 直接型结构图

从图中可以看出，x 序列低采样率数据经过 插值后，w 序列已经是高采样率数据了，因此后面的滤波器也是在大数据量状态下运行。对滤波器部分求转置得到新整数倍插值的 FIR 转置型结构图如图 8.20 所示。

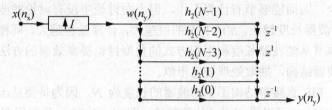

图 8.20 整数倍插值的 FIR 转置型结构图

在图 8.20 的结构基础上将插值后置，形成如图 8.21 所示的高效插值结构图。

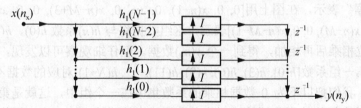

图 8.21 整数倍插值的 FIR 高效结构图

在图 8.21 所示的高效结构中，$h_2(n)$的系数放在插值前进行，这样运算量就大大降低了。

对于利用线性相移 FIR 滤波器的系统，与图 8.18 相似，可以组成整数插值线性相移型高效算法结构形式，如图 8.22 所示。

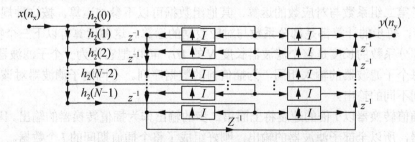

图 8.22 整数插值线性相移型高效算法结构图

3. 按有理数 I/D 进行采样率变换的 FIR 滤波器的高效实现

从 8.4.1 的讨论可得出结论，按有理数 I/D 进行采样率变换中间只要进行一次滤波就能满足插值和抽取时的滤波需要,但要求滤波器的指标应满足插值和抽取的要求,见式(8-23)。具体来说,滤波器的增益为 I/D,带宽为两者中较窄的宽度。同时为了提高效率,滤波器应该设置在数据量少的那一边进行,如果 $I > D$,则说明输出的采样率高于输入的采样率,因此应在插值阶段进行高效滤波,用图 8.22 所示的高效算法结构图作为总的滤波器;如果 $I < D$,说明输出采样率低于输入采样率,应在抽取阶段进行高效滤波,用图 8.18 的高效算法结构图作为总的滤波器。

8.3.3　多采样率转换中的多相滤波器结构

上面讨论的高效算法中,高效的关键是在低采样率位置进行滤波运算。在低采样率位置点上的数据量少,因而能够节省计算工作。但上面讨论中没有讨论滤波器长度对计算工作的要求。FIR 滤波器长度越长,$h(n)$ 中 N 的值越大,计算量也越大,同样影响数字系统处理信号的能力。本节从滤波器长度和组织方式的角度讨论提高效率的方法,主要讨论插值处理中的多相滤波器结构,抽取处理与之相似。

对照图 8.19,FIR 直接型结构图中滤波器的长度为 N,因为是要从压缩的频谱中取出基频数据,N 的值较大,可以设 N 是 I 的整数倍,即 $N = I \cdot M$。我们用图 8.23 表示这个处理过程。图中,$x(n_x)$ 经过插值后形成序列进行 $N-1$ 级延时,各级数据与右边的滤波器参数 $h(0)$、$h(1)$、$h(2)$、…、$h(N-1)$ 相乘求和后形成 $y(n_y)$ 输出。在某一时刻,插值延时后的数据用 "第一组数据" 表示,在图上用$[0, 0, x(n-1), 0, \cdots, 0, x(n-M+3), 0, 0, x(n-M+2), 0, 0, x(n-M+1), 0, 0, x(n-M), 0, 0, x(n-M-1)]$表示,这组数据将与 $h(n)$ 系数 $h(0)$、$h(1)$、$h(2)$、…、$h(N-1)$ 的对应位相乘后再相加,得到一个 $y(n_y)$ 数据。但仔细观察可以发现,在这个相乘的过程中,只有第一组系数$[h(0), h(3), h(6), h(9), h(11), \cdots, h(N-1)]$对应的数据不是为 0,其他的数据都为 0,我们把以不为 0 数据相乘的系数集中在一个组中,这就是第一组。用这一组数据与输入的未插值的原数据计算便能完成第一步的滤波。下一步,插值的数据延时一个插值时间,形成的新的数据序列是第一组的第一个移出,最后移入一个插入的新值$[0, x(n-1), 0, \cdots, 0, x(n-M+3), 0, 0, x(n-M+2), 0, 0, x(n-M+1), 0, 0, x(n-M), 0, 0, x(n-M-1), 0]$与 $h(n)$ 系数相乘后求和,与第一步相似,同样也有 $N(I-1)/I$ 数据为 0,实际上只有第二组系数$[h(1), h(4), h(7), h(10), h(13), \cdots, h(N-3)]$所对应的数据为不为 0,其他数据都是 0,因此第二步变成了第二组系数与对应数的运算,其他组数据可以不参与运算。按这种规律进行,直到第 I 步,每步的计算都是部分系数与对应数据的运算。这种运算有以下三个特点。

(1) 部分系数的长度是整个滤波器长度 N 的 $1/I$,可以把它作为一个子滤波器来处理。

(2) 每个子滤波器的输入相同,为插值前的数据序列。不同的子滤波器对该序列进行运算,得到不同的输出。

(3) 插值转换器以 I 倍的速度将上面第二步的输出作为插值转换器的输出。因为共有 I 个子滤波器,所以全部子滤波器的输出,刚好组成了整个插值期间的 I 个数据。

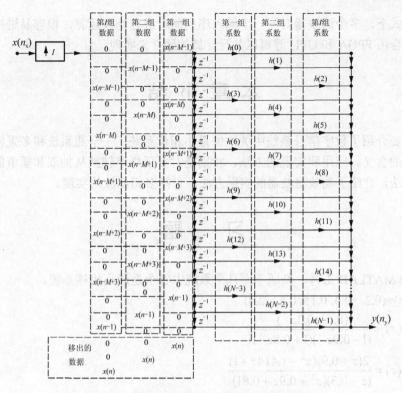

图 8.23 插值转换 FIR 直接结构运算示例

因此可以把整数插值变换用图 8.24 所示的模型来表达。其中 $h_1(n)$、$h_2(n)\cdots h_I(n)$ 分别对应图 8.23 中的第一组、第二组……第 I 组系数组成的子滤波器。

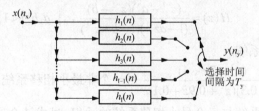

图 8.24 多相滤波器结构模型

这种实现方法采用了多个滤波器，应用分路选通的工作方式，每路相当于一相，所以也称为多相滤波器模式。其对应的结构如图 8.25 所示。

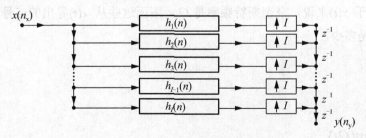

图 8.25 整数插值多相滤波器结构图

这种方式下，多个滤波器对同一个输入序列同时进行滤波运算，很容易进行模块化设计，特别适合用 FPGA 和 GPU 等可以并行计算的硬件来实现。

本 章 小 结

本章主要介绍了数字信号系统中关注的最小相位系统——全通系统和多采样率系统，提出了它们的含义、应用和实现的方法，特别是对多采样率转换从抽取和插值的角度分析了原理和方法，介绍了高效滤波器的实现方法，包括多相滤波的实现。

习 题

1. 借助 MATLAB 工具，判断下面几个系统中哪个是最小相移系统。

(1) $h(n)=(0.2, -0.4, 0.15, 0.5, -2.4)$

(2) $H(z)=\dfrac{(0.5-0.3z^{-1})}{(1-0.9z^{-1})(1+0.8z^{-1})}$

(3) $H(z)=\dfrac{2(z+0.9)(z^2-1.414z+1)}{(z-0.3)(z^2+0.9z+0.81)}$

2. 已知实因果序列为 $h(n)=(-1/8, -5/24, 13/12, -1/3)$，该系统是因果系统吗？找出与该系统具有相同幅频特性的因果性最小相移系统的单位冲击序列 $h_{\min}(n)$。找出与该系统具有相同幅频特性的因果性最大相移系统的单位冲击序列 $h_{\max}(n)$。

3. 系统函数为

$$H(z)=\frac{(z^{-1}-a^*)(z^{-1}-b)}{(1-az^{-1})(1-b*z^{-1})}, \quad \mid a,b \mid <1$$

证明该系统为全通系统。

4. 系统 $H(z)=\dfrac{(z^2-2z+4)}{(z-0.3)(z^2+0.9z+0.1)}$ 是一个非最小相移系统，试通过配置一个全通系统使它成为一个全通系统与一个最小相移系统的乘积。试求该全通系统和最小相移系统。

5. 数字录音带(DAT)对一个模拟信号经过 48kHz 采样，CD 播放机的采样率为 44kHz，若想直接把 CD 的数据转成数字录音带的数据，应如何转换？若想直接把 CD 的数据转成数字录音带的数据，应该如何处理？

6. 如果对于 $x(t)$ 来说，奈奎斯特频率是 Ω_s，下面这些从 $x(t)$ 导出的信号，它们的奈奎斯特频率应该是多少？

(1) $\dfrac{\mathrm{d}x(t)}{\mathrm{d}t}$

(2) $x(2t)$

(3) $x^2(t)$

(4) $x(t)\cos(\Omega_s t)$

7. 用同样的倍数(即 $I=L$)对系统进行采样率变换，形成两个不同的处理系统。请问这是两个系统相同吗，为什么？如何才能使其相同？

8. 一信号如图 8.26 所示，现在对其进行抽取，抽取系数 $D=2$，结果为 $y(n)$。

试画出 $y(n)$ 的频谱图，说明抽取有无信息损失。

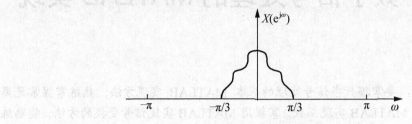

图 8.26 习题 8 图

9. 设计一个 $I/D=2/5$ 的多采样率转换器，画出系统的原理框图。其中低通滤波器用 F 系统实现，要求其过渡带宽为 0.04，通带最大衰减为 0.1DB，阻带最小衰减为 30DB。求其单位脉冲响应，并画出高效结构图。

10. 已知序列 $x(n)$ 的频谱为

$$X(\mathrm{e}^{j\omega}) = \begin{cases} -\dfrac{3}{\pi}\omega + 1 & 0 \leqslant \omega \leqslant \dfrac{\pi}{3} \\[2mm] \dfrac{3}{\pi}\omega + 1 & -\dfrac{\pi}{3} \leqslant \omega < 0 \\[2mm] 0 & 其他 \omega \in (-\pi, \pi) \end{cases}$$

导出下面三个序列的频谱，并作出四个序列的频谱图。

$$x_1(n) = \begin{cases} x(n) & n = 4k, k = 0, \pm1, \pm2\cdots \\ 0 & n \neq 4k \end{cases}$$

$$x_2(n) = x(4n)$$

$$x_1(n) = \begin{cases} x(n/4) & n = 4k, k = 0, \pm1, \pm2\cdots \\ 0 & n \neq 4k \end{cases}$$

第9章 数字信号处理的 MATLAB 实现

教学目标

通过本章的学习，要掌握数字信号处理的基本 MATLAB 实现方法；熟练掌握常见离散时间信号和系统的 MATLAB 实现函数；掌握用 MATLAB 实现信号变换的方法；能熟练利用 MATLAB 提供的函数设计滤波器。

前面几章主要介绍了数字信号处理的基本原理，包括离散时间信号和系统、离散时间信号和系统的频域分析、离散傅里叶变换、快速傅里叶变换、IIR 滤波器的设计、FIR 滤波器的设计、数字滤波器的结构等。本章主要讲述数字信号处理的 MATLAB 实现。

9.1 MATLAB 简介

MATLAB 是由美国 MathWorks 公司推出的一种高性能的数值计算和可视化软件。MATLAB 是 Matrix Laboratory 的缩写，意思是矩阵实验室。它以矩阵为基本数据结构，交互式地处理数据，具有强大的计算、仿真及绘图等功能，是目前世界上应用广泛的工程计算软件之一，具有编程效率高、使用方便、运算高效、绘图方便等优点。

9.1.1 MATLAB 的集成开发环境

在安装了 MATLAB 软件之后，双击 MATLAB 图标就可以进入 MATLAB 界面。MATLAB 提供了一个集成化的开发环境，通过这个集成环境，用户可以方便地完成从编辑到执行以及分析仿真结果的过程。图 9.1 所示是一个完整的 MATLAB 集成开发环境，其中包括 Command Window(命令窗口)、Workspace(工作区窗口)、Current Directory(当前目录窗口)、Launch Pad(快速启动窗口)以及 Command History(历史命令窗口)。这些窗口通常以默认的方式集成在 MATLAB 主窗口中，也可以通过单击窗口右上方的■按钮使这些窗口单独成为一个窗口，还可以通过各个独立窗口中的菜单命令 View|dock 将这些窗口集成到MATLAB 的主窗口中。

Command Window(命令窗口)是 MATLAB 的主窗口，在出现命令提示符"">>"之后可以输入各种 MATLAB 命令，这些命令能够完成对 MATLAB 环境的设置、创建和设置仿真变量，运行仿真程序。

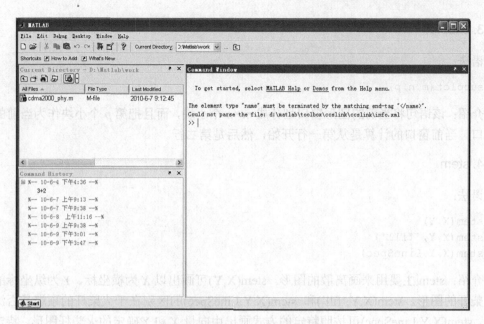

图 9.1　MATLAB 集成开发环境

9.1.2　常用的 MATLAB 函数

1. plot

语法：

```
plot(X,Y)
plot(X,Y,LineSpec)
```

介绍：plot 是 MATLAB 中最常用的画图命令，plot(X,Y)将画出一条以向量 X 为横坐标，以向量 Y 为纵坐标的线。plot(X,Y,LineSpec)是按照特定的方式画出由向量 X 和 Y 描述的曲线，特定的方式包括线的种类、粗细、颜色，标记的种类、大小和颜色等。

2. figure

语法：

```
figure
figure(h)
```

介绍：figure 用来以默认的值创造一个新的图形窗口，后面的图形将画在这个图形窗口内。figure(h)根据句柄为 h 的图形窗口是否存在有两种处理的可能。如果句柄为 h 的图形窗口存在，那么执行完 figure(h)之后，句柄为 h 的图形窗口成为当前窗口，后面的图形就画在该图形上面。如果句柄为 h 的图形窗口不存在，当 h 是一个正整数时，将产生一个句柄为 h 的图形窗口；当 h 不是一个正整数时，则产生一个错误。

3. subplot

语法：

```
subplot(m,n,p)
```

介绍：该语句将当前的图形窗口划分成 $m×n$ 个小块，而且把第 p 个小块作为当前的图形窗口。当前窗口的计算是从第一行开始，然后是第二行。

4. stem

语法：

```
stem(X,Y)
stem(X,Y,'fill')
stem(X,Y,LineSpec)
```

介绍：stem 主要用来画离散的图形。stem(X,Y)可画出以 X 为横坐标、Y 为纵坐标的类似火柴杆的图形。stem(X,Y,'fill')和 stem(X,Y,LineSpec)的区别在于火柴杆的顶端是否涂上颜色。stem(X,Y,LineSpec)可按照特定的方式画出由向量 X 和 Y 确定的火柴杆图形，特定的方式包括火柴杆的类型、粗细、颜色，标记的种类、大小和颜色等。

5. title

语法：

```
title('string')
title('fname')
```

介绍：title('string')用于在图形的顶部和中部输出特定的字符串。title(fname)用于在图形的顶部和中部输出由 fname 指定的字符。如果想输出希腊字符，可以利用 "\" 加英文字母的方式，比如 "\omega" 可以输出一个 w。

6. xlable 和 ylable

语法：

```
xlable('string')
ylable('string')
```

介绍：xlable 和 ylable 主要用来在图形的横坐标和纵坐标上写上适当的文字。

7. help

语法：

```
help
```

介绍：函数 help 是 MATLAB 的帮助函数，如果想查看一个函数详细的功能，只需在命令窗口输入 help 和该函数的名字就可以了。

8. clear

语法：

```
clear
```

介绍：clear 用于清除 MATLAB 工作空间的所有变量。

9. clc

介绍：clc 用于清除当前的屏幕，使得当前的光标处于命令窗口的左上角。clc 和 clear 的区别在于，clear 是清除所有变量的值，而 clc 的作用仅仅是清屏。

10. sin 和 cos

语法：

```
Y=sin(X)
Y=cos(X)
```

介绍：sin 和 cos 是 MATLAB 中的正弦和余弦函数，Y=cos(X)和 Y=sin(X)用来计算向量 X 所对应的正弦值和余弦值。

【例 9-1】 试用 MATLAB 命令绘制正弦序列 $x(n) = \sin\left(\dfrac{n\pi}{6}\right)$ 的波形图。

解： MATLAB 源程序如下。

```
n=0:39;
x=sin(pi/6*n);
stem(n,x,'fill'),xlabel('n'),grid on
title('正弦序列')
axis([0,40,-1.5,1.5]);
```

程序运行结果如图 9.2 所示。

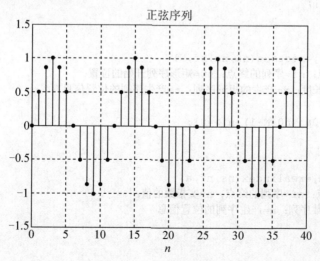

图 9.2   例 9-1 正弦序列

9.2 离散时间信号和系统的 MATLAB 实现

由于 MATLAB 的数值计算特点，用它来实现离散时间信号的系统是非常方便的，在 MATLAB 中可以用两个行向量来表示一个长度有限的序列，一个行向量(通常用 *n* 表示)用来表示采样位置或时间的信息，另一个行向量(通常用 *X* 表示)表示对应时间上信号的大小。当采样位置信息是从 0 开始时，也可以省略表示采样位置的行向量。

9.2.1 典型序列的 MATLAB 实现

通过前面的学习，我们已经知道常见的典型序列有单位采样序列、单位阶跃序列、矩形序列、实指数序列、正弦序列和复指数序列。下面在 MATLAB 信号处理工具箱函数的基础上，编写这些常见的典型序列。

1. 单位采样序列

```
function[x,n]=impseq(n0,ns,nf)
%ns=序列的起点；nf=序列的终点；n0=序列在 n0 处有一个单位脉冲；
%x=产生的单位采样序列；n=产生序列的位置信息
n=[ns:nf];
x=[(n-n0)= =0];
```

2. 单位阶跃序列

```
function[x,n]=stepseq(n0,ns,nf)
%ns=序列的起点；nf=序列的终点；
%n0=从 n0 处开始生成单位阶跃序列；
%x=产生的单位阶跃序列；n=产生序列的位置信息
n=[ns:nf];
x=[(n-n0)>=0];
```

3. 矩形序列

```
function[x,n]=rectseq(n0,ns,nf,N)
%ns=序列的起点；nf=序列的终点；n0=矩形序列开始的位置；
%N=矩形序列的长度；x=产生的矩形序列；n=产生序列的位置信息
n=[ns:nf];
x=[(n-n0)> =0&((n0+N-1)-n)>=0];
```

4. 实指数序列

```
function[x,n]=realindex(ns,nf,a)
%ns=序列的起点；nf=序列的终点；a=实指数的值；
%x=产生的实指数序列；n=产生序列的位置信息
n=[ns:nf];
x=a.^n;
```

5. 正弦序列

```
function[x,n]=sinseq(ns,nf,A,w0,alpha)
%ns=序列的起点；nf=序列的终点；A=正弦序列的幅度
%w0=正弦序列的频率；alpha=正弦序列的初始相位；
%x=产生的正弦序列；n=产生序列的位置信息
n=[ns:nf]
x=A*sin(w0*n+alpha);
```

6. 复指数序列

```
function[x,n]=complexindex(ns,nf,index)
%ns=序列的起点；nf=序列的终点；index=复指数的值
%x=产生的复指数序列；n=产生序列的位置信息；
n=[ns:nf];
x=exp(index.*n);
```

【例 9-2】　利用上面的函数，画出下列序列的图形。

(1)　单位脉冲序列 $\delta(n-3)$，序列的起点和终点为 -3 和 6。

(2)　阶跃序列 $u(n-2)$，序列的起点和终点为 -3 和 6。

(3)　矩形序列 $R_4(n)$，序列的起点和终点为 -3 和 6，矩形序列的起点为 0。

(4)　实指数序列 2^n，序列的起点和终点为 -3 和 6。

(5)　正弦序列 $5\sin(0.1\pi n+\pi/4)$，序列的起点和终点为 0 和 30。

(6)　复指数序列 $e^{(0.3-0.5j)n}$，序列的起点和终点为 5 和 15。

解： MATLAB 源程序如下。

```
%单位脉冲序列
[x,n]=impseq(3,-3,6);
subplot(2,2,1);stem(n,x,'k.');title('单位脉冲序列\delta(n-3)');
%阶跃序列
[x,n]=stepseq(2,-3,6);
subplot(2,2,2);stem(n,x,'k.');title('阶跃序列 u(n-2)');
%矩形序列
[x,n]=rectseq(0,-3,6,4);
subplot(2,2,3);stem(n,x,'k.');title('矩形序列 R_4(n)');
%实指数序列
[x,n]=realindex(-3,6,2);
subplot(2,2,4);stem(n,x,'k.');title('实指数序列 2^n');

%正弦序列
[x,n]=sinseq(0,30,5,0.1*pi,pi/4);
figure;
subplot(3,1,1);stem(n,x,'k.');
title('正弦序列 5sin(0.1*\pi*n+pi/4)');

%复指数序列
[x,n]=complexindex(5,15,0.3-0.5*j);
subplot(3,1,2);stem(n,real(x),'k.');
title('复指数序列');ylabel('实部');
```

```
subplot(3,1,3);stem(n,imag(x),'k.');
title('复指数序列');ylabel('虚部');
```

运行的结果如图 9.3 和图 9.4 所示。通过这个例子，可以加深我们对数字信号处理中常用序列的 MATLAB 编程的理解，这是后续学习的基础。

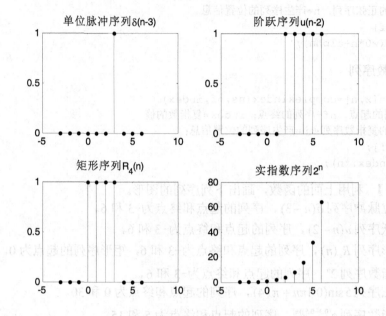

图 9.3　例 9-2 的图形(1)

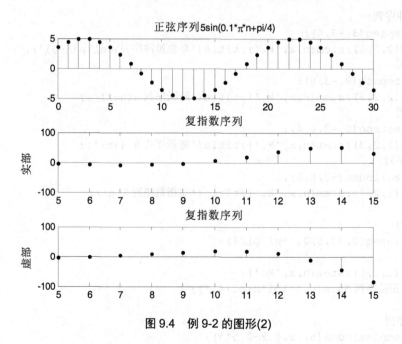

图 9.4　例 9-2 的图形(2)

9.2.2　序列运算的 MATLAB 实现

我们知道，数字信号处理中常见的序列运算包括乘法、加法、移位、翻转、尺度变换和卷积。这些运算在以后的编程中会经常遇到，为了方便起见，可以将这些运算编写成为函数。下面给出这些运算的 MATLAB 函数程序。

1. 乘法

```
function[y,n]=seqmult(x1,n1,x2,n2)
%x1=第一个序列；n1=第一个序列的位置信息；x2=第二个序列
%n2=第二个序列的位置信息；y=相乘之后的序列；
%n=相乘之后的序列的位置信息
n=min(min(n1),min(n2)):max(max(n1),max(n2))
y1=zeros(1,length(n));y2=y1;
y1(find((n>=min(n1))&(n<=max(n1))==1))=x1;
y2(find((n>=min(n2))&(n<=max(n2))==1))=x2;
y=y1.*y2;
```

2. 加法

```
function[y,n]=seqadd(x1,n1,x2,n2)
%x1=第一个序列；n1=第一个序列的位置信息；x2=第二个序列
%n2=第二个序列的位置信息；y=相加之后的序列；
%n=相加之后的序列的位置信息
n=min(min(n1),min(2)):max(max(n1),max(n2))
y1=zeros(1,length(n));y2=y1;
y1(find((n>=min(n1))&(n<=max(n1))==1))=x1;
y2(find((n>=min(n2))&(n<=max(n2))==1))=x2;
y=y1+y2;
```

3. 移位

```
function[y,n]=seqshift(x,m,n0)
%x=移位前的序列；m=移位前的序列的位置信息；n0=移位的大小
%y=移位后的序列；n=移位后的序列的位置信息
n=m+n0;
y=x
```

4. 翻转

```
function[y,n]=seqfold(x,m)
%x=翻转前的序列；m=翻转前的序列的位置信息；
%y=翻转后的序列；n=翻转后的序列的位置信息；
y=fliplr(x);
n=-fliplr(m);
```

5. 尺度变换

```
function[y,n]=seqscale(x1,n1,m)
%x1=尺度变换前的序列；n=1 尺度变换前的序列的位置信息；
%m=尺度变换的值
```

```
if m>=1
    n=fix(n1(1)/m):fix(n1(end)/m);
    xh=m*n;
    for i=1:fix(length(x1)/m)
        y(i)=x1(find(xh(i)==n1));
    end
else
        n=fix(n1(1)/m):fix(n1(end)/m);
        y=zeros(1,length(n));
    for i=1:length(n)
        if find(n(i)==n1/m)>0
            y(i)=x1(find(n(i)==n1/m));
        else
            y(i)=0;
        end
    end
end
```

6. 卷积

```
function[y,ny]=conv_m(x,nx,h,nh)
%x=第一个序列；nx=第一个序列的位置信息；
%h=第二个序列；nh=第二个序列的位置信息；
%y=卷积后的序列；ny=卷积后的序列的位置信息
ny1=nx(1)+nh(1);
ny2=nx(end)+nh(end);
ny=ny1:ny2;
y=conv(x,h);
```

【例 9-3】 假设两个序列：
$$x_1 = \delta(n+1) + 2\delta(n) + 2\delta(n-1) + 1\delta(n-3)$$
$$x_2 = \delta(n+2) + 2\delta(n+1) + 3\delta(n-1) + 4\delta(n-2) + 5\delta(n-3)$$

(1) $y_1 = x_1 + x_2$；

(2) $y_2 = x_1 \times x_2$；

(3) $y_3 = x_1(n+3)$， $y_4 = x_2(n-2)$

(4) $y_5 = -x_1$， $y_6 = -x_2$

(5) $y_7 = x_1(2n)$， $y_8 = x_2(0.5n)$

(6) $y_9 = x_1$ 卷积 x_2。

解： MATLAB 源程序如下。

```
x1=[1 2 2 0 1];n1=[-1 0 1 2 3];x2=[1 2 0 3 4 5];n2=[-2 -1 0 1 2 3];
subplot(2,2,1);stem(n1,x1,'k.');title('序列 x1');
subplot(2,2,2);stem(n2,x2,'k.');title('序列 x2');
[y1,ny1]=seqadd(x1,n1,x2,n2);
subplot(2,2,3);stem(ny1,y1,'k.');title('序列相加 x1+x2');
[y2,ny2]=seqmult(x1,n1,x2,n2);
subplot(2,2,4);stem(ny2,y2,'k.');title('序列相乘 x1*x2');
figure;[y3,ny3]=seqshift(x1,n1,3);
subplot(2,2,1);stem(ny3,y3,'k.');title('序列 x1(n+3)');
```

```
[y4,ny4]=seqshift(x2,n2,-2);
subplot(2,2,2);stem(ny4,y4,'k.');title('序列 x2(n-2)');
[y5,ny5]=seqfold(x1,n1);
subplot(2,2,3);stem(ny5,y5,'k.');title('序列-x1');
[y6,ny6]=seqfold(x2,n2);
subplot(2,2,4);stem(ny6,y6,'k.');title('序列-x2');
figure;[y7,ny7]=seqscale(x1,n1,2);
subplot(3,1,1);stem(ny7,y7,'k.');title('序列 x1(2n)');
[y8,ny8]=seqscale(x2,n2,0.5);
subplot(3,1,2);stem(ny8,y8,'k.');title('序列 x2(0.5n)');
[y9,ny9]=conv_m(x1,n1,x2,n2);
subplot(3,1,3);stem(ny9,y9,'k.');title('x1 卷积 x2');
```

程序运行结果如图 9.5～图 9.7 所示。

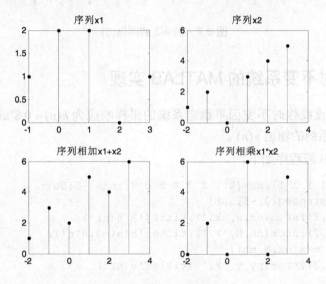

图 9.5　例 9-3 的图形(1)

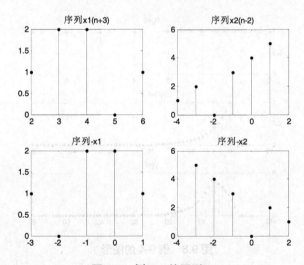

图 9.6　例 9-3 的图形(2)

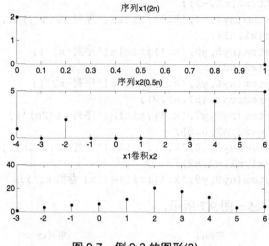

图 9.7　例 9-3 的图形(3)

9.2.3　线性时不变系统的 MATLAB 实现

【例 9-4】　设线性时不变因果稳定系统的采样响应为 $h(n)=0.8^n u(n)$，输入序列为 $x(n)=R_8(n)$。求系统的输出 $y(n)$。

解：MATLAB 源程序如下。

```
x=[1 1 1 1 1 1 1 1];nx=[0 1 2 3 4 5 6 7];nh=[-5:50];
h=0.8.^nh.*stepseq(0,-5,50);
subplot(3,1,1);stem(nx,x,'k.');title('R_8(n)');
subplot(3,1,2);stem(nh,h,'k.');title('h(n)=0.8^n');
[y,ny]=conv_m(x,nx,h,nh);
subplot(3,1,3);stem(ny,y,'k.');title('y(n)')
```

程序运行结果如图 9.8 所示。

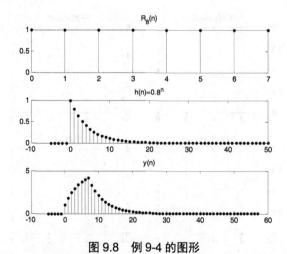

图 9.8　例 9-4 的图形

【例 9-5】　已知某系统的单位采样响应为 $h(n)=0.8^n[u(n)-u(n-8)]$，试用 MATLAB

求当激励信号为 $x(n) = u(n) - u(n-4)$ 时，系统的零状态响应。

解： MATLAB 中可通过卷积求解零状态响应，即 $x(n) * h(n)$。由题意可知，描述 $h(n)$ 向量的长度至少为 8，描述 $x(n)$ 向量的长度至少为 4，因此为了图形完整美观，我们将 $h(n)$ 向量和 $x(n)$ 向量加上一些附加的零值。MATLAB 源程序如下。

```
nx=-1:5;                   %x(n)向量显示范围(添加了附加的零值)
nh=-2:10;                  %h(n)向量显示范围(添加了附加的零值)
x=uDT(nx)-uDT(nx-4);
h=0.8.^nh.*(uDT(nh)-uDT(nh-8));
y=conv(x,h);
ny1=nx(1)+nh(1);           %卷积结果起始点
%卷积结果长度为两序列长度之和减1，即0到(length(nx)+length(nh)-2)
%因此卷积结果的时间范围是将上述长度加上起始点的偏移值
ny=ny1+(0:(length(nx)+length(nh)-2));
subplot(3,1,1)
stem(nx,x,'fill'),grid on
xlabel('n'),title('x(n)')
axis([-4 16 0 3])
subplot(3,1,2)
stem(nh,h,'fill'),grid on
xlabel('n'),title('h(n)')
axis([-4 16 0 3])
subplot(3,1,3)
stem(ny,y,'fill'),grid on
xlabel('n'),title('y(n)=x(n)*h(n)')
axis([-4 16 0 3])
```

程序运行结果如图 9.9 所示。

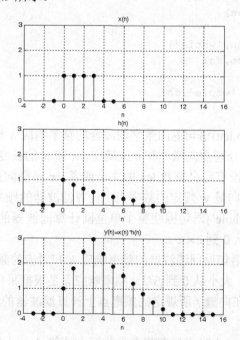

图 9.9　例 9-5 的图形

9.3　离散时间信号与系统的频域分析的 MATLAB 实现

9.3.1　与频域分析相关的 MATLAB 函数

在 MATLAB 中，和离散时间信号与系统的频域分析的实现有关的函数主要有 residuez、freqz、zplane、roots 和 plot。

1. residuez

语法：

```
[r,p,k]=residuez(b,a)
[b,a]=residuez(r,p,k)
```

介绍：[r,p,k]=residuez(b,a)语句计算两个多项式的比值(*b/a*)的部分分式展开的留数、极点和直接项。

[b,a]=residuez(r,p,k)语句根据 *r*、*p*、*k*，把部分分式展开形式转换为包含系数 *b* 和 *a* 的多项式。

2. freqz

计算数字滤波器的频率器的频率响应。
语法：

```
[h,w]=freqz(b,a,len)
h=freqz(b,a,len)
[h,w]=freqz(b,a,len,'whole')
[h,f]=freqz(b,a,len,fs)
h=freqz(b,a,f,fs)
[h,f]=freqz(b,a,l,'whole',fs)
freqz(b,a,…)
```

介绍：[h,w]=freqz(b,a,len)语句返回数字滤波器的频率响应 *h* 和相位响应 *w*。这个滤波器传输函数的分子和分母分别由向量 *b* 和 *a* 来确定。*h* 和 *w* 的长度都是 len。角度频率向量 *w* 的大小从 0 到 π。如果没有定义整数 len 的大小或者 len 是空向量，则默认为 512。

h=freqz(b,a,w)语句在向量 w 规定的频率点上计算滤波器的频率响应 *h*。

[h,w]=freqz(b,a,len,'whole')语句围绕整个单位圆计算滤波器的频率响应。频率向量 *w* 的长度为 len，它的大小从 0 到 2×π。

[h,f]=freqz(b,a,len,fs)语句返回滤波器的频率响应 *h* 和对应的频率响应 *f*。*h* 和 *f* 的长度都为 len，*f* 的单位为 Hz，大小从 0 到 *fs*/2。频率响应 *h* 是根据采样频率 *fs* 来计算的。

h=freqz(b,a,f,fs)语句在向量 *f* 所规定的频率点上计算滤波器的频率响应 *h*。向量 *f* 可以有任意的长度。

[h,f]=freqz(b,a,len,'whole',fs)语句在整个单位圆上计算 len 点的频率响应。频率向量 *f*

的长度为 len，大小从 0～fs。

freqz(b,a,…)语句自动画出滤波器的频率响应和相位响应。

3. zplane

语法：

```
zplane(z,p)
zplane(b,a)
```

介绍：这个函数显示离散时域系统的极点和零点。

zplane(z,p)语句在当前的图形窗口画出零点和极点。符号"o"代表一个零点，符号"×"代表一个极点。这个图也画出了单位圆作为参考。如果 z 和 p 是矩阵，zplane(z,p)则按照 z 和 p 的列用不同的颜色画出零点和极点。

4. Roots

语法：

```
r=roots(c)
```

介绍：r= roots(c)语句返回一个列向量，这个向量的元素是多项式 c 的根。行向量 c 是一个按照降幂排列的多项式的系数。如果 c 有 n+1 个元素，则多项式可以表示为 $c_1 s^n + \cdots + c_n s + c_n + 1$。

5. poly

语法：

```
p=poly(A)
p=poly(r)
```

介绍：p=poly(A)语句中，A 是一个 n×n 的矩阵，poly(A)返回的是一个 n+1 维的行向量，这个向量的元素是特征多项式的系数。

p=poly(r)语句中 r 是一个向量，poly(r)返回的事一个向量，这个向量的元素是以 r 为根的多项式系数。

9.3.2　离散时间信号和系统的频域分析的 MATLAB 实现

【例 9-6】　设 $x(n) = R_4(n)$，用 MATLAB 编写程序求解 $x(n)$ 的离散时间傅里叶变换。

解：MATLAB 源程序如下。

```
x=[1 1 1 1];nx=[0 1 2 3];
K=500;k=0:1:K;w=pi*k/K;
X=x*exp(-j*nx'*w);X=abs(X);
w=[-fliplr(w),w(2:501)];
X=[fliplr(X),X(2:501)];
figure;subplot(2,1,1);stem(nx,x,'k.');title('R_4(n)');
subplot(2,1,2);plot(w/pi,X,'k');
title('R_4(n)的DTFT');xlable('\omega/\pi');
```

程序运行后的图形如图 9.10 所示。

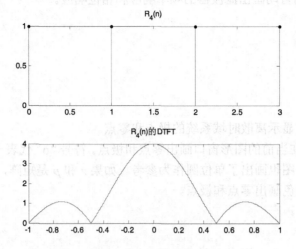

图 9.10　例 9-6 的图形

【例 9-7】　已知一离散因果 LTI 系统的系统函数为

$$H(z) = \frac{z^2 - 0.36}{z^2 - 1.52z + 0.68}$$

试用 MATLAB 命令绘出该系统的零极点分布图。

解: 用 zplane 函数求系统的零极点, MATLAB 源程序如下。

```
>>B=[1,0,-0.36];
>>A=[1,-1.52,0.68];
>>zplane(B,A),grid on
>>legend('零点','极点')
>>title('零极点分布图')
```

该因果系统的极点全部在单位圆内, 故系统是稳定的。

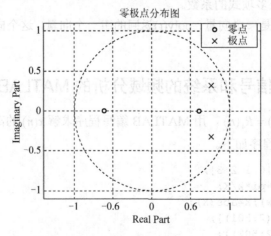

图 9.11　例 9-7 的图形

9.4　DFT 和 FFT 的 MATLAB 实现

在数字信号处理的发展历史中，FFT 的出现占据举足轻重的地位，第 3 章和第 4 章中分别介绍了离散傅里叶变换和快速傅里叶变换的基本原理，本节主要讲述如何利用 MATLAB 中的函数来对信号进行快速傅里叶变换并进行频谱分析。

9.4.1　与 DFT 和 FFT 相关的 MATLAB 函数

与 DFT 和 FFT 相关的 MATLAB 函数主要包括 fft 和 ifft。

1. fft 函数

语法：

```
Y=fft(X)
Y=fft(X,n)
Y=fft(X,[],dim)
Y=fft(X,n,dim)
```

介绍：Y=fft(X)语句中，如果 X 是矩阵，则计算该矩阵每一列的傅里叶变换；如果 X 是多维数组，则计算第一个非单元素维的离散傅里叶变换。

Y=fft(X,n)语句中可计算 X 的 n 点的 DFT。如果 X 的长度小于 n，则在 X 的后面补 0。如果 X 的长度大于 n，则对 X 进行截取。当 X 是一个矩阵时，X 的每一列的长度按照统一的方法进行调整。

Y=fft(X,[],dim)和 Y=fft(X,n,dim)语句可根据参数 dim 在指定的维上进行离散傅里叶变换。

2. ifft 函数

语法：

```
Y=ifft(X)
Y=ifft(X,n)
Y=ifft(X,[],dim)
Y=ifft(X,n,dim)
```

介绍：ifft 函数和 fft 函数的调用类似，所不同的就是 fft 的输入参数是时域信号，而 ifft 的输入参数是频域信号。

9.4.2　DFT 和 FFT 的 MATLAB 实现

【例 9-8】设 $x_a(t) = \cos(200\pi t) + \sin(100\pi t) + \cos(50\pi t)$，用 DFT 分析 $x_a(t)$ 的频谱结构，选择不同的截取长度 T_p，观察截断效应，试用加窗的方法减少频谱间干扰。

(1)　频率 $f_s = 400\text{Hz}$，$T = 1/f_s$。

(2) 采样信号序列 $x(n) = x_a(nT)\omega(n)$, $\omega(n)$ 是窗函数，选取两种窗函数：矩形窗和 Hamming 窗。

(3) 对 $x(n)$ 作 2048 点 DFT，作为 $x_a(t)$ 的近似连续频谱 $X_a(jf)$。其中 N 为采样点数，$N = f_s T_p$，T_p 为截取时间长度，取三种长度 0.04s，$4 \times 0.04\text{s}$，$8 \times 0.04\text{s}$。

解：clear;fs=400;T=1/fs;Tp=0.04;N=Tp*fs;N1=[N,4*N,8*N];

```
for m=1:3
    n=1:N1(m)
    xn=cos(200*pi*n*T)+sin(100*pi*n*T)+cos(50*pi*n*T);
    xk=fft(xn,4096);
    fk=[0:4095]/4096/T;
    subplot(3,2,2*m-1);plot(fk,abs(xk)/max(abs(xk)),'k');
    if m==1
        title('矩形窗截取')
    end
end
for m=1:3%hannming 窗截取
    n=1:N1(m);
    wn=hamming(N1(m));
    xn=(cos(200*pi*n*T)+sin(100*pi*n*T)+cos(50*pi*n*T)).*wn';
    xk=fft(xn,4096)
    fk=[0:4095]/4096/T
    subplot(3,2,2*m);plot(fk,abs(xk)/max(abs(xk)),'k');
    if m==1
        title('hamming 窗截取');
    end
end
```

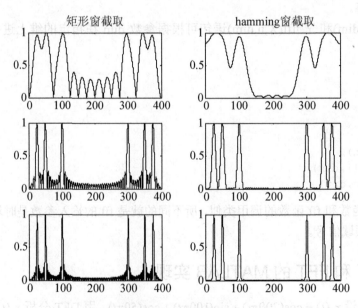

图 9.12　例 9-8 的图形

图 9.12 中从上到下截取的长度依次分别是 N、$4N$、$8N$ 由于截断使原频谱中的单线谱线展宽(也称为泄漏)，截取的长度越长，泄漏越少，频谱分辨率越高。当截取长度为 N 时，

25Hz 和 50Hz 两根谱线已经分辨不清楚了。另外，在本来应该为 0 的频段上出现了一些参差不齐的小谱包，成为谱间干扰，其大小和窗的类型有关。

比较矩形窗和 Hamming 窗的谱分析结构可见，用矩形窗比用 Hamming 窗的频谱分辨率高(泄漏少)，但是谱间干扰大，因此 Hamming 窗是以牺牲分辨率来换取谱间干扰的降低的。

9.5　IIR 滤波器的 MATLAB 实现

IIR 滤波器的设计主要方法有两种：脉冲响应不变法和双线性变换法。主要的 MATLAB 函数包括 butter、buttap、buttord、lp2lp、lp2hp、lp2bp、lp2bs、bilinear、impinvar 等。

9.5.1　与 IIR 滤波器有关的 MATLAB 函数

1. butter

语法：

```
[b,a]=butter(n,Wn)
[b,a]=butter(n,Wn,'ftype')
[b,a]=butter(n,Wn,'s')
[b,a]=butter(n,Wn,'ftype','s')
[z,p,k]=butter(…)
```

介绍：函数 butter 主要用来设计低通、高通、带通、带阻的模拟和数字的 Butterworth 滤波器。Butterworth 滤波器具有在通带内最平稳和全部都是单调的特点。由于通带和阻带内的单调特性，使得 Butterworth 滤波器的陡降特性不够好。除非需要平滑的特性，否则椭圆或者切比雪夫滤波器可以用较低的阶数实现更好的陡降特性。

[b,a]=butter(n,Wn)语句可设计一个归一化频率为 Wn 的 n 阶的数字低通 Butterworth 滤波器。b 和 a 分别是所设计的滤波器的分子和分母的系数。如果 Wn 是一个具有两个元素的向量，Wn=[w1,w2]，则是设计一个通带为[w1,w2]的 $2 \times n$ 阶的带通滤波器。

[b,a]=butter(n,Wn,'ftype')语句根据参数 ftype 设计高通、低通和带阻的数字滤波器。ftype 的取值如下：

'high'：设计一个归一化截止频率为 Wn 的高通滤波器。

'low'：设计一个归一化截止频率为 Wn 的低通滤波器。

'stop'：设计一个 $2 \times n$ 阶的带阻滤波器，此时 Wn 是一个具有两个元素的向量，Wn=[w1,w2]，阻带为[w1,w2]。

[b,a]= butter(n,Wn,'s')语句设计的是一个模拟的低通 Butterworth 滤波器。

[b,a]= butter(n,Wn,'ftype','s')语句根据参数 ftype 设计高通、低通和带阻的模拟滤波器。

[z,p,k]=butter(…)语句中，当有 3 个输出变量，butter 返回的是所设计的滤波器零点和增益。

2. buttap

语法：

```
[z,p,k]=buttap(n)
```

介绍：[z,p,k]=buttap(n)语句返回一个 n 阶的 Butterworth 模拟低通原型滤波器的零点(z)、极点(p)和增益(k)。因为没有零点，所有 z 是空矩阵。

3. buttord

语法：

```
[n,Wn]=buttord(Wp,Ws,Rp,Rs)
[n,Wn]=buttord(Wp,Ws,Rp,Rs,'s')
```

介绍：[n,Wn]=buttord(Wp,Ws,Rp,Rs)语句根据通带的截止频率和阻带的截止频率以及通带的最大衰减和阻带的最小衰减计算数字 Butterworth 滤波器的最小阶数 n 和对应的截止频率 Wn。输出变量 n 和 Wn 在函数 butter 中使用。

[n,Wn]=buttord(Wp,Ws,Rp,Rs,'s')语句根据通带的截止频率和阻带的截止频率以及通带的最大衰减和阻带的最小衰减计算数字 Butterworth 滤波器的最小阶数 n 和对应的截止频率 Wn。

在 MATLAB 中还有几个函数 chebl、cheblap、cheblord、cheb2、cheb2ap、cheb2ord 以及 ellip、ellipap、elliporrd，它们的作用和 butter、buttap、buttord 的作用是一样的，所不同的就是传统滤波器的幅度平方函数不同。

4. lp2lp

语法：

```
[bt,at]=lp2lp(b,a,Wo)
```

介绍：把模拟低通滤波器的原型转换成具有截止角频率为 Wo 的低通滤波器。

5. lp2hp

语法：

```
[bt,at]=lp2ph(b,a,Wo)
```

介绍：把模拟低通滤波器的低通原型转化成具有截止角频率为 Wo 的高通滤波器。

6. lp2bp

语法：

```
[bt,ba]=lp2hp(b,a,Wo,Bw)
```

介绍：把模拟低通滤波器的原型转换成具有中心角频率为 Wo、带宽为 Bw 的带通滤波器。

7. lp2bs

语法：

```
[bt,ba]=lp2bs(b,a,Wo,Bw)
```

介绍： 把模拟低通滤波器的原型转换成具有中心角频率为 Wo、带宽为 Bw 的阻带滤波器。

8. bilinear

语法：

```
[zd,pd,kd]=bilinear(z,p,k,fs)
[zd,pd,kd]=bilinear(z,p,k,fs,fp)
[numd,dend]=bilinear(num,den,fs)
[numd,dend]=bilinear(num,den,fs,fp)
```

介绍： 将模拟滤波器用双线性变换法转换成数字滤波器。

[zd,pd,kd]=bilinear(z,p,k,fs)和[zd,pd,kd]=bilinear(z,p,k,fs,fp)语句将模拟滤波器的零点、极点和增益转化成数字域的零点、极点和增益。fs 是采样频率，fp 是可以选择的预处理频率。

[numd,dend]=bilinear(num,den,fs)和[numd,dend]=bilinear(num,den,fs,fp)语句将用 num 和 den 定义的模拟滤波器的传输函数转换为 numd 和 dend 定义的数字滤波器的传输函数。fs 是采样频率，fp 是可以选择的预处理频率。

9. impinvar

语法：

```
[bz,az]=impinvar(b,a,fs)
[bz,az]=impinvar(b,a)
[bz,az]=impinvar(b,a,fs,tol)
```

介绍：

[bz,az]=impinvar(b,a,fs)语句利用脉冲响应不变法，将用 b 和 a 确定的模拟滤波器转换为用 bz 和 az 确定的数字滤波器，采样频率为 fs。如果没有定义采样频率 fs，或者采样频率为[]，则默认采样频率为 1。

[bz,az]=impinvar(b,a,fs,tol)语句用被 tol 定义的容忍度来确定极点是否是重复的。一个较大的容忍度增大了靠近的极点被 impinvar 认为是多重极点的可能性。默认的容忍度为极点幅度的 0.1%。值得注意的是，极点值的准确度和 roots 函数相关。

9.5.2 IIR 滤波器设计的 MATLAB 实现

【例 9-9】 试用双线性变换法设计一个低通滤波器，给定技术指标是 $f_p = 100\text{Hz}$，$f_s = 250\text{Hz}$，$\alpha_p = 2\text{dB}$，$\alpha_s = 20\text{dB}$，采样频率 $F_s = 1000\text{Hz}$。

解： MATLAB 源程序如下。

```
fp=100;fst=250;Fs=1000;rp=2;rs=20;wp=2*pi*fp/Fs;
ws=2*pi*fst/Fs;Fs=Fs/Fs;wap=tan(wp/2);was=tan(ws/2);
```

```
[n,wn]=buttord(wap,was,rp,rs,'s');
[z,p,k]=buttap(n);[bp,ap]=zp2tf(z,p,k);
[bs,as]=lp2lp(bp,ap,wap);
[bz,az]=bilinear(bs,as,Fs/2);
[h,w]=freqz(bz,az,256,Fs*1000);
plot(w,abs(h));grid on
bz=0.0181    0.0543       0.0543       0.0181
az=1.0000    -1.7600      1.1829       -0.2781
```

程序执行结果如图 9.13 所示。

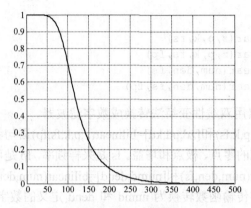

图 9.13　例 9-9 的图形

【例 9-10】　设计一个中心频率为 500Hz，带宽为 600Hz 的数字带通滤波器，采样频率为 1000Hz。

解： MATLAB 源代码如下。

```
[z,p,k]=buttap(3);
[b,a]=zp2tf(z,p,k);
[bt,at]=lp2bp(b,a,500*2*pi,600*2*pi);
[bz,az]=impinvar(bt,at,1000);    %将模拟滤波器变换成数字滤波器
freqz(bz,az,512,'whole',1000)
```

程序执行结果如图 9.14 所示。

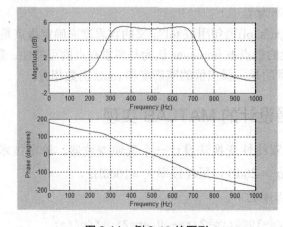

图 9.14　例 9-10 的图形

【**例 9-11**】　设计一个 5 阶 Butterworth 数字高通滤波器，阻带截止频率为 250Hz。设采样频率为 1000Hz。

解：MATLAB 源代码如下。

```
[b,a]=butter(5,250/500,'high')
[z,p,k]=butter(5,250/500,'high')
freqz(b,a,512,1000)
```

程序运行后，产生结果如下所示。

```
b =
   0.0528   -0.2639    0.5279   -0.5279    0.2639   -0.0528
a =
   1.0000   -0.0000    0.6334   -0.0000    0.0557   -0.0000
z =
    1  1  1  1  1
p =
   0.0000 + 0.7265i    0.0000 - 0.7265i    0.0000 + 0.3249i
   0.0000 - 0.3249i    0.0000
k =    0.0528
```

程序运行结果如图 9.15 所示。

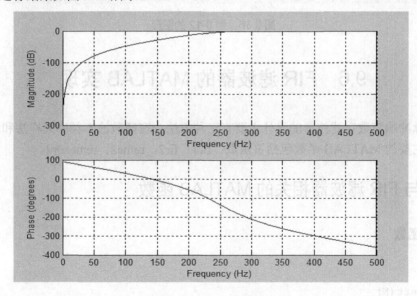

图 9.15　例 9-11 的图形

【**例 9-12**】　设计一个 7 阶 chebyshev Ⅱ 型数字低通滤波器，截止频率为 3000Hz，Rs=30dB。设采样频率为 1000Hz。

解：功能：chebyshev Ⅰ 、chebyshev Ⅱ 型模拟/数字滤波器设计

格式：`[b,a]= cheby1(n,Rp,wn,'ftype',)`; `[b,a]= cheby2(n,Rs,wn,'ftype')`

MATLAB 源程序如下。

```
[b,a]=cheby2(7,30,300/500');
[z,p,k]=butter(5,250/500,'high');
freqz(b,a,512,1000)
```

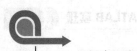

程序运行结果如图 9.16 所示。

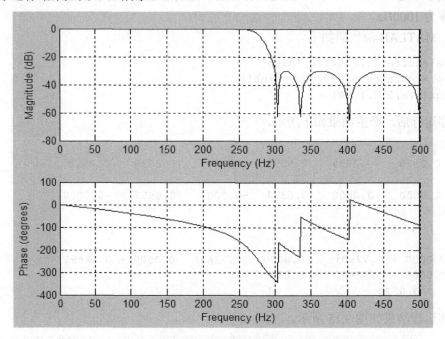

图 9.16 例 9-12 的图形

9.6 FIR 滤波器的 MATLAB 实现

有限脉冲响应数字滤波器的设计主要有三种方法：窗函数法、频率采样法和切比雪夫逼近法。主要的 MATLAB 函数包括窗函数：fir1、fir2、remez、remezord。

9.6.1 与 FIR 滤波器相关的 MATLAB 函数

1. 窗函数

语法：

```
bartlett(N)
Blackman(N)
boxcar(N)
hamming(N)
hanning(N)
triang(N)
chebwin(N,R)
Kaiser(N,beta)
```

介绍：上面 8 个语句是用来产生相应的 N 点的窗序列。

2. fir1

语法：

```
b=fir1(n,Wn)
b=fir1(n,Wn,'ftype')
b=fir1(n,Wn,windows)
b=fir1(n,Wn,'ftype',window)
b=fir1(…,'normalization')
```

介绍：fir1 是采用窗函数法设计线性相位的 FIR 滤波器；可以设计标准的低通、高通、带通和带阻滤波器。默认情况下，滤波器是归一化的，因此中心频率的幅度是 0dB。

b=fir1(n,Wn)语句根据滤波器的阶数 n 和归一化的截止频率 Wn 设计数字滤波器，滤波器的系数存在向量 b 中。Wn 是一个 0 到 1 之间的数，其中 1 对应 Nyquist 频率。如果 Wn 是一个两元素的向量，Wn=[w1 w2]，则该语句设计的是一个带通滤波器。如果 Wn 是一个多元素的向量，Wn=[w1 w2 w3 w4 w5…wn]，则该语句设计的是一个多带滤波器。

b= fir1(n,Wn,'ftype')语句根据参数 ftype 设计特性的滤波器。ftype 的取值如下。

'high'：设计一个截止频率为 Wn 的高通滤波器。

'stop'：设计一个带阻滤波器，阻带的范围是 Wn=[w1 w2]。

'DC-1'：多带滤波器的第一个带是通带。

'DC-0'：多带滤波器的第一个带是阻带。

fir 总是用偶数阶来设计高通和带通滤波器，这是因为对于奇数阶的滤波器在 Nyquist 频率处的响应为 0，这对于高通和带阻滤波器显然是不合适的。如果给定的 n 是奇数，那么 fir1 设计的滤波器的阶数会自动加 1。

b=fir1(n,Wn,windows)语句用列向量 window 定义的窗函数去设计滤波器。列向量 window 的长度为 $n+1$。如果没有定义 window，fir1 会自动选择 Hamming 窗。

b=fir1(n,Wn,'ftype',window)语句根据参数 ftype 和 window 同时设计滤波器。

b=fir1(…,'normalization')语句根据参数 normalization 确定滤波器的幅度是否归一化。当 normalization 的值为 scale 时，对滤波器的幅度进行归一化；如果为 noscale，则对滤波器的幅度不进行归一化。

用 fir1 设计的 FIR 滤波器的群延时是 $n/2$。

3. fir2

语法：

```
b=fir2(n,f,m)
b=fir2(n,f,m,window)
```

介绍：b=fir2(n,f,m)语句计算一个 n 阶的 FIR 滤波器的系数。滤波器的幅度特性由 m 决定，f 是对应的频率，取值范围为 0～1，1 对应 Nyquist 频率。f 的第一个值必须是 0，而最后一个值必须是 1。f 和 m 的长度必须相等，如果有重复的频率点，表示在该频率点上频率响应发生了跳变。用 plot(f,m)可以画出滤波器的形状。

fir2 总是用一个偶数阶的滤波器去设计一个在 Nyquist 频率点具有通带特性的滤波器。

这是因为对于奇数阶的滤波器，在 Nyquist 处的频率响应总是接近 0。如果你给定的 n 是奇数，那么 fir2 将自动加 1。

b=fir2(n,f,m,window)语句给定的窗设计 FIR 滤波器。窗是一个 $n+1$ 阶的列向量。如果没有定义窗的类型，fir2 自动采样 Hamming 窗。

4. remez

语法：

```
b=remez(n,f,a)
b=remez(n,f,a,w)
b=remez(n,f,a,'ftype')
b=remez(n,f,a,w,'ftype')
```

介绍：remez 函数根据 Park-McClellan 算法来设计切比雪夫最佳一致逼近的 FIR 数字滤波器。用这种方法设计的滤波器可以使设计的滤波器和理想的滤波器之间的最大误差最小。由于所设计滤波器的频率特性具有等纹波特性，因此有时也叫做等纹波滤波器。

b=remez(n,f,a)根据给定的频率向量 f 和幅度向量 a 设计一个 n 阶的 FIR 滤波器的系数。

f 是归一化的频率点，它的范围在 0～1，其中 1 对应的是 Nyquist 频率。

a 是频率点所对应的幅度。当 k 是奇数时，频率段($f(k)$, $f(k+1)$)之间的频率响应幅度是通过连接($f(k)$, $a(k)$)和($f(k+1)$, $a(k+1)$)这两个点的。而当 k 是偶数时，频率段($f(k)$, $f(k+1)$)之间的频率响应幅度没有定义，我们不用关心。

f 和 a 的长度必须是一样的，而且长度必须是偶数。

remez 总是用一个偶数阶的滤波器去设计一个在 Nyquist 频率点具有通带特性的滤波器。这是因为对于奇数阶的滤波器，在 Nyquist 处的频率响应总是接近 0。如果你给定的 n 是奇数，那么 remez 将自动加 1。

b=remez(n, f, a, w)语句用加权向量 w 对每一段频率进行加权。w 的长度是 f 长度的一半，因此每一段频率有一个加权值。

b=remez(n,f,a,'ftype')和 b=remez(n,f,a,w,'ftype')语句定义了滤波器的类型，这里'ftype'的取值有以下两种。

(1) 'hilbert'：用来设计奇对称的线性相位滤波器(第三类和第四类滤波器)

(2) 'differentiator'：对于第三类和第四类滤波器，采用一个特定的加权技术。对于非零幅度的波段，采用 $1/f$ 因子对误差进行加权，因此低频段的误差比高频段的误差要小。对于 FIR 差分器，有一个与频率成比例的幅度特性，这些滤波器使最大误差最小化。

5. remezord

语法：

```
[n,fo,ao,w]=remezord(f,a,dev)
[n,fo,ao,w]=remezord(f,a,dev,fs)
c=remezord(f,a,dev,fs,'cell')
```

介绍：[n,fo,ao,w]=remezord(f,a,dev)语句根据给定的 f、a 和 dev 确定滤波器的阶数、归一化频率、频率对应的幅度和加权系数。f 和 a 的取值和 remez 中规定的一样。dev 是所设计的滤波器的通带和阻带与理想滤波器之间的偏差。Remezord 和 remez 经常联合使用,这样就可以根据给定的 f、a、dev 设计出所需要的滤波器系数。

[n,fo,ao,w]=remezord(f,a,dev,fs)语句专门规定了采样频率为 fs。fs 默认为 2Hz,也就是说 Nyquist 频率是 1Hz。当 fs 有具体值的时候,可以根据 fs 的大小指定相应的边缘频率。

在某些情况下,利用 remezord 估计的 n 可能较小,如果滤波器的特性不满足要求,那么可以采用较高的阶数,比如 $n+1$ 或者 $n+2$。

c=remezord(f,a,dev,fs,'cell')语句产生一个单元阵列,其中的元素是 remez 的参数。

9.6.2　FIR 滤波器设计的 MATLAB 实现

【例 9-13】　分别用矩形窗和汉明窗设计一个 21 阶的数字低通滤波器,通带的截止频率为 $0.3\pi\text{rad/s}$。

解: MATLAB 源程序如下。

```
clear;N=21;
b1=fir1(N,0.3,boxcar(N+1));
b2=fir1(N,0.3,hamming(N+1));
[h1,w1]=freqz(b1,1,128);
[h2,w2]=freqz(b2,1,128);
plot(w1/pi,abs(h1),'k',w2/pi,abs(h2),'k.-');
legend('矩形窗','汉明窗')
```

程序运行结果如图 9.17 所示。

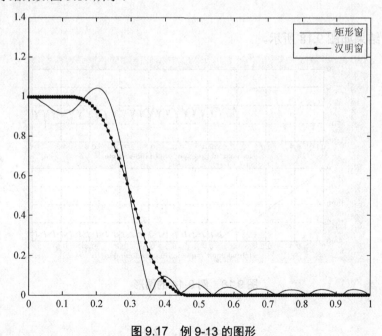

图 9.17　例 9-13 的图形

【例 9-14】　设计具有下面指标的低通 FIR 滤波器

$$\omega_p = 0.2\pi,\ \alpha_p = 0.25\text{dB},\ \omega_s = 0.3\pi,\ \alpha_s = 50\text{dB}$$

解: 选择 hamming 窗来实现这个滤波器,因为它具有较小的过渡带。

MATLAB 源程序如下。

```
% 数字滤波器指标
wp=0.2*pi;
ws=0.3*pi;
tr_width=ws-wp;
M=ceil(6.6*pi/tr_width)+1;
n=[0:1:M-1];
wc=(ws+wp)/2;
hd=ideal_lp(wc,M);
w_ham=(hamming(M))';
h=hd.*w_ham;
freqz (h,[1])
figure(2);
subplot(2,2,1),stem(n,hd);title('理想脉冲响应')
axis([0 M-1 -0.3 0.3]);xlabel('n');ylabel('hd(n)')
xa=0.*n;
hold on
plot(n,xa,'k');
hold off
subplot(2,2,2),stem(n,w_ham);title('hamming窗')
axis([0 M-1 -0.3 1.2]);xlabel('n');ylabel('w(n)')
subplot(2,2,3),stem(n,h);title('实际脉冲响应')
axis([0 M-1 -0.3 0.3]);xlabel('n');ylabel('h(n)')
hold on
plot(n,xa,'k');
hold off
```

程序运行结果如图 9.18 所示。

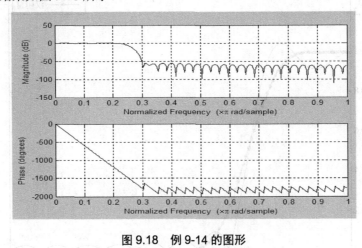

图 9.18 例 9-14 的图形

本 章 小 结

本章主要介绍了基于 MATLAB 的数字信号处理实现，分析简述了以下问题。

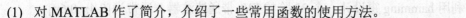

(1) 对 MATLAB 作了简介，介绍了一些常用函数的使用方法。

(2) 介绍了离散时间信号与系统在 MATLAB 的时域、频域的实现方法，特别是对于典型信号和线性时不变系统的分析。

(3) 介绍了 DFT 和 FFT 在 MATLAB 的实现方法。

(4) 详细分析了 IIR DF 和 FIR DF 的 MATLAB 的设计方法，以加深对各种方法的理解。

习　　题

1. 试用 MATLAB 命令分别绘出下列各序列的波形图。

(1)　$x(n) = \left(\dfrac{1}{2}\right)^n u(n)$　　　　　　　(2)　$x(n) = 2^n u(n)$

(3)　$x(n) = \sin\dfrac{n\pi}{5}$　　　　　　　　　(4)　$x(n) = \cos\left(\dfrac{n\pi}{10} - \dfrac{\pi}{5}\right)$

2. 试用 MATLAB 命令求解以下离散时间系统的单位采样响应。

(1)　$3y(n) + 4y(n-1) + y(n-2) = x(n) + x(n-1)$

(2)　$\dfrac{5}{2}y(n) + 6y(n-1) + 10y(n-2) = x(n)$

3. 已知某系统的单位采样响应为 $h(n) = \left(\dfrac{7}{8}\right)^n [u(n) - u(n-10)]$，试用 MATLAB 求当激励信号为 $x(n) = u(n) - u(n-5)$ 时，系统的零状态响应。

4. 试用 MATLAB 的 residuez 函数，求出

$X(z) = \dfrac{2z^4 + 16z^3 + 44z^2 + 56z + 32}{3z^4 + 3z^3 - 15z^2 + 18z - 12}$ 的部分分式展开和。

5. 试用 MATLAB 画出下列因果系统的系统函数零极点分布图，并判断系统稳定性。

(1)　$H(z) = \dfrac{2z^2 - 1.6z - 0.9}{z^3 - 2.5z^2 + 1.96z - 0.48}$

(2)　$H(z) = \dfrac{z - 1}{z^4 - 0.9z^3 - 0.65z^2 + 0.873z}$

6. 试用 MATLAB 绘制系统 $H(z) = \dfrac{z^2}{z^2 - \dfrac{3}{4}z + \dfrac{1}{8}}$ 的频率响应曲线。

7. 试用 MATLAB 求其有限长序列的圆周卷积。

$x_1(n) = (0.8)^n (0 \le n \le 10)$，$x_2(n) = (0.6)^n (0 \le n \le 18)$，$N=20$，并画出结果图。

8. 用 MATLAB 求复指数信号 FFT，$x(n) = (0.9e^{j\pi/3})^n$，$n = [0, 20]$。

9. 基于 chebyshev1 型模拟滤波器原型使用冲激不变转换方法设计数字滤波器，要求具有下面的参数指标：$\Omega_p = 0.2\pi$，$\alpha_p = 1\text{dB}$，$\Omega_s = 0.3\pi$，$\alpha_s = 15\text{dB}$。

10. 一个椭圆数字滤波器的设计，要求采用双线性变换方法，指标参数如下：

$\Omega_p = 0.25\pi$，$R_p = 2\text{dB}$，$\Omega_s = 0.4\pi$，$\alpha_s = 20\text{dB}$

11. 利用 hamming 窗设计一个 32 阶的 FIR 带通滤波器，通带为 $[0.4\pi, 0.6\pi]$。

12. 用矩形窗设计一个线性相位高通通滤波器。其中

$$H_d(e^{j\omega}) = \begin{cases} e^{-j(\omega-\pi)\alpha}, & \pi - \omega_c \leqslant \omega \leqslant \pi \\ 0, & 0 \leqslant \omega \leqslant \pi - \omega_c \end{cases}$$

13. 已知 Wc=0.2*pi; N=11，用矩形窗、汉宁窗和布莱克曼窗来设计 FIR 低通滤波器。

14. 已知 Wp=0.2*pi，Rp=0.25dB，Ws=0.3*pi，As=50dB，设计 FIR 数字滤波器。

15. 设计一低通巴特沃思滤波器，其通带截止频率 3400Hz，通带最大衰减 3dB；阻带截止频率 4000Hz，阻带最小衰减 40dB。

16. 用 FFT 对连续信号做谱分析，已知 $x(t)=\cos(200\text{*pi*}t)+\sin(100\text{*pi*}t)+\cos(50\text{*pi*}t)$。

参 考 文 献

[1]   程佩青. 数字信号处理教程[M]. 北京：清华大学出版社，2007.

[2]   胡广书. 数字信号处理——理论、算法与实现[M]. 北京：清华大学出版社，2003.

[3]   高西全，丁玉美. 数字信号处理[M]. 西安：西安电子科技大学出版社，2008.

[4]   吴镇扬. 数字信号处理[M]. 北京：高等教育出版社，2004.

[5]   A.V.奥本海姆. 离散时间信号处理[M]. 刘树棠，译. 西安：西安交通大学出版社，2001.

[6]   Sanjit K.Mitra. 数字信号处理——基于计算机的方法[M]. 孙洪，译. 北京：电子工业出版社，2006.

[7]   Richard G. Lyons. 数字信号处理[M]. 朱光明，译. 北京：机械工业出版社，2006.

[8]   John G. Proakis. 数字信号处理[M]. 方艳梅，译. 北京：电子工业出版社，2007.

[9]   恩格尔. 数字信号处理：使用 MATLAB[M]. 刘树棠，译. 西安：西安交通大学出版社，2002.

[10] 普埃克. 数字信号处理[M]. 北京：电子工业出版社，2007.

[11] 英格尔. 数字信号处理 MATLAB 版[M]. 刘树棠，译. 西安：西安交通大学出版社，2008.

[12] 高西全，丁玉美. 数字信号处理——原理、实现及应用[M]. 北京：电子工业出版社，2006.

[13] 胡广书. 数字信号处理导论[M]. 北京：清华大学出版社，2003.

[14] 程乾生. 数字信号处理[M]. 北京：北京大学出版社，2003.

[15] 吴镇扬. 数字信号处理的原理与实现[M]. 南京：东南大学出版社，2002.

[16] 张小虹. 数字信号处理[M]. 北京：机械工业出版社，2005.

[17] 程佩青. 数字信号处理教程习题分析与解答[M]. 北京：清华大学出版社，2007.

[18] 高西全，丁玉美. 数字信号处理学习指导[M]. 西安：西安电子科技大学出版社，2009.

[19] 张小虹. 数字信号处理学习指导与习题解答[M]. 北京：机械工业出版社，2005.

[20] 高西全，丁玉美. 数字信号处理学习指导与题解[M]. 北京：电子工业出版社，2007.

[21] 邓立新，曹雪虹. 数字信号处理学习辅导及习题详解[M]. 北京：电子工业出版社，2005.

[22] 楼顺天，李博菡. 基于 MATLAB7.x 的系统分析与设计——信号处理[M]. 西安：西安电子科技大学
      出版社，2005.

[23] 陈怀琛. 数字信号处理——MATLAB 释疑与实现[M]. 北京：电子工业出版社，2004.

[24] 楼顺天，李博菡. MATLAB7.x 程序设计语言[M]. 西安：西安电子科技大学出版社，2007.

[25] 王宏. MATLAB 6.5 及其在信号处理中的应用[M]. 北京：清华大学出版社，2004.

[26] 张志涌. 精通 MATLAB 6.5 版[M]. 北京：航空航天大学出版社，2003.

[27] 王世一. 数字信号处理[M]. 北京：北京理工大学出版社，2006.

[28] Sanjit K.Mitra. 数字信号处理实验指导书[M]. 孙洪，译. 北京：电子工业出版社，2005.

[29] 史林，赵树杰. 数字信号处理[M]. 北京：科学出版社，2007.

[30] 刘益成，孙祥娥. 数字信号处理[M]. 北京：电子工业出版社，2009.

[31] 王永玉，孙衢. 数字信号处理及应用[M]. 北京：北京邮电大学出版社，2009.

[32] 胡广书. 现代信号处理教程[M]. 北京：清华大学出版社，2004.